液化天然气操作工职业技能鉴定试题集

液化天然气操作工

（高级）

薛文河　王小尚　吴　斌　主编

中国石化出版社

内容提要

《液化天然气操作工职业技能鉴定试题集》由中国石化天然气分公司组织、青岛液化天然气有限责任公司编写。内容包括：液化天然气操作工初级工、中级工、高级工、技师的国家职业标准、鉴定要素细目表、理论知识试题和技能操作试题，是液化天然气操作工进行职业技能鉴定的必备学习资料。

图书在版编目(CIP)数据

液化天然气操作工：高级 / 薛文河，王小尚，吴斌主编．—北京：中国石化出版社，2022.7
液化天然气操作工职业技能鉴定试题集
ISBN 978-7-5114-6722-5

Ⅰ．①液…　Ⅱ．①薛…②王…③吴…　Ⅲ．①液化天然气-操作-职业技能-鉴定-习题集　Ⅳ．①TE8-44

中国版本图书馆 CIP 数据核字(2022)第 089820 号

中国石化出版社出版发行
地址:北京市东城区安定门外大街 58 号
邮编:100011　电话:(010)57512500
发行部电话:(010)57512575
http://www.sinopec-press.com
E-mail:press@sinopec.com
北京科信印刷有限公司印刷
全国各地新华书店经销
*
787×1092 毫米 16 开本 18.25 印张 443 千字
2022 年 7 月第 1 版　2022 年 7 月第 1 次印刷
定价:128.00 元

《液化天然气操作工职业技能鉴定试题集》编委会

前　言

近年来，随着能源消费结构的调整，液化天然气（LNG）以其独特的清洁优势备受青睐。作为产业链的重要一环，LNG接收站建设也在我国得以迅速发展。在LNG接收站生产运行过程中，LNG接收站技能操作工已逐步成为一个专业性较强的工种。

中国石化的LNG接收站建设始于天然气分公司青岛LNG接收站，经过多年建设与运营积累下的经验，已相继为多个项目的拟建设或布局提供帮助。

为适应LNG接收站建设运行发展需求，有针对性地做好LNG操作人员培训，不断提高LNG操作工的技能操作水平，在中国石化天然气分公司精心组织下，青岛液化天然气有限责任公司结合多年技能操作班组培训工作的经验，本着实用性、针对性、通用性原则，历时近两年时间，经过反复提炼修订，最终完成了本套丛书——液化天然气操作工职业技能鉴定试题集（初级、中级、高级、技师）的开发工作。

本套试题集的推出填补了中国石化LNG接收站操作工种技能鉴定题库的空白。书中理论知识题库和技能操作题库鉴定范围相对应，理论知识题库共931个鉴定点、近6700道题目，技能操作题库共121个鉴定点，每个鉴定点对应相应题目。题型及内容具有具体化、可量化、可检验、可考核的特点，更加符合培训、鉴定的实际需求，便于操作，适用性强。

本套试题集，由薛文河、王小尚、吴斌任主编，薛文河、鞠迅编写“职业道德基本知识”部分；薛文河、杨帆编写“天然气基础知识”

“液化天然气基础知识”部分；薛文河、陈国霞编写“化工工艺基础知识”“识绘图”“培训与指导”部分；韩荣鑫编写“机械基础知识”部分；王敏、康勃编写“电工基础知识”部分；杨春慧、刘培峰编写“仪表基础知识”部分；李相环编写“健康、安全、环保及公共安全基础知识”部分；伍建良、赵金睿编写“计量基础知识”部分；王杉、柳智编写“分析化验基础知识”部分；林剑彬编写“LNG船岸界面和国际贸易知识”部分；薛文河、徐静静编写“相关标准、法律、法规知识”部分；杨剑编写“计算机知识”部分；丁超编写“记录填写知识”“公用工程与辅助设施”部分；彭明、刘培峰编写“开车准备”“开车操作”部分；彭明编写“卸料、储存”“计算”“管理”部分；陈晨编写“槽车充装”部分；夏硕编写“高压气化外输”“BOG处理”部分；何冬林编写“轻烃回收”部分；丁超、韩荣鑫、陈晨编写“设备维护与保养”部分；夏硕、陈晨编写“事故判断”部分；彭明、陈晨编写“事故处理”部分。

参加审定的人员（以姓氏笔画为序）有于自然、马鸣、王华、王杉、王亮、王保庆、王剑琨、王晓红、孔祥逢、田新军、刘卫红、汲广胜、伍建良、吕静、陈力、张大伟、张林、杨书忠、陈民岗、吴仲昆、李志庭、李威、李磊、郑元杰、庞正宽、赵连成、胡超、徐志远、高晓芳、高莜蔓、高辉、焦长安、董顺、路江华、魏世军。

由于本题库初次面向读者，书中疏漏之处在所难免，请广大读者提出宝贵意见。

目　　录

一、国家职业标准

职业功能	工作内容	技能要求	相关知识要求
1 工艺操作	1.1 开车准备	1. 能完成 LNG 储罐干燥、置换等操作 2. 能根据指令完成开车流程的更改 3. 能配合仪表工对各级联锁进行测试 4. 能投用和切除工艺联锁 5. 能切换投用备用气相返回臂	1. LNG 储罐干燥置换工艺流程 2. LNG 储罐干燥置换方案、注意事项 3. 安全仪表系统(SIS)作用及操作方法 4. 工艺联锁的作用 5. 工艺联锁投用、切除方法、注意事项 6. 气相返回臂的备用、投用原理和操作程序
	1.2 开车操作	1. 能控制储罐预冷、填充速度 2. 能控制管道预冷速度 3. 能完成低温泵等设备预冷 4. 能调试低温泵、BOG 压缩机、气化器等设备	1. 储罐预冷控制方法、注意事项 2. LNG 储罐填充注意事项 3. 卸料总管预冷方法、注意事项 4. 管道、容器预冷相关指标及控制方法、注意事项 5. 低温筒袋泵预冷注意事项 6. BOG 预冷与 LNG 预冷的区别 7. 设备调试内容、要点
	1.3 公用工程与辅助设施	1. 能判断仪表风系统运行状态 2. 能根据螺杆式空气压缩机运行状态调节螺杆式空气压缩机参数 3. 能判断制氯装置运行状态 4. 能判断液氮系统运行状态 5. 能组织采暖水系统投用、停用 6. 能控制采暖水系统温度 7. 能判断海水泵的运行状态 8. 能操作海水消防泵维持消防管网压力	1. 仪表风系统的控制逻辑、运行参数 2. 螺杆式空气压缩机运行参数调节方法 3. 制氯装置的控制逻辑、运行参数 4. 制氯装置运行常见问题及处理方法 5. 氮气系统控制逻辑、运行参数 6. 制氮装置、液氮系统运行常见问题及处理方法 7. 采暖水系统作用、操作程序及注意事项 8. 采暖水系统投用、停用操作程序及注意事项 9. 换热器操作注意事项 10. 海水泵的控制联锁 11. 海水消防泵控制逻辑
	1.4 卸料、储存及槽车充装	1. 能控制储罐液位 2. 能完成卸料总管排凝操作 3. 能完成低压总管保冷循环投用 4. 能处理管道及设备循环保冷流量、温度、压力异常情况 5. 能完成罐内泵检修吊出前后倒空、吹扫置换、预冷等操作 6. 能判断罐内泵运行状态	1. 储罐液位控制要求及控制方法 2. 卸料总管排凝步骤、注意事项 3. 低压总管保冷循环投用步骤、注意事项 4. 管道和设备循环保冷方法、指标及注意事项 5. 罐内泵出口管线及泵筒吹扫、置换、冷却操作程序及注意事项 6. 罐内泵性能曲线及性能参数 7. 罐内泵常见故障、处理方法

续表

职业功能	工作内容	技能要求	相关知识要求
1 工艺操作	1.5 高压汽化外输	1. 能调整汽化外输负荷 2. 能完成高压总管保冷循环及零输出循环投用、停用操作 3. 能完成高压泵及泵筒隔离、排凝、置换、干燥 4. 能完成 ORV 隔离、倒空置换操作 5. 能完成 SCV 隔离、倒空置换操作 6. 能完成 IFV 隔离、倒空置换操作 7. 能完成计量撬隔离、吹扫、置换操作	1. LNG 高压汽化外输系统物料平衡及负荷调整注意事项 2. 系统保冷循环作用、操作程序、注意事项 3. 高压泵隔离、置换方法及注意事项 4. ORV 隔离、倒空置换方法及注意事项 5. SCV 隔离、倒空置换方法及注意事项 6. IFV 隔离、倒空置换方法及注意事项 7. 计量撬隔离、吹扫、置换操作注意事项
	1.6 BOG 处理	1. 能判断再冷凝器运行状态 2. 能处理再冷凝器压力、液位异常波动 3. 能完成 BOG 压缩机隔离、吹扫、置换操作 4. 在 DCS 上投用再冷凝器复杂回路控制 5. 能完成备用火炬的切换(高空火炬和地面火炬)	1. BOG 再冷凝器的控制原理 2. BOG 再冷凝器工艺参数异常判断方法 3. BOG 再冷凝器操作程序及注意事项 4. BOG 压缩机隔离、吹扫、置换注意事项 5. 火炬的备用、切换工艺原理和操作注意事项(高空火炬和地面火炬)
	1.7 轻烃回收	1. 能完成轻烃罐区工艺操作 2. 能完成轻烃回收装置复杂控制回路调节操作 3. 能完成轻烃回收装置引蒸汽暖管操作 4. 能完成轻烃回收装置乙烷产品质量异常调整操作 5. 能完成轻烃回收装置混合轻烃产品质量异常调整操作 6. 能完成轻烃回收装置负荷调整操作 7. 能完成闪蒸罐压力异常调整操作 8. 能完成脱甲烷塔压力异常调整操作 9. 能在装置停车后建立产品高压泵出口外送总管保冷循环操作	1. 轻烃罐区工艺操作类型、步骤及注意事项 2. 轻烃回收装置复杂控制回路类型、控制原理、调整方法 3. 轻烃回收装置引蒸汽暖管操作步骤、控制参数、注意事项 4. 轻烃回收装置乙烷产品质量控制指标、不合格原因、调整方法 5. 轻烃回收装置混合轻烃产品质量控制指标、不合格原因、调整方法 6. 轻烃回收装置负荷调整操作步骤、控制参数、注意事项 7. 闪蒸罐压力控制回路及调整方法 8. 脱甲烷塔压力控制回路及调整方法 9. 装置停车后建立产品高压泵出口外送总管保冷循环操作步骤、控制参数及注意事项
2 设备维护与保养	2.1 设备维护与保养	1. 能完成设备交出前检查工作 2. 能完成长期停用设备测试工作 3. 能配合验收检修动、静设备 4. 能完成设备液压油、冷却液的增补或更换 5. 能配合完成卸料臂液压系统维护 6. 能根据设备的使用要求选择润滑油/脂 7. 能根据一般设备运行情况，提出维护措施 8. 能发现往复式压缩机活塞环磨损情况	1. 设备、管线检修前工艺处置程序、验收指标 2. 停用设备的测试程序、注意事项 3. 液压油的规格型号、冷却液的成分 4. 设备操作规程 5. 更换或增补液压油、冷却水的注意事项 6. 卸料臂液压系统的控制原理及维护内容 7. 润滑油/脂的规格型号、分类 8. 一般设备维护要点 9. 往复式压缩机活塞环的工作原理、活塞环出现异常磨损的原因

续表

职业功能	工作内容	技能要求	相关知识要求
3 事故判断与处理	3.1 事故判断	1. 能判断阀门内漏事故 2. 能判断高压泵等联锁停车原因 3. 能查找火炬非计划放空燃烧原因 4. 能判断控制或联锁仪表故障问题 5. 能判断 TMS 装车管理系统故障问题 6. 能判断低温泵气蚀、气缚故障 7. 能判断卸料臂无法动作故障 8. 能判断装车臂旋转接头卡涩、平衡系统异常等问题	1. 阀门内漏的现象、特点 2. 装置的联锁逻辑、报警指标 3. 火炬放空的流程、控制参数 4. 仪表故障的现象、判断方法 5. TMS 装车管理系统操作规程 6. 泵气蚀、气缚的原理、现象、判断方法 7. 卸料臂常见故障判断方法 8. 装车撬常见故障判断方法
	3.2 事故处理	1. 能处理设备异常及停车事故 2. 能处理晃电、仪表故障等引起的设备停车事故 3. 能处理火炬异常燃烧情况 4. 能处理管道超压安全阀起跳情况 5. 能处理气化器出口温度异常故障 6. 能处理泵气蚀、气缚故障 7. 能处理卸料臂无法动作故障 8. 能处理码头 ESD1 联锁停车事故	1. 设备异常及停车事故的影响、事故处理方法、注意事项 2. 晃电、仪表故障导致设备停车的影响、事故处理方法、注意事项 3. 火炬分液罐工作原理、作用 4. 火炬放空原因分析、处理方法 5. 安全阀起跳原因排查、处理方法 6. 浸没燃烧式气化器出口温度异常处理方法 7. 海水开架式气化器出口温度异常处理方法 8. 中间介质气化器出口温度异常处理方法 9. 泵气蚀、气缚的处理方法、注意事项 10. 卸料臂常见故障处理方法、注意事项
4 绘图与计算	4.1 识绘图	1. 能绘制设备结构简图 2. 能绘制静设备(ORV、气相臂、码头排凝罐等)PID 图	1. 动设备、静设备简图绘图方法 2. 设备设计原理、结构 3. 设备工艺流程、控制方案、联锁逻辑
	4.2 计算	1. 能完成库存平衡计算 2. 能完成重要设备、装置能力核算 3. 能完成 ORV、SCV、IFV 等气化器热平衡计算 4. 能完成 LNG 管线流量、压降等水力计算 5. 能计算精馏塔产品收率	1. 物料平衡计算方法 2. 设备性能参数、汽化率计算方法 3. 气化器热平衡计算方法 4. 伯努利方程等流体力学计算方法 5. 产品收率定义
5 培训与指导	5.1 培训与指导	1. 能指导初、中级操作人员进行操作 2. 能协助培训初、中级操作人员	1. 指导、示范注意事项 2. 培训课件的制作方法

二、理论知识鉴定要素细目表

职业：天然气处理工　　工种：液化天然气操作工　　等级：初级　　鉴定方式：知识　　鉴定点总数：204

鉴定范围（篇）	代码	比重	鉴定范围（章）	代码	比重	鉴定范围（节）	代码	比重	序号	鉴定点（考核点）	重要程度
基本要求	A	20	职业道德	A	2	职业道德基本知识	A	2	001	职业道德的基本内涵	Z
									002	社会主义市场经济对职业道德的正面影响	X
									003	企业文化的功能	X
									004	职业道德对增强企业凝聚力、竞争力的作用	X
									005	职业道德是人生事业成功的保证	X
									006	文明礼貌的具体要求	X
									007	爱岗敬业的具体要求	X
									008	对诚实守信基本内涵的理解	X
									009	办事公道的具体要求	X
									010	勤劳节约的现代意义	X
									011	企业员工遵纪守法的要求	X
									012	团结互助的基本要求	X
									013	创新的基本要求	Y
			基础知识	B	18	化工工艺基础知识	A	3	001	流体动力学基本方程式	Y
									002	真实气体状态方程	X
									003	管路中流体阻力产生的原因	X
									004	热传导的基本定理	Z
									005	对流换热的基本原理	X
									006	蒸馏的概念	Y

续表

鉴定范围（篇）	代码	比重	鉴定范围（章）	代码	比重	鉴定范围（节）	代码	比重	序号	鉴定点（考核点）	重要程度
基本要求	A	20	基础知识	B	18	机械基础知识	B	2	001	往复式压缩机工作原理	X
									002	往复式压缩机的结构	X
									003	往复式压缩机填料密封结构	Y
									004	风机的工作原理	X
									005	风机的结构	X
									006	离心泵串并联特点	X
									007	离心泵安装高度的计算	Y
									008	滑动轴承的工作原理	X
									009	滚动轴承的工作原理	X
									010	法兰压力等级含义	X
									011	管道检修的验收标准	X
									012	泵检修的验收标准	X
									013	电化学腐蚀的概念	Y
									014	常见防腐蚀的方法	Y
									015	压力容器定期检验常识	Z
									016	压力管道定期检验常识	Z
						电工基础知识	C	2	001	电动机的工作原理	X
									002	变压器的工作原理	Z
									003	用电设备防爆等级	X
									004	装置用电设备的防护等级	X
									005	闭合电路欧姆定律	X
									006	电缆的用途	Y
						仪表基础知识	D	2	001	测量仪表的性能指标	Z
									002	调节器的正反作用方式	X
									003	过渡过程的基本形式	X
									004	比例、积分、微分调节的概念	Y
									005	比例、积分、微分控制的特点	Y
									006	PID 参数整定的基本原则	Y
									007	比值调节系统的工作原理	X
									008	因果图识图方法	X
									009	联锁逻辑图识图方法	X

续表

鉴定范围(篇)	代码	比重	鉴定范围(章)	代码	比重	鉴定范围(节)	代码	比重	序号	鉴定点(考核点)	重要程度
基本要求	A	20	基础知识	B	18	健康、安全、环保及公共安全基础知识	E	1	001	安全生产法规相关知识	Y
									002	安全技术规程	X
									003	直接作业相关知识	X
									004	“双体系”基本知识	Y
									005	消防基本知识	Y
									006	职业卫生相关知识	X
									007	中国石化 HSSE 管理体系基本知识	X
									008	环境保护相关知识	Y
									009	事故的预防	X
									010	应急预案知识	X
						计量基础知识	F	2	001	涡轮流量计的工作原理	X
									002	涡轮流量计的使用、维护与检定	X
									003	输差管理与计算	Y
						分析化验基础知识	G	2	001	气相色谱 TCD 原理	X
									002	气相色谱 FID 原理	X
									003	可燃气体检测仪故障判断	X
									004	毛细管柱的特点	Z
						LNG 船岸界面和国际贸易知识	H	1	001	LNG 船舶靠泊作业风险分析	Y
									002	LNG 船舶系泊作业风险分析	X
									003	LNG 船/岸兼容研究主要内容	X
									004	LNG 船舶装卸作业风险分析	X
									005	LNG 码头接卸设施接船作业时常见问题	X
									006	LNG 码头设计规范针对接船作业的相关要求	X
									007	LNG 国际贸易主要合同模式	Z

续表

鉴定范围（篇）	代码	比重	鉴定范围（章）	代码	比重	鉴定范围（节）	代码	比重	序号	鉴定点（考核点）	重要程度
基本要求	A	20	基础知识	B	18	相关标准、法律、法规知识	I	1	001	液化天然气设施干燥置换	X
									002	液化天然气设施预冷	X
									003	液化天然气接收站试运投产	X
									004	液化天然气接收站运行规程	X
									005	液化天然气接收站盘库	X
									006	综合能耗计算	X
									007	特种设备的许可制度	X
									008	劳动者的权利和义务	X
									009	安全生产相关知识	X
						计算机知识	J	1	001	应用软件	X
									002	计算机病毒知识	X
									003	计算机杀毒软件	X
									004	电脑常见故障	Y
									005	信息网络基础知识	Z
									006	计算机网络基础知识	X
									007	互联网	X
									008	木马基础知识	X
						记录填写知识	K	1	001	班长交接班记录本填写要求	X
									002	班组安全活动记录本填写要求	X
相关知识要求	B	80	工艺操作	A	40	开车准备	A	5	001	LNG 储罐干燥置换流程	Y
									002	LNG 储罐干燥置换要点	X
									003	安全仪表系统（SIS）操作方法	X
									004	工艺联锁的作用	X
									005	工艺联锁投用注意事项	X
									006	工艺联锁切除的注意事项	X
									007	工艺、设备联锁测试方法	X

续表

鉴定范围（篇）	代码	比重	鉴定范围（章）	代码	比重	鉴定范围（节）	代码	比重	序号	鉴定点（考核点）	重要程度
相关知识要求	B	80	工艺操作	A	40	开车操作	B	5	001	LNG 储罐预冷速度的控制要点	X
									002	LNG 储罐填充注意事项	X
									003	卸料总管预冷方法	X
									004	LNG 管道、容器预冷控制要点	X
									005	低温离心泵调试的要点	X
									006	BOG 压缩机调试的要点	X
									007	海水开架式气化器调试的要点	X
									008	浸没燃烧式气化器调试的要点	X
									009	中间介质气化器调试的要点	X
						公用工程与辅助设施	C	5	001	仪表风系统的控制逻辑	X
									002	螺杆压缩机运行参数的调节方法	Y
									003	制氯装置的控制逻辑	X
									004	余氯控制方法	Y
									005	制氯装置的运行参数	X
									006	氮气系统控制逻辑	X
									007	制氮装置运行常见问题及处理方法	Z
									008	液氮系统运行常见问题及处理方法	X
									009	采暖水系统的操作方法	X
									010	采暖水系统运行常见问题及处理方法	X
									011	海水泵的控制联锁	X
									012	海水消防泵控制逻辑	X

续表

鉴定范围（篇）	代码	比重	鉴定范围（章）	代码	比重	鉴定范围（节）	代码	比重	序号	鉴定点（考核点）	重要程度
相关知识要求	B	80	工艺操作	A	40	卸料、储存及槽车充装	D	10	001	卸料臂 ESD 触发条件	X
									002	码头卸料总管排凝步骤	Y
									003	罐内泵保冷循环的作用	X
									004	储罐压力控制逻辑	X
									005	管道、设备保冷循环注意事项	X
									006	罐内泵吊出检修前泵筒、管线工艺处置程序	X
									007	罐内泵回装及回装后泵筒、管线工艺处置程序	Y
									008	气相返回臂备用臂投用方法	X
						高压汽化外输	E	5	001	汽化外输负荷调整	X
									002	零外输保冷循环操作	Z
									003	高压泵的隔离置换操作注意事项	X
									004	高压泵的干燥置换	X
									005	高压泵的预冷注意事项	X
									006	浸没燃烧式气化器隔离置换操作	X
									007	外输计量撬隔离置换	X
									008	开架式海水气化器隔离置换作业	Y
						BOG 处理	F	5	001	再冷凝器控制逻辑	X
									002	再冷凝器复杂控制回路控制与其他系统的关联	X
									003	BOG 压缩机隔离置换操作	X
									004	BOG 压缩机的因果联锁	X
									005	燃料气系统的控制逻辑	Y

续表

鉴定范围(篇)	代码	比重	鉴定范围(章)	代码	比重	鉴定范围(节)	代码	比重	序号	鉴定点(考核点)	重要程度
相关知识要求	B	80	工艺操作	A	40	轻烃回收	G	5	001	轻烃回收装置轻烃罐区操作要点	Z
									002	轻烃回收装置复杂控制逻辑的应用	Y
									003	轻烃回收装置引气暖管操作	Y
									004	轻烃回收装置乙烷产品不合格原因判断及调整	X
									005	轻烃回收装置混合轻烃产品不合格原因判断及调整	X
									006	轻烃回收装置负荷的调整操作	Z
									007	轻烃回收装置闪蒸罐压力高的原因判断及调整	X
									008	轻烃回收装置脱甲烷塔压力高的原因判断及调整	X
			设备维护与保养	B	5	设备维护与保养	A	5	001	设备、管线检修前工艺处置要点	Z
									002	SCV 定期测试注意事项	X
									003	动静设备检修后验收注意事项	Y
									004	悬臂吊的原理及作用	X
									005	液压油的主要技术参数	X
									006	冷却系统的维护内容	X
									007	液压油更换的要点	X
									008	卸料臂液压系统的控制原理	X
									009	卸料臂液压系统维护内容	Y
									010	润滑油/脂的规格型号	X
									011	制氯装置日常维护要点	X
									012	柴油消防泵日常维护要点	X
									013	气动阀门日常维护要点	X
									014	旋转滤网日常维护要点	X
									015	锅炉日常维护要点	X
									016	往复式压缩机活塞环出现异常磨损的原因	X

续表

鉴定范围（篇）	代码	比重	鉴定范围（章）	代码	比重	鉴定范围（节）	代码	比重	序号	鉴定点（考核点）	重要程度
相关知识要求	B	80	事故判断与处理	C	15	事故判断	A	7	001	低温阀门内漏的现象	X
									002	常温阀门内漏的现象	X
									003	高压泵停车联锁逻辑	X
									004	卸料臂常见故障判断	Y
									005	饱和蒸汽压的概念	Y
									006	离心泵气缚的原理	Z
									007	离心泵气蚀的原理	X
									008	仪表故障的类型	X
									009	装车臂配件异常情况判断	X
									010	TMS 装车管理系统异常情况判断	X
									011	装车臂旋转接头卡涩异常情况判断	X
						事故处理	B	8	001	罐内泵停车的影响	X
									002	罐内泵停车应急处置的要点	X
									003	高压泵停车的影响	X
									004	高压泵停车应急处置的要点	X
									005	气化器停车的影响	X
									006	气化器停车应急处置的要点	X
									007	火炬分液罐故障处理	Y
									008	火炬异常燃烧的处理方法	X
									009	热膨胀安全阀的作用	X
									010	起跳安全阀的处理方法	X
									011	LNG 气化器出口温度异常的处理方法	X
									012	高压泵入口饱和蒸汽压差过低处理方法	X
									013	卸料臂常见故障处理方法	X
									014	TMS 装车管理系统异常情况处理	X
									015	装车臂旋转接头卡涩处理方法	Y
									016	装车臂配件异常情况处理	Y

续表

鉴定范围（篇）	代码	比重	鉴定范围（章）	代码	比重	鉴定范围（节）	代码	比重	序号	鉴定点（考核点）	重要程度
相关知识要求	B	80	绘图与计算	D	15	识绘图	A	2	001	仪表联锁图的基本知识	X
									002	三视图的投影对应规律	Z
						计算	B	8	001	库存平衡计算方法	X
									002	LNG 汽化率计算	X
									003	ORV 热平衡计算	Y
									004	SCV 热平衡计算	Y
									005	IFV 热平衡计算	Y
									006	伯努利方程计算方法	X
			培训与指导	E	5	培训与指导	A	5	001	培训教学的常用方法	Z
									002	培训教案的编写方法	X
									003	培训教学的实施方法	Y

三、理论知识试题

单选题

1. 职业道德是指从事一定职业劳动的人们，在长期的职业活动中形成的(　　)。
A. 行为规范　　B. 操作程序　　C. 劳动技能　　D. 思维习惯
答案：A
2. 在下列选项中属于职业道德范畴的是(　　)。
A. 企业经营的业绩　　B. 企业发展的战略
C. 员工的技术水平　　D. 员工的内心信念
答案：D
3. 职业道德是一种(　　)的约束机制。
A. 强制性　　B. 非强制性　　C. 随意性　　D. 自发性
答案：B
4. 在市场经济条件下，职业道德具有(　　)的社会功能。
A. 鼓励人们自由地选择职业　　B. 遏制牟利最大化
C. 促进人们的行为规范化　　D. 最大限度地克服人们受利益驱动
答案：C
5. 在市场经济条件下，(　　)是职业道德社会功能的重要表现。
A. 克服利益导向　　B. 遏制牟利最大化
C. 增强决策科学化　　D. 促进员工行为的规范化
答案：D
6. 市场经济条件下，职业道德最终将起到(　　)的作用。
A. 促进企业决策科学化　　B. 提高企业竞争力
C. 决定企业经济效益　　D. 决定企业前途与命运
答案：B
7. 在企业的生产经营活动中，(　　)不是职业道德所具有的功能。
A. 激励作用　　B. 决策能力　　C. 规范行为　　D. 遵纪守法
答案：B
8. 企业文化所具有的功能不包括(　　)。
A. 激励功能　　B. 导向功能　　C. 整合功能　　D. 娱乐功能
答案：D
9. 在下列选项中属于企业文化所具有的功能是(　　)。
A. 锻炼功能　　B. 整合功能　　C. 娱乐功能　　D. 社交功能
答案：B

10. 在下列选项中属于企业文化所具有的功能是(　　)。
A. 整合功能　B. 技术培训功能　C. 科研功能　D. 社交功能
答案：A
11. 为了促进企业的规范化发展，需要发挥企业文化的(　　)功能。
A. 娱乐　B. 主导　C. 决策　D. 自律
答案：D
12. 职业道德最终将起到(　　)的作用。
A. 决定企业经济效益　B. 促进企业决策科学化
C. 增强企业竞争力　D. 树立企业员工守业意识
答案：C
13. 职业道德起到(　　)的作用。
A. 增强企业员工独立意识　B. 模糊企业上级与员工之间关系
C. 促使企业员工循规蹈矩做事情　D. 增强企业凝聚力
答案：D
14. 在下列选项中属于职业道德所具有的作用是(　　)。
A. 增强企业的凝聚力　B. 增强企业的离心力
C. 决定企业的经济效益　D. 增强企业员工的独立性
答案：A
15. 职业道德通过(　　)，起着增强企业凝聚力的作用。
A. 协调员工之间的关系　B. 增加职工福利
C. 为员工创造发展空间　D. 调节企业与社会的关系
答案：A
16. 职业道德是人的事业成功的(　　)。
A. 重要保证　B. 最终结果　C. 先决条件　D. 显著标志
答案：A
17. 下列选项中，关于职业道德与人的事业成功的关系的正确论述是(　　)。
A. 职业道德是人事业成功的重要条件
B. 职业道德水平高的人肯定能够取得事业的成功
C. 缺乏职业道德的人更容易获得事业的成功
D. 人的事业成功与否与职业道德无关
答案：A
18. 职业道德与人生事业之间的关系是(　　)。
A. 具有职业道德的人一定能够获得事业的成功
B. 没有职业道德的人不会获得事业的成功
C. 获得事业成功的人往往具有较高的职业道德
D. 缺乏职业道德的人往往更容易获得事业的成功
答案：C

19. 正确阐述职业道德与人生事业之间关系的选项是(　　)。
A. 没有职业道德的人不会获得事业的成功
B. 获得事业成功的前提条件是要具有职业道德
C. 获得事业成功的人往往并不需要较高的职业道德
D. 具有职业道德是获得事业成功的重要条件
答案：D
20. 在职业交往活动中，符合仪表端庄具体要求的是(　　)。
A. 着装华贵　　B. 适当化妆或戴饰品
C. 饰品俏丽　　D. 发型要突出个性
答案：B
21. 在职业道德活动中，对客人做到(　　)是符合语言规范的具体要求的。
A. 言语细致，反复介绍　　B. 语速要快，不浪费客人时间
C. 用尊称，不用忌语　　D. 语气严肃，维护自尊
答案：C
22. 在下列说法中，不符合语言规范的具体要求是(　　)。
A. 语感自然，不呆板　　B. 用尊称，不用忌语
C. 语速适中，不快不慢　　D. 多使用幽默语言，调节气氛
答案：D
23. 在商业活动中，不符合待人热情要求的是(　　)。
A. 严肃待客，表情冷漠　　B. 主动服务，细致周到
C. 微笑大方，不厌其烦　　D. 亲切友好，宾至如归
答案：A
24. 爱岗敬业作为职业道德的重要内容，是指员工(　　)。
A. 热爱自己喜欢的岗位　　B. 热爱有钱的岗位
C. 强化职业责任　　D. 不应多转行
答案：C
25. 在市场经济条件下，不符合爱岗敬业要求的是(　　)的观念。
A. 树立职业理想　　B. 强化职业责任
C. 干一行、爱一行、专一行　　D. 多转行多受锻炼
答案：D
26. 爱岗敬业的具体要求是(　　)。
A. 根据效益来决定是否爱岗　　B. 转变择业观念
C. 提高职业技能　　D. 增强把握择业的机遇意识
答案：C
27. 在对待职业和岗位，(　　)并不是爱岗敬业所要求的。
A. 树立职业理想　　B. 干一行、爱一行、专一行
C. 遵守企业的规章制度　　D. 一职定终身，不改行
答案：D

28. 在市场经济条件下，(　　)不违反职业道德规范中关于诚实守信的要求。
A. 通过诚实合法劳动来实现利益最大化　B. 打进对手内部，增强竞争优势
C. 根据服务对象来决定是否遵守承诺　D. 凡是有利于增大企业利益的行为就做
答案：A
29. 关于诚实守信的认识和判断中，下列正确的选项是(　　)。
A. 一贯地诚实守信是一种不明智的行为
B. 诚实守信是维持市场经济秩序的基本法则
C. 是否诚实守信要视具体对象而定
D. 追求利益最大化原则高于诚实守信的原则
答案：B
30. 职工对企业诚实守信应该做到的是(　　)。
A. 效忠所属企业，无论在何种情况下，都始终把企业利益放在第一位
B. 维护企业信誉，树立质量意识和服务意识
C. 扩大企业影响，多对外谈论企业之事
D. 完成本职工作即可，企业未来的发展由有见识的人来谋划
答案：B
31. (　　)是企业诚实守信的内在要求。
A. 维护企业信誉　B. 增加职工福利　C. 注重经济效益　D. 开展员工培训
答案：A
32. 要做到办事公道，则在处理公私关系时就要做到(　　)。
A. 公私不分　B. 假公济私　C. 公平公正　D. 先公后私
答案：C
33. 办事公道是指从业人员在进行职业活动时要做到(　　)。
A. 追求真理，坚持原则　B. 有求必应，助人为乐
C. 公私不分，一切平等　D. 知人善任，提拔知己
答案：A
34. 要坚持办事公道，就要努力做到(　　)。
A. 公私不分　B. 有求必应　C. 公正公平　D. 全面公开
答案：C
35. 在下列事项中属于办事公道的是(　　)。
A. 顾全大局，一切服从上级　B. 大公无私，拒绝亲戚求助
C. 知人善任，努力培养知己　D. 坚持原则，不计个人得失
答案：D
36.《中华人民共和国劳动法》规定，劳动者应当完成(　　)，提高(　　)，执行劳动安全卫生规程，遵守劳动纪律和(　　)。
A. 劳动任务　职业技能　职业道德　B. 任务　效率　职业道德
C. 任务　工作水平　劳动合同　D. 劳动任务　思想修养　工作分工
答案：A

37. 2020年11月24日，在全国劳动模范和先进工作者表彰大会上的重要讲话中，总书记精辟阐释了三种精神的科学内涵，分别是“爱岗敬业、争创一流、艰苦奋斗、勇于创新、淡泊名利、甘于奉献的(　　)精神”“崇尚劳动、热爱劳动、辛勤劳动、诚实劳动的(　　)精神”“执着专注、精益求精、一丝不苟、追求卓越的(　　)精神”，强调它们“是以爱国主义为核心的民族精神和以改革创新为核心的时代精神的生动体现，是鼓舞全党全国各族人民风雨无阻、勇敢前进的强大精神动力”。

A. 劳动精神　工匠精神　劳模精神　　B. 劳模精神　劳动精神　工匠精神

C. 劳模精神　工匠精神　劳动精神　　D. 工匠精神　劳模精神　劳动精神

答案：B

38. 关于勤劳节俭的论述中，下列正确的选项是(　　)。

A. 勤劳一定能使人致富　　B. 勤劳节俭有利于企业持续发展

C. 新时代需要巧干，不需要勤劳　　D. 新时代需要创造，不需要节俭

答案：B

39. 勤劳节俭的现代意义在于(　　)。

A. 勤劳节俭是促进经济和社会发展的重要手段

B. 勤劳是现代市场经济需要的，而节俭则不宜提倡

C. 节俭阻碍消费，因而会阻碍市场经济的发展

D. 勤劳节俭只有利于节省资源，但与提高生产效率无关

答案：A

40. 职业纪律是企业的行为规范，职业纪律具有(　　)的特点。

A. 明确的规定性　B. 高度的强制性　C. 通用性　D. 自愿性

答案：A

41. 当企业员工违反职业纪律，企业(　　)。

A. 不能给予罚款处罚　　B. 员工受劳动合同保护，不能给予处分

C. 应视情节轻重，给予恰当处分　　D. 警告的效果往往不大

答案：C

42. 职业纪律是指从事这一职业的员工应该共同遵守的行为准则，它包括的内容有(　　)。

A. 交往规则　B. 操作程序　C. 群众观念　D. 外事纪律

答案：D

43. 在企业的生产经营活动中，要求员工遵纪守法的是(　　)。

A. 约束人的体现　　B. 为了保证经济活动正常进行所决定的

C. 领导者人为的规定　　D. 追求利益的体现

答案：B

44. 在企业的生产经营活动中，(　　)不符合平等尊重的要求。

A. 根据员工的技术专长进行分工

B. 对待不同的服务对象采取一视同仁的服务态度

C. 师徒之间要平等和互相尊重

D. 取消员工之间的一切差别

答案：D

45. 在日常接待工作中，对待不同服务对象，服务态度都应真诚热情，(　　)。

A. 尊卑有别　　B. 女士优先　　C. 一视同仁　　D. 外宾优先

答案：C

46. 在企业的生产经营活动中，不符合平等尊重要求的是(　　)。

A. 真诚相待，一视同仁　　B. 互相借鉴，取长补短

C. 男女有序，尊卑有别　　D. 男女平等，友爱亲善

答案：C

47. 企业生产经营活动中，促进员工之间平等尊重的措施是(　　)。

A. 互利互惠，平均分配　　B. 加强交流，平等对话

C. 只要合作，不要竞争　　D. 人心叵测，谨慎行事

答案：B

48. 关于创新的论述，下列正确的选项是(　　)。

A. 创新就是出新花样　　B. 创新就是独立自主

C. 创新是促进企业进步的灵魂　　D. 创新不需要引进外国的新技术

答案：C

49. 关于创新的论述，不正确的选项是(　　)。

A. 创新需要“标新立异”　　B. 服务也需要创新

C. 创新是促进企业进步的灵魂　　D. 引进别人的新技术不算创新

答案：D

50. 关于创新的论述中，下列正确的选项是(　　)。

A. 不墨守成规，但也不可以标新立异

B. 企业经不起折腾，大胆地闯早晚会出问题

C. 创新是企业发展的动力

D. 创新需要灵感，但不需要情感

答案：C

51. 企业创新要求员工努力做到(　　)。

A. 不能墨守成规，但也不能标新立异　　B. 大胆地破除现有的结论，自创理论体系

C. 大胆地试大胆地闯，敢于提出新问题　　D. 激发人的灵感，遏制冲动和情感

答案：C

52. 压力度量的单位有(　　)。

A. 应力单位　　B. 大气压单位　　C. 液柱高单位　　D. 以上选项都是

答案：D

53. 1 个工程大气压相应的水银柱高为(　　)m。

A. 1　　B. 10　　C. 0.735　　D. 760

答案：C

54. 流体静力学的基本方程式为(　　)。

A. $z+p/(\rho g)=c$　B. $z+\rho\rho g=c$　C. $z-p/(\rho g)=c$　D. $(z+p)/(\rho g)=c$

答案：A

55. 从流体静力学基本方程了解到U形管压力计测量其压强差是(　　)。

A. 与指示液密度、液面高度有关，与U形管粗细无关

B. 与指示液密度、液面高度无关，与U形管粗细有关

C. 与指示液密度、液面高度无关，与U形管粗细无关

D. 与指示液密度、液面高度和U形管粗细均有关

答案：A

56. 1摩尔真实气体实际所占空间(　　)理想气体的V_m。

A. 等于　B. 大于　C. 小于　D. 不等于

答案：B

57. 真实气体在(　　)时，随着压力由低到高，pV_m-p曲线开始有一水平过渡，然后随压力而上升。

A. $T=T_n$　B. $T<T_B$　C. $T>T_B$　D. $T=0$

答案：A

58. 若甲烷在203K、2533.1kPa条件下服从范德华方程，则其摩尔体积为(　　)$m^3\cdot mol^{-1}$($a=2.283\times10^{-1}Pa\cdot m^6\cdot mol^{-2}$，$b=0.4728\times10^{-4}\cdot m^3\cdot mol^{-1}$)。

A. 5.606　B. 5.606×10^{-3}　C. 5.606×10^{-4}　D. 5.6×10^{-4}

答案：C

59. 真实气体状态方程是考虑了(　　)而推导出的。

A. 气体分子具有一定体积

B. 气体之间有相互作用力

C. 气体是可压缩的

D. 气体分子具有一定体积和气体之间有相互作用力

答案：D

60. 关于流动阻力描述，下列说法正确的是(　　)。

A. 流动阻力的大小与管路的形状无关　B. 流动阻力分为直管阻力和局部阻力

C. 管路的变径对流动阻力没有影响　D. 管路中弯头越多，流动阻力越小

答案：B

61. 水力半径R与断面面积A和湿周长度X的关系是(　　)。

A. $R=A/X$　B. $R=d/4$　C. $R=AX$　D. $R=X/A$

答案：A

62. 水力半径与流体的流动阻力关系是(　　)。

A. 水力半径愈大，流出阻力愈大　B. 水力半径愈大，流动阻力愈小

C. 水力半径愈小，流动阻力愈小　D. 无关

答案：B

63. 流体的流动阻力与(　　)有关。

A. 湿周长度　B. 水力半径　C. 管路的长度　D. 其他选项都正确

答案：B

64. 热流密度以(　　)方向为最大。

A. 法线　B. 切线　C. 非垂直方向　D. 非平行方向

答案：A

65. 发生导热现象时，单位时间内导过垂直于热流方向的热流量数值与(　　)。

A. 外温度梯度成反比　B. 外温度梯度成正比

C. 外温度梯度的绝对值成正比　D. 外温度梯度的绝对值成反比

答案：C

66. 发生纯导热现象时，单位时间内导过垂直于热流方向的热流量方向(　　)。

A. 与温度梯度相同　B. 与温度梯度相反

C. 与温度梯度无关　D. 与温度梯度垂直

答案：B

67. 傅里叶定律是描述(　　)的基本定律。

A. 热传导　B. 热辐射　C. 热对流　D. 对流传热

答案：A

68. 下面关于对流传热说法错误的是(　　)。

A. 它是一种复杂的热传递过程

B. 对流换热的规律与流体的流动不可分割

C. 单位时间内流体所交换的热量与流体和固体表面的温度差成反比

D. 单位时间内流体所交换的热量与对流换热系数成正比

答案：C

69. 对流传热中单位时间内与流体所交换的热量与流体和固体表面的温差(　　)。

A. 成正比　B. 成反比　C. 无关　D. 相同

答案：A

70. 无相变的对流换热可根据流动的起因分为强迫对流换热和(　　)对流换热两大类。

A. 自由　B. 自然　C. 平衡　D. 平均

答案：B

71. 牛顿冷却定律通常用来描述(　　)。

A. 热传导　B. 热辐射　C. 热对流　D. 对流传热

答案：D

72. 蒸馏过程的热力学基础是(　　)。

A. 溶解平衡　B. 气液平衡　C. 吸附平衡　D. 离子交换平衡

答案：B

73. 蒸馏是利用混合物中各组分的(　　)不同，而达到分离的目的。

A. 浓度　B. 饱和度　C. 挥发度　D. 溶解度

答案：C

74. 蒸馏是分离(　　)的方法。

A. 气体混合物　B. 气液混合物　C. 固体混合物　D. 液体混合物

答案：D

75. 在馏出率相同条件下，简单蒸馏所得馏出液浓度(　　)平衡蒸馏。
A. 高于　　B. 低于　　C. 或高于或低于　　D. 等于
答案：A
76. 往复活塞式压缩机气缸吸气时，气缸内压强较大气压强(　　)。
A. 高　　B. 相等　　C. 低　　D. 无法判断
答案：C
77. 往复活塞式压缩机排气时，吸气阀的状态为(　　)。
A. 打开　　B. 关闭　　C. 半开状态　　D. 无法判断
答案：B
78. 往复活塞式压缩机排气温度较进气温度高，主要原因为(　　)。
A. 吸气过程中，活塞对气体做功，使气体内能增大温度升高
B. 压缩过程中，活塞对气体做功，使气体内能增大温度升高
C. 排气过程中，活塞对气体做功，使气体内能增大温度升高
D. 气体与气缸表面金属摩擦产生内能使其温度升高
答案：B
79. 型号相同工况相同的两台往复活塞式压缩机 X 与压缩机 Y，若调整 X 的余隙大于 Y 的余隙，则下列说法正确的是(　　)。
A. 压缩机 X 较压缩机 Y 的排气量大　　B. 压缩机 X 较压缩机 Y 的效率高
C. 压缩机 X 较压缩机 Y 的排气温度高　　D. 其他选项都不正确
答案：D
80. 卸荷器作为调节压缩机处理能力的常用部件，通常安装在(　　)侧。
A. 吸气阀　　B. 排气阀　　C. 活塞杆　　D. 曲柄
答案：A
81. 往复式压缩机活塞的直线往复运动是由于如下(　　)机构的运动转换作用。
A. 双曲柄　　B. 曲柄连杆　　C. 曲柄滑块　　D. 其他选项都不正确
答案：C
82. 下列为往复式压缩机对气体直接做功的部件是(　　)。
A. 曲柄　　B. 活塞　　C. 排气阀　　D. 吸气阀
答案：B
83. 关于刮油环刀口朝向的说法正确的是(　　)。
A. 为得到较好的刮油效果，刀口应朝向曲轴箱一侧
B. 为得到较好的刮油效果，刀口应朝向气缸一侧
C. 为得到较好的刮油效果，刀口应垂直于活塞杆
D. 其他选项都不正确
答案：A
84. 关于往复式压缩机填料函的说法正确的是(　　)。
A. 正常情况下，靠近气缸侧的填料环更容易损坏
B. 正常情况下，靠近曲轴箱侧的填料环更容易损坏

C. 正常情况下，填料函内各填料环的损坏程度大致相同
D. 正常情况下，填料函内各填料环的损坏程度无明显规律
答案：A
85. 关于BOG压缩机填料函的说法正确的是(　　)。
A. 由于压缩作用使温度升高，所以填料函设有专门的冷却系统
B. 较常规压缩机，BOG压缩机填料函需要承受的耐受压力更高
C. 由于BOG具有易燃易爆性，所以填料函设有漏气回收系统
D. 其他说法都不正确
答案：C
86. 不属于需要在填料函内设置冷却系统的场合的是(　　)。
A. 高温场合　　B. 高压场合　　C. 高转速场合　　D. 高流量场合
答案：D
87. 对于往复式压缩机单作用填料环，通常由径向环和切向环组成，关于两种环的说法正确的是(　　)。
A. 安装时，径向环应该更靠近气缸侧　　B. 安装时，切向环应该更靠近气缸侧
C. 安装时，径向环应该更靠近曲轴箱侧　　D. 其他选项都不正确
答案：A
88. 离心风机中使气体由速度能转换为压力能的部件是(　　)。
A. 叶轮　　B. 吸入口　　C. 蜗壳　　D. 排出口
答案：C
89. 离心风机的扩散器中，气体改变了流动方向并且流道断面面积增大，这导致了(　　)。
A. 气体流速增大，压力升高　　B. 气体流速减小，压力升高
C. 气体流速不变，压力升高　　D. 气体流速减小，压力降低
答案：B
90. 关于离心风机与轴流风机的说法，以下不正确的是(　　)。
A. 离心风机改变了风管内介质的流向，而轴流风机不改变风管内介质的流向
B. 通常情况下轴流式风机安装更为复杂
C. 离心式风机电机与风机一般是通过皮带带动转动轮的，轴流式风机电机一般在风机内
D. 其他选项都不正确
答案：B
91. 气流轴向进入风机的叶轮后主要沿径向流动的风机类型是(　　)。
A. 离心风机　　B. 轴流风机　　C. 混流风机　　D. 其他选项都不正确
答案：A
92. 离心风机中，对气体直接做功的部件为(　　)。
A. 轴承　　B. 叶轮　　C. 扩散器　　D. 电机
答案：B

93. 离心风机中，由于经叶轮作用后气体主要升高的是动能，为将动能转换为压力能，需要的部件为(　　)。

A. 轴　　B. 吸入口　　C. 扩散器　　D. 排出口

答案：C

94. 下面关于离心风机扩散器的流道形状的一般说法，说法正确的是(　　)。

A. 入口处流道截面积较大，出口处流道截面积较小

B. 入口处流道截面积较小，出口处流道截面积较大

C. 入口处流道截面积与出口处相同

D. 其他选项都不正确

答案：B

95. 气流轴向进入风机的叶轮，近似地在圆柱形表面上沿轴线方向流动的风机类型是(　　)。

A. 离心风机　　B. 轴流风机　　C. 混流风机　　D. 其他选项都不正确

答案：B

96. 同一系统理想状态下，两台相同型号的离心泵并联运行后的扬程较单台泵的扬程(　　)。

A. 高　　B. 相等　　C. 低　　D. 都有可能

答案：B

97. 同一系统理想状态下，两台相同型号的离心泵串联运行后的流量较单台泵的流量(　　)。

A. 高　　B. 相等　　C. 低　　D. 都有可能

答案：B

98. 同一系统理想状态下，两台相同型号的离心泵串联运行后的扬程较两台泵的扬程相加(　　)。

A. 高　　B. 相等　　C. 低　　D. 都有可能

答案：B

99. 两台相同型号的离心泵并联运行后的流量较两台泵的流量相加(　　)。

A. 高　　B. 相等　　C. 低　　D. 都有可能

答案：C

100. 实际工程应用中，泵的安装高度要(　　)计算出的安装高度。

A. 大于　　B. 等于　　C. 小于　　D. 无法判断

答案：C

101. 关于离心泵的最大允许安装高度，下列说法正确的是(　　)。

A. 安装高度与泵的结构无关　　B. 安装高度与吸入管路的阻力无关

C. 安装高度与输送液体的性质无关　　D. 其他说法都不正确

答案：D

102. 离心泵排出管管阻增大时，泵的允许安装高度应(　　)。

A. 增大　　B. 不变　　C. 减小　　D. 无法判断

答案：D

103. 离心泵的吸入管管阻越小，允许的最大安装高度越(　　)。
A. 大　B. 小　C. 相等　D. 无法判断
答案：A
104. 在滑动轴承材料中，(　　)通常只用作双金属轴瓦的表层材料。
A. 铸铁　B. 巴氏合金　C. 铸造锡磷青铜　D. 铸造黄铜
答案：B
105. 演算滑动轴承油膜最小厚度的主要原因为(　　)。
A. 确定轴承是否获得液体润滑　B. 控制轴承的发热量
C. 计算轴承内部的摩擦力　D. 控制轴承内部的压强
答案：A
106. 不完全液体润滑滑动轴承，验算 $pv < [pv]$ 是为了防止轴承(　　)。
A. 过度磨损　B. 过热产生胶合　C. 产生塑性变形　D. 发生疲劳点蚀
答案：B
107. 与滚动轴承相比较，下述各点中，(　　)不能作为滑动轴承的优点。
A. 径向尺寸小　B. 间隙小，旋转精度高
C. 运转平稳，噪声低　D. 可用于高速情况下
答案：B
108. 滚动轴承与滑动轴承相比，其(　　)。
A. 启动灵敏　B. 抗冲击能力强
C. 可在恶劣的环境工作　D. 运行平稳
答案：A
109. 向心轴承是以承受(　　)载荷为主。
A. 径向　B. 轴向　C. 径向和轴向　D. 其他选项都可以
答案：B
110. 当载荷小而平稳，仅承受径向载荷，转速高时应选用(　　)。
A. 向心球轴承　B. 圆锥滚子轴承　C. 向心球面球轴承　D. 向心短圆柱滚子轴承。
答案：A
111. 向心滚子轴承适用的场合为(　　)。
A. 径向载荷为主，转速较高　B. 径向载荷较大，转速较低
C. 径向和轴向载荷均较大　D. 轴向载荷为主
答案：B
112. 钢制管法兰 *PN* 系列有(　　)个压力等级。
A. 6 个　B. 9 个　C. 12 个　D. 16 个
答案：C
113. 钢制法兰 Class 系列标记有 7 个压力等级，分别为：Class 150；Class 300；Class 400；Class 600；(　　)。
A. Class 900；Class 1500；Class 2500　B. Class 900；Class 1200；Class 2500
C. Class 900；Class 1500；Class 2000　D. Class 900；Class 2500；Class 5000
答案：A

114. 按照公称压力划分法兰压力等级，属于中压的法兰区间范围是(　　)。

A. <2.5MPa　　B. 2.5MPa≤P<6.4MPa

C. 2.5MPa<P<6.4MPa　　D. 2.5MPa<P≤6.4MPa

答案：B

115. 钢制管法兰(class 系列)150 磅相当于压力等级 PN(　　)。

A. PN2.5　　B. PN10　　C. PN16　　D. PN15

答案：A

116. 根据《工业金属管道工程施工及验收规范》要求，切口端面倾斜偏差 Δ 不应大于管子外径的(　　)，且不得超过(　　)。

A. 1%　2mm　　B. 2%　3mm　　C. 1%　3mm　　D. 其他选项都不正确

答案：C

117. 根据《工业金属管道工程施工及验收规范》要求，法兰间应保持平行，其偏差不得大于法兰外径的(　　)，且不得大于(　　)，不得用强紧螺栓的方法消除偏差。

A. 1.5‰　2mm　　B. 2.5‰　3mm

C. 3.5‰　3mm　　D. 4.5‰　3mm

答案：A

118. 水压试验用压力表已校验合格，精度不低于(　　)，表的满刻度为最大被测压力的(　　)，试验中压力表的设置不少于两块。

A. 1.5 级　1.5~2 倍　　B. 1.5 级　2.5~3 倍

C. 1.5 级　3.5~4 倍　　D. 1.5 级　4.5~5 倍

答案：A

119. 液压实验应缓慢升压，待达到实验压力后，稳压(　　)min，再将压力降至设计压力，停压(　　)min，压力不降，无泄漏为合格。

A. 10　20　　B. 10　30　　C. 20　20　　D. 20　30

答案：B

120. 检修中装配好的水泵在(　　)时，转子转动应灵活，不得有偏重、卡涩、摩擦等现象。

A. 加装密封填料　　B. 未装密封填料

C. 已通水　　D. 与电动机联轴器已连接

答案：B

121. 在装机械密封时，须在动静环密封面上涂上(　　)，以防动静环干磨。

A. 黄牛油　　B. 汽轮机油　　C. 凡士林　　D. 机油

答案：C

122. 水泵转子的轴向推力间隙的测量是在(　　)后进行的。

A. 动、静部件装配完毕　　B. 叶轮全部装配

C. 平衡盘在轴向上定位　　D. 总窜动量调整

答案：C

123. 泵密封环处的轴向间隙应(　　)泵的轴向窜动量。

A. 大于　　　　B. 等于　　　　C. 小于　　　　D. 小于等于

答案：A

124. 相同材质的铁在下列情形下最不易腐蚀的是(　　)。

A. 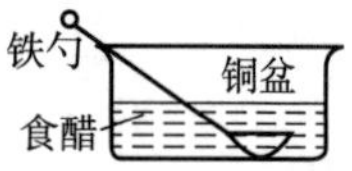

B. 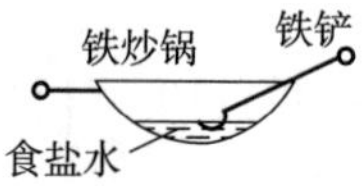

C. 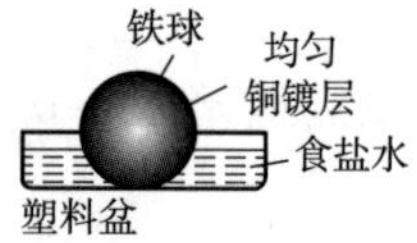

D. 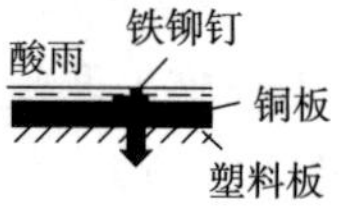

答案：C

125. 用下列装置不能达到预期目的的是(　　)。

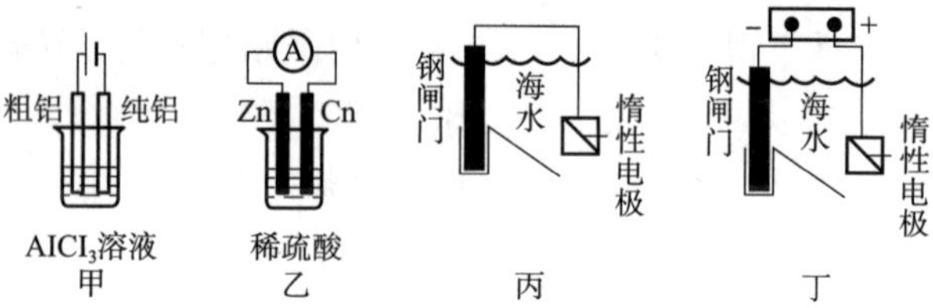

A. 甲图装置可用于电解精炼铝　　B. 乙图装置可得到持续、稳定的电流

C. 丙图装置可达到保护钢闸门的目的　　D. 丁图装置可达到保护钢闸门的目的

答案：C

126. 模拟铁的电化学防护的实验装置如图所示，下列说法错误的是(　　)。

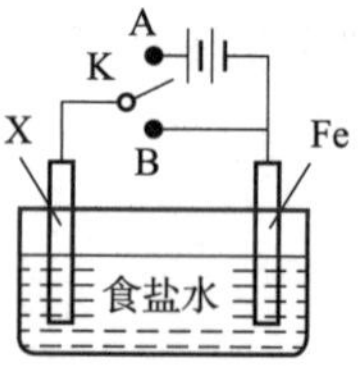

A. 若 X 为碳棒，开关 K 置于 A 处可减缓铁的腐蚀

B. 若 X 为锌棒，开关 K 置于 B 处时，铁电极上发生的反应为 $2H^+ + 2e^- = H_2\uparrow$

C. 若 X 为锌棒，开关 K 置于 A 处或 B 处均可减缓铁的腐蚀

D. 若 X 为碳棒，开关 K 置于 A 处时，铁电极上发生的反应为 $2H^+ + 2e^- = H_2\uparrow$

答案：B

127. 下列各容器中盛有海水，铁在其中被腐蚀时，由快到慢的顺序是(　　)。

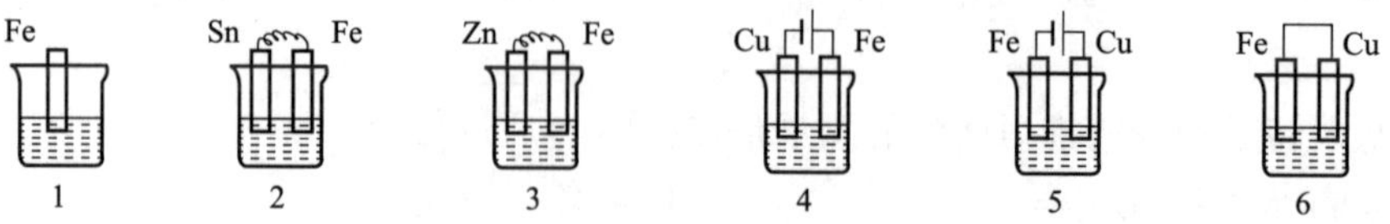

A. 4 > 2 > 1 > 3 > 5 > 6　　B. 4 > 6 > 2 > 1 > 3 > 5

C. 5 > 4 > 2 > 3 > 1 > 6　　D. 6 > 3 > 5 > 2 > 4 > 1

答案：B

128. 采用涂料涂膜的金属防腐方法属于(　　)。

A. 钝化　　B. 覆膜　　C. 屏蔽　　D. 阴极保护

答案：B

129. 金属管道采用硫酸酸洗的温度一般为(　　)。

A. 20～30℃　　B. 50～70℃　　C. 80～100℃　　D. 常温

答案：B

130. 涂料(如油漆)因储存，造成黏度过高，可用(　　)调整。

A. 稀释剂　　B. 配套树脂　　C. 配套颜料　　D. 二甲苯或丁醇

答案：A

131. 为保证涂料的质量，在出厂前必须进行(　　)检查。

A. 颜色　　B. 质量　　C. 黏度　　D. 标注试样

答案：D

132. (　　)不是固定式压力容器的安全附件，不需要进行定期校验。

A. 安全阀　　B. 压力表　　C. 液位计　　D. 减压阀

答案：D

133. 固定式压力容器安全状况等级定为(　　)级，一般每6年检验1次。

A. 1　　B. 2　　C. 3　　D. 4

答案：A

134. 固定式压力容器安全状况等级共分为(　　)级。

A. 3　　B. 4　　C. 5　　D. 6

答案：C

135. 按照《固定式压力容器安全技术监察规程》规定：使用满足下列条件的(　　)单位，可以向国家质检总局提出应用基于风险评估(RBI)的检验手段。

A. 较大容器的使用　　B. 成套装置的使用

C. 大型成套装置的使用　　D. 国有

答案：C

136.《在用工业管道定期检验规程》规定在线检验是在运行条件下对在用工业管道进行的检验，在线检验每年至少(　　)次。

A. 1　　B. 2　　C. 3　　D. 4

答案：A

137.《在用工业管道定期检验规程》规定在用压力管道的安全状况等级定级工作，由(　　)负责。

A. 承担安装安全质量监督检验的机构　　B. 登记注册机构

C. 安全评介机构　　D. 该压力管道全面检验工作的机构

答案：D

138.《在用工业管道定期检验规程》规定压力管道的定期检验分为在线检验、(　　)。

A. 运行检验　　B. 水压试验　　C. 内部检验　　D. 全面检验

答案：D

139.《在用工业管道定期检验规程》规定压力管道在线检验的支吊架检查应检查支架与管道接触处有无积水现象、恒力弹簧支吊架转体位移指示是否越限、变力弹簧支吊架是否异常变形、偏斜或失载、吊杆及连接配件是否损坏或异常及(　　)。

A. 支吊架的漆色是否完整　　B. 支吊架的对地电阻是否符合要求

C. 是否超过使用年限　　D. 转导向支架间隙是否合适，有无卡涩现象

答案：D

140. 三相异步电动机的三相对称绕组中通入三相对称电流，则在定子与转子的空气隙中产生一个(　　)磁场。

A. 旋转　　B. 脉动　　C. 恒定　　D. 永久

答案：A

141. 三相异步电动机定子绕组的连接方法采用(　　)。

A. 顺接　　B. 反接

C. 星形或三角形　　D. 混连

答案：C

142. 电动机在运行过程中，若电源缺相则电动机的转速(　　)。

A. 加快　　B. 变慢　　C. 为零　　D. 不变

答案：B

143. 电源电压(　　)时会造成电动机过热。

A. 等于额定电压　　B. 为零

C. 过高或过低　　D. 轻微波动

答案：C

144. 下列选项中不属于变压器组成部分的是(　　)。

A. 铁芯　　B. 绕组　　C. 散热片　　D. 液压机构

答案：D

145. 变压器铁芯叠片间相互绝缘是为了降低变压器的(　　)损耗。

A. 无功　　B. 空载　　C. 短路　　D. 涡流

答案：D

146. 变压器分接开关一般设在(　　)上。

A. 高压绕组　　B. 低压绕组　　C. 出线装置　　D. 绕组中性点

答案：A

147. 呼吸器中硅胶的颜色由蓝变(　　)时表示已受潮。

A. 红　　B. 黄　　C. 白　　D. 浅蓝

答案：A

148. 下列防爆标志是隔爆型电气设备的标志是(　　)。

A. Ex d　　B. Ex e　　C. Ex p　　D. Ex q

答案：A

149. 正常运行条件下，不会产生点燃爆炸性混合物的火花或危险温度，并在结构上采取措施，提高其安全程度，以避免在正常和规定过载条件下出现点燃现象的电气设备，称为(　　)。

A. 增安型　　B. 密闭型　　C. 正压型　　D. 隔爆型

答案：A

150. 易燃易爆的场所应选择(　　)灯具。

A. 保护型　　B. 密闭型　　C. 防爆型　　D. 防水型

答案：C

151. 爆炸和火灾环境危险区域的分区中，1 区是指(　　)。

A. 连续出现或长期出现爆炸性气体混合物的环境

B. 在正常运行时可能出现爆炸性气体混合物的环境

C. 在正常运行时不可能出现爆炸性气体混合物的环境

D. 在正常运行时，仅是短时存在爆炸性气体混合物的环境

答案：B

152. “IP56”是表示电气设备的外防护等级的一种代号，以下属于此等级防护范围的是(　　)。

A. 固体异物进入设备内部　　B. 人体触及内部带电部分

C. 人体触及电机运动部分　　D. 水等液体进入设备内部

答案：D

153. 在正常状态下和故障状态下产生的火花或热效应均不能点燃爆炸性混合物的电气设备属于(　　)。

A. 本质安全型　　B. 隔爆型　　C. 正压型　　D. 特殊型

答案：A

154. (　　)是将可能产生的电火花、电弧或危险温度的带电零部件浸在绝缘油里，使之不能点燃油面上方爆炸性混合物的电气设备。

A. 充油型　　B. 充砂型　　C. 隔爆型　　D. 正压型

答案：A

155. (　　)是具有能承受内部的爆炸性混合物爆炸而不致受到损坏，而且内部爆炸不致通过外壳上任何结合面或结构孔洞引起外部混合物爆炸的电气设备。

A. 隔爆型　　B. 增安型　　C. 正压型　　D. 特殊型

答案：A

156. 在 30Ω 电阻的两端加 60V 的电压，则通过该电阻的电流是(　　)A。

A. 20　　B. 9　　C. 3　　D. 2

答案：D

157. 一个回路的电流与其回路的电阻乘积等于(　　)。

A. 有功功率　　B. 电能　　C. 无功功率　　D. 电压

答案：D

158. 某电炉接在 220V 电源上，正常工作时流过电阻丝的电流为 5A，此时电阻丝的电阻为(　　)。

A. 40Ω　　B. 42Ω　　C. 46Ω　　D. 44Ω

答案：D

159. 如果加在电阻 R 两端的电压 U 发生变化时，流过电阻的电流也随着变化，而且这种变化(　　)。

A. 成反比例　　B. 成正比例　　C. 不成比例　　D. 无规律判断

答案：B

160. 对电力电缆进行(　　)是简单判断电力电缆绝缘状况最常用的方法。

A. 绝缘电阻测量　　B. 直流耐压试验　　C. 泄漏电流试验　　D. 交流耐压试验

答案：A

161. 检修高压电动机时，拆开后的电缆头(　　)最安全。

A. 三相短路并接地　　B. 接地　　C. 用绝缘包扎　　D. 各相分开

答案：A

162. 电力电缆按其导线材质可分为铝芯和(　　)两大类。

A. 铜芯　　B. 铁芯　　C. 银质　　D. 石墨芯

答案：A

163. 测量额定电压为 1kV 以下的电缆应使用(　　)V 兆欧表进行。

A. 100　　B. 1000　　C. 2500　　D. 5000

答案：B

164. 在生产实际中，常用仪表的(　　)来衡量仪表质量的优劣。

A. 功能　　B. 结构　　C. 性能指标　　D. 测量误差

答案：C

165. 在生产实际中，常用的仪表性能指标较多，下列所示内容中，不属于仪表性能指标的是(　　)。

A. 量程　　B. 最大相对百分误差

C. 灵敏度与灵敏限　　D. 分辨力

答案：A

166. 仪表性能指标中死区的概念，根据“死区”的定义可知，死区所指的数值是(　　)。

A. 测量值　　B. 输入值　　C. 精度误差值　　D. 输出值

答案：B

167. 复现性是现代仪表的重要性能指标之一，测量复现性是在不同测量条件下，如不同的方法，不同的观测者，在不同的检测环境，对同一被检查的量进行多次检测时，其测量结果(　　)的程度。

A. 正确　　B. 偏差　　C. 离散　　D. 一致

答案：D

168. (　　)的作用方向由它的气开、气关形式来确定。

A. 被控对象　　B. 调节阀　　C. 调节器　　D. 操纵变量

答案：B

169. 若某水罐液位通过液位计控制，当液位高到一定值时，液位计控制水罐出口阀打开，假若该出口阀为气开阀的话，该单参数控制系统的调节器应选(　　)，假若该出口阀为气关阀的话，该单参数控制系统的调节器应选(　　)。

A. 正作用　正作用　B. 反作用　正作用　C. 正作用　反作用　D. 反作用　反作用

答案：C

170. 某水罐液位通过液位计控制，当液位降到一定值时，液位计控制水罐入口阀打开，假若该出口阀为气开阀的话，该单参数控制系统的调节器应选(　　)，假若该出口阀为气关阀的话，该单参数控制系统的调节器应选(　　)。

A. 反作用　正作用　B. 正作用　正作用　C. 正作用　反作用　D. 反作用　反作用

答案：A

171. 某接收站冷换器通过温度控制，如下图，由 PID 图可知调节阀是故障开阀门，下列描述正确的是(　　)。

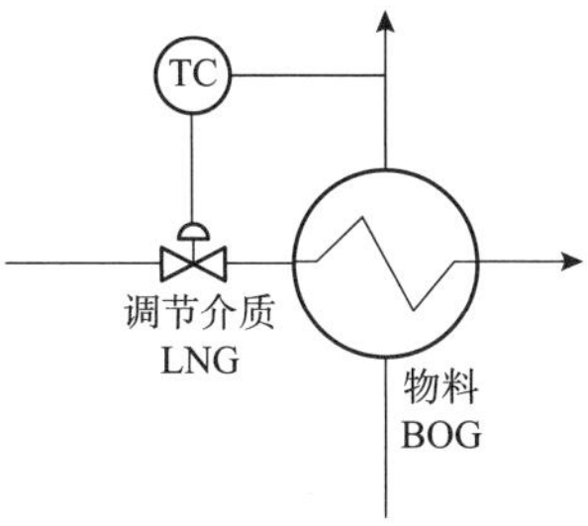

A. 调节阀为气关阀，选用正作用调节器　B. 调节阀为气开阀，选用反作用调节器

C. 调节阀为气开阀，选用正作用调节器　D. 调节阀为气关阀，选用反作用调节器

答案：D

172. 过渡过程的基本形式是指在阶跃干扰的作用下(　　)的变化方式。

A. 被控变量　B. 偏差　C. 操纵变量　D. 控制器的输出

答案：A

173. 最大偏差一般是指(　　)过程中，被控变量偏离给定值的最大数值。

A. 振荡发散　B. 衰减振荡　C. 等幅振荡　D. 非振荡衰减

答案：B

174. 在过渡过程中，最大偏差与新的稳态值之差称为(　　)。

A. 干扰量　B. 余差　C. 偏差　D. 超调量

答案：D

175. 在过渡过程中，相邻两个峰值之比称为(　　)。

A. 偏差　B. 余差　C. 衰减比　D. 衰减速率

答案：C

176. 控制器的输出信号变化量与输入偏差信号变化量之间成线性关系的控制规律称为(　　)控制规律。

A. 比例积分微分　B. 比例积分　C. 比例微分　D. 比例

答案：D

177. 积分控制规律中，控制器输出信号的变化量与(　　)的变化量的积分成正比。

A. 控制器输入偏差信号　B. 控制器的给定值

C. 被控变量　　D. 被控对象的干扰

答案：A

178. 微分控制规律是指控制器的输出变化量与(　　)成正比。

A. 输入偏差　　B. 输入偏差的变化速度

C. 输入偏差的积分　　D. 输入偏差的变化量

答案：B

179. 微分控制规律中，正输入偏差信号较大且保持不变的情况下，输出信号(　　)。

A. 变化较大　　B. 变化不大　　C. 保持不变　　D. 等幅振荡

答案：C

180. 比例控制的特点是(　　)。

A. 控制及时、有余差　　B. 控制及时、无余差

C. 控制不及时、有余差　　D. 控制不及时、无余差

答案：A

181. 控制缓慢、能消除余差是(　　)控制的特点。

A. 比例　　B. 积分　　C. 微分　　D. 比例积分微分

答案：B

182. 对象滞后较大、负荷变化较大但不是特别频繁、控制质量要求高，这样的场合一般选用(　　)控制规律。

A. 比例　　B. 比例微分　　C. 比例积分　　D. 比例积分微分

答案：C

183. 在微分控制的理想情况下，计算变化速度的时间是指(　　)。

A. 很短的时间　　B. 一个采样周期　　C. 1s　　D. 无穷小

答案：D

184. 下列不属于调节器参数整定的常用方法是(　　)。

A. 临界比例度法　　B. 衰减曲线法　　C. 经验凑试法　　D. 比例度凑试法

答案：D

185. 某控制系统采用比例积分作用调节器。某操作工用先比例后加积分的凑试法来整定调节器的参数。若比例带的数值已基本合适，在加入积分作用的过程中，则(　　)。

A. 应适当减小比例带　　B. 应适当增加比例带

C. 无须改变比例带　　D. 视情况而定

答案：B

186. 当调节器(　　)时，会引起振荡，振荡过渡过程周期较短，频率较高。

A. 比例度过小　　B. 比例度过大　　C. 积分时间过小　　D. 积分时间过大

答案：A

187. 当调节器(　　)时，会引起振荡，振荡过渡过程周期较长，频率较低。

A. 比例度过大　　B. 比例度过小　　C. 积分时间过小　　D. 积分时间过大

答案：C

188. 某流量控制方式用来使两种物料的流量保持一定的比值关系，该流量控制采用(　　)控制方式。

A. 串级控制　　B. 比值控制　　C. 分程控制　　D. 均匀控制

答案：B

189. 如果工艺上仅要求两物料流量之比值一定，而对总流量无要求，可选用(　　)。

A. 单闭环比值控制方案　　B. 开环比值控制方案

C. 双闭环比值控制方案　　D. 变比值控制方案

答案：A

190. 如果主、副流量的扰动频繁，而工艺要求主、副物料总流量恒定的生产过程，可选用(　　)。

A. 单闭环比值控制方案　　B. 开环比值控制方案

C. 双闭环比值控制方案　　D. 变比值控制方案

答案：C

191. 当生产工艺要求两种物料流量的比值要随着第三参数的需要进行调节时，可选用(　　)。

A. 单闭环比值控制方案　　B. 开环比值控制方案

C. 双闭环比值控制方案　　D. 变比值控制方案

答案：D

192. 在因果图中，表示阀门打开的是(　　)。

A. S　　B. C　　C. O　　D. SD

答案：C

193. 在因果图中，表示阀门关闭的是(　　)。

A. S　　B. C　　C. O　　D. SD

答案：B

194. 在因果图中，SD 表示(　　)。

A. 启动　　B. 打开　　C. 关闭　　D. 停车

答案：D

195. 在码头卸料因果表中，下图中 X 表示(　　)。

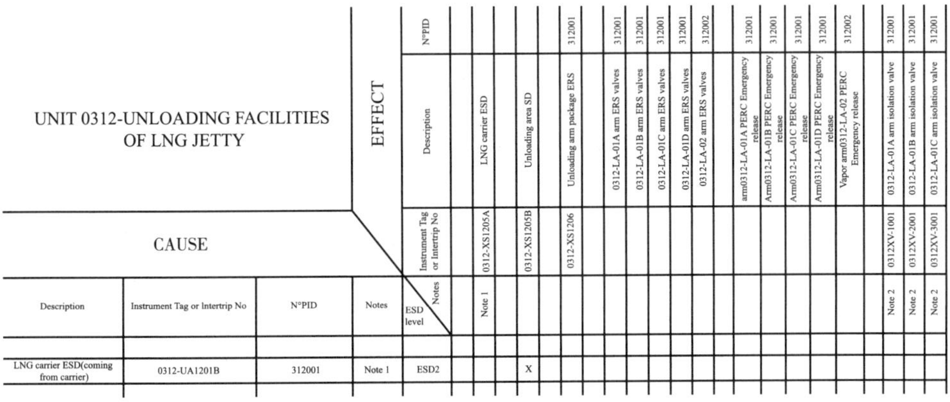

A. 触发联锁　　B. 停车　　C. 关闭　　D. 打开

答案：A

196. 逻辑图属于(　　)。

A. 工艺图　　B. 安装图　　C. 电气图　　D. 原理图

答案：D

197. 下图表示的是(　　)。

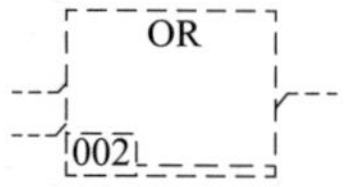

A. 与　　B. 或　　C. 非　　D. 异或

答案：B

198. 下图表示的是(　　)。

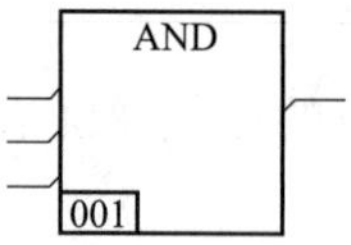

A. 与　　B. 或　　C. 非　　D. 异或

答案：A

199. 下图描述正确的是(　　)。

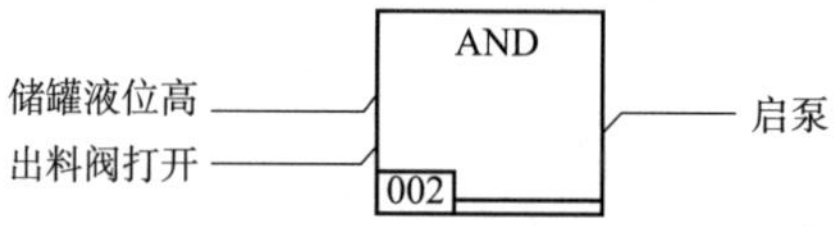

A. 储罐液位高时启泵　　B. 出料阀打开时启泵

C. 储罐液位高与出料阀打开时启泵　　D. 启泵后储罐液位升高、出料阀打开

答案：C

200. 新环保法于(　　)起施行。

A. 2014 年 9 月 1 日　B. 2015 年 1 月 1 日　C. 2016 年 1 月 1 日　D. 2014 年 10 月 1 日

答案：B

201. 因污染环境和破坏生态造成损害的，应当依照(　　)的有关规定承担侵权责任。

A.《中华人民共和国侵权责任法》　　B.《中华人民共和国环境保护法》

C.《中华人民共和国民法》　　D.《中华人民共和国刑法》

答案：A

202.《职业病防治法》所称职业病，是指(　　)的劳动者在职业活动中，因接触粉尘、放射性物质和其他有毒、有害因素而引起的疾病。

A. 企业、事业单位　　B. 企业、事业单位和个体经济组织

C. 企业、政府单位　　D. 企业、政府单位和事业单位

答案：B

203. 职业病的分类和目录由(　　)行政部门会同国务院安全生产监督管理部门、劳动保障行政部门制定、调整并公布。

A. 公安　　B. 卫生　　C. 国务院　　D. 工会

答案：B

204. 关于事故处理“三个优先处理原则”正确的选项是(　　)。

A. 员工的安全健康优先；防止事故(含事件)扩大优先；保护企业财产优先

B. 员工的安全健康优先；恢复企业生产优先；保护企业财产优先

C. 员工的安全健康优先；防止事故(含事件)扩大优先；保护环境优先

D. 保护企业财产优先；恢复企业生产优先；保护环境优先

答案：C

205. 在设备管理中“四懂三会”中的“三会”表述不正确的是(　　)。

A. 会使用　　B. 会保养　　C. 会采购　　D. 会排除故障

答案：C

206. 雷电造成的直接危害是(　　)。

A. 雷电电流的电磁感应引起的火花放电，会引起火灾、爆炸

B. 雷云的静电感应使带电体与接地导线或大地发生火花放电

C. 雷云大地之间的放电，电流会击毁或烧毁放电通道上的物体

D. 雷云内部或雷云之间的放电

答案：C

207. 根据天然气的定义，天然气是(　　)。

A. 烃类气体的混合物　　B. 烃类液体的混合物

C. 烃类气体和液体的混合物　　D. 烃类气体和杂质的混合物

答案：D

208. 凡涉及用火、进入受限空间、高处作业、临时用电、动土、起重和盲板抽堵等作业必须实行(　　)

管理。

A. 制定应急预案　　B. 隐患治理　　C. 安全检查　　D. 作业许可证

答案：D

209. 作业许可的审批人、作业监护人等应经过(　　)培训，培训合格后方可上岗。

A. 安全资格证　　B. 作业许可管理

C. 现场监护人　　D. HSE

答案：B

210. 操作人员的安全培训以强化安全意识和提升风险识别能力、(　　)为主要内容。

A. 强化责任意识、增强安全技能　　B. 掌握安全管理方法、增强安全技能

C. 应急处置、增强安全技能　　D. 安全操作能力、应急处置和自救互救能力

答案：D

211. (　　)是作业许可的实施责任主体。

A. 企业各级业务主管部门　　B. 安全监管部门

C. 安全监管局　　D. 生产基层单位

答案：D

212. 企业应根据风险辨识结果进行分级管理，建立各级风险清单，每(　　)更新 1 次，发生重大变化或变更后应及时更新。

A. 1 年　B. 半年　C. 1 个季度　D. 1 个月

答案：C

213. 中国石化集团公司 HSE 管理手册要求，各职能部门和二级/基层单位(业务单元)应采用(　　)等方法组织开展风险识别和评估。

A. HAZOP 和 JHA　B. JHA 和 PHA　C. JHA 和 JSA　D. HAZOP 和 JSA

答案：D

214. 中国石化风险矩阵低风险用(　　)颜色表示。

A. 红色　B. 蓝色　C. 橙色　D. 黄色

答案：B

215. 事故直接损失在(　　)万元以下属于中国石化风险矩阵后果严重 A 级。

A. 10　B. 20　C. 15　D. 25

答案：C

216. 泄漏收集池每池至少需布置(　　)个低温探测器。

A. 3　B. 1　C. 2　D. 4

答案：A

217. 下面选项中不是为了保障储罐的安全稳定而设计的是(　　)。

A. 防超压泄放系统　B. 防真空补气系统　C. 防翻滚系统　D. 高压外输系统

答案：D

218. 站内设置了独立于 DCS 系统的 SIS 系统，其安全综合等级按照 IEC61508 中规定的(　　)考虑。

A. SIL3 级　B. SIL1 级　C. SIL2 级　D. SIL4 级

答案：A

219. 高压消防水系统采用稳高压消防给水系统，LNG 接收站部分的压力平时稳定在(　　)。

A. 0.6MPa　B. 0.8MPa　C. 1.0MPa　D. 1.2MPa

答案：B

220. 2013 年 12 月 23 日，国家卫生计生委、人力资源和社会保障部、国家安全监管总局、全国总工会 4 部门联合印发《职业病分类和目录》。该《分类和目录》将职业病分为职业性尘肺病及其他呼吸系统疾病、职业性皮肤病等职业病共 10 类 132 种。其中，在职业性尘肺病发病人数中，占前两位的疾病是(　　)。

A. 矽肺、炭黑尘肺　B. 煤工尘肺、水泥尘肺

C. 铸工尘肺、电焊工尘肺　D. 矽肺、煤工尘肺

答案：D

221. 依据职业病防治法第三十五条，用人单位的主要负责人和职业卫生管理人员应当接受(　　)培训，遵守职业病防治法律、法规，依法组织本单位的职业病防治工作。

A. 技术　B. 技能　C. 安全　D. 职业卫生

答案：D

222. 职业病危害因素包括职业活动中存在的各种有害的(　　)因素以及在作业过程中产生的其他职业有害因素。

A. 化学、物理、生物　　B. 化学、物理、生理

C. 生理、物理、生物　　D. 化学、物理、生化

答案：A

223. 生产过程中产生的职业危害因素包括化学因素、物理因素和生物因素，下列各类职业危害因素中，属于物理因素的是(　　)。

A. 触电、窒息　　B. 高空坠落、物体打击

C. 噪声、辐射　　D. 窒息、高温

答案：C

224. 集团公司安全风险清单分(　　)级。

A. 一　　B. 二　　C. 三　　D. 四

答案：D

225. 加强考核问责，全面推行承包商(　　)机制，实现承包商安全业绩与承揽工程量挂钩。

A. 黑名单　　B. 一体化

C. 违章违纪累积计分考核机制　　D. 安全行为

答案：C

226. 加强施工过程安全管控，在重点建设、检维修项目和管理薄弱企业推行“(　　)”，确保施工过程安全受控。

A. 直接作业管控系统　　B. 区域化监督

C. 旁站监督　　D. 第三方安全监督

答案：D

227. 涉及危险化学品泄漏、火灾爆炸，且后果严重性等级为 E、F、G 的风险，应开展(　　)分析。

A. CEA　　B. HAZOP　　C. JSA　　D. JHA

答案：A

228. 环保法明确规定，本法自(　　)起施行。

A. 2014 年 10 月 1 日　　B. 2014 年 11 月 1 日

C. 2015 年 1 月 1 日　　D. 2015 年 1 月 1 日

答案：C

229. 根据环保法，每年 6 月 5 日为(　　)。

A. 环境日　　B. 世界环境日　　C. 中国环境日　　D. 环保日

答案：A

230. 制定公司环境保护工作的方针、规定、要求是(　　)职责。

A. HSE 管理委员会　　B. HSE 管理委员会办公室

C. 环保岗位人员　　D. HSE 管理部

答案：A

231. 生产废水主要来源于(　　)。
A. 各机泵冷却以及检修时排放的极少量废水
B. 软化水站及浸没燃烧式气化器(SCV)排水，主要污染物为盐类
C. 职工日常洗漱废水
D. 开架式海水气化器(ORV)排水，主要污染物为余氯
答案：B
232. LNG 接收站运营期排放的废气主要来自(　　)。
A. 火炬　　B. SCV　　C. 压缩机　　D. 再冷凝器
答案：B
233. 企业应当对重大危险源管理情况每年至少开展(　　)次专项检查。
A. 1　　B. 2　　C. 3　　D. 4
答案：A
234. 在生产经营活动中初始风险决定了需要采取的风险控制措施及其可靠性等级；而(　　)表征在现有安全措施(安全保护层)下实际存在的风险，判断风险是否可以接受。
A. 初始风险　　B. 一般风险　　C. 剩余风险　　D. 重大风险
答案：C
235. 依据中国石化重大生产安全事故隐患判定标准指南，以下情形(　　)不是集团公司重大生产安全事故隐患。
A. 安全阀未校验　　B. 可燃气体检测仪未检定
C. 有毒气体检测仪未检定　　D. 压力容器温度变送器未校验
答案：D
236.《中共中央　国务院关于推进安全生产领域改革发展的意见》指出，开展经常性的应急演练和人员避险自救培训，着力提升现场(　　)能力。
A. 隐患整改　　B. 应急处置　　C. 隐患排查　　D. 设备操作
答案：B
237. 特种设备使用单位应当制定特种设备事故(　　)预案，并定期进行应急演练。
A. 应急　　B. 应急综合　　C. 应急专项　　D. 应急处置
答案：C
238. 基层单位要按照(　　)的原则编制现场处置方案。
A.“一点一案、一点一策”　　B.“一井一案、一井一策”
C.“一事一案、一点一策”　　D.“一事一案、一井一策”
答案：C
239. 新建、改建、扩建项目，项目部要在全面(　　)的基础上，组织承包商等相关方编制相应的专项应急预案。
A. 隐患识别　　B. 隐患评估　　C. 风险识别　　D. 风险评估
答案：D
240. 企业应配备必要的监测监控设施，加强对关键装置和(　　)的监测监控。
A. 关键部位　　B. 要害部位　　C. 重点部位　　D. 核心部位
答案：B

241. 通常情况下，国内测量天然气的超声波流量计的检定周期为(　　)年。

A. 4　　B. 3　　C. 2　　D. 1

答案：C

242. 超声波流量计适合条件是(　　)。

A. 超声波流量计适合于流量小，需精确计量的场合

B. 超声波流量计适合于量程比大、精度高、高压力的场合

C. 超声波流量计适合于任何介质条件

D. 超声波流量计适合于流量大，介质含水量多的场合

答案：B

243. 超声波流量计表体及上下游直管段清洗拆卸时，注意表体和上、下游直管段不能猛烈撞击，以免对超声波流量计(　　)产生影响。

A. 计量　　B. 上游直管段　　C. 设定参数　　D. 下游直管段

答案：A

244. 下面关于超声波流量计的安装要求叙述错误的是(　　)。

A. 超声波流量计的内表面应当保持无凝析液或与轧屑、脏物和沙子混在一起的少许油等任何沉积物，因为它们将影响流量计的流通截面积

B. 对于单向流动的流量计，设计方应当把温度计套管安放到流量计的上游

C. 制造厂家应注意高气流速度可使温度计套管产生诱发的流体振动。温度计套管材料的严重疲劳损坏可能最终由该诱发振动引起的

D. 超声波流量计不应当安装到振动强度或频率可激励信号处理装置、元器件或超声传感器的固有频率的地方。制造厂家应当提供关于超声波流量计元件固有频率的技术要求

答案：B

245. 下面关于气体涡轮流量计的安装叙述错误的是(　　)。

A. 在安装之前，应当检查涡轮流量计以确信没有由运输引起的损坏以及所有附件(如接头，润滑油)完整无缺

B. 撕去流量计进出口法兰处的黏贴纸

C. 按流量计上标明的流动方向安装。安装前，当用微小气流吹动叶轮时，叶轮应能转动灵活，并没有无规则的噪声，计数器转动正常，无间断卡滞现象，则流量计可安装使用

D. 建议的安装位置是水平安装，计数器向上。在竖直安装时，通过流量计的气体流向应从下到上

答案：D

246. 涡轮流量计显示仪表不工作，不可能的原因(　　)。

A. 流量太小，造成信号太弱　　B. 信号检测器线路断线

C. 显示仪表故障　　D. 变送器本身故障

答案：A

247. 涡轮流量计的安装要远离振动环境，避免配管振动造成应力挤压(　　)。

A. 涡轮　　B. 导流器　　C. 传感器　　D. 过滤器

答案：C

248. 如果涡轮流量计的检测流量太小，造成信号太弱，则应采取(　　)。

A. 参照显示仪表说明书排除　　B. 清洗变送器，并装过滤器

C. 更换轴或轴承　　D. 按正常使用范围使用

答案：D

249. 在日常生产管理中，我们可以用(　　)来评价一条输气管线的管理质量。

A. 输差　　B. 气量　　C. 压力　　D. 温度

答案：A

250. 欲降低输差，提高管道企业的经济效益，采取有效措施，全力降低(　　)。

A. 不合理输差　　B. 自用油　　C. 损耗　　D. 计量误差

答案：A

251. 管道的输差是(　　)的反映。

A. 实际损失　　B. 仪表误差

C. 实际损失和仪表误差综合　　D. 理论的损失

答案：C

252. 天然气长输管道的(　　)属于管理计量器具设备不善所致的输差。

A. 流量计运行不在最佳流量范围　　B. 流量计检定误差

C. 流量计前后平行度、同心度不良　　D. 管道发生泄漏

答案：A

253. 热导检测器的检测原理是根据载气与被测物质间的(　　)的不同。

A. 相对极性　　B. 热导率　　C. 比重　　D. 电阻

答案：B

254. 热导检测器的热丝温度与池体温度的差值与热导池灵敏度之间的关系为(　　)。

A. 差值大，灵敏度低　　B. 差值大，灵敏度大

C. 没有关系　　D. 其他选项都不对

答案：B

255. 用热导检测器，为了提高检测灵敏度，最有效的方法是(　　)。

A. 提高载气流速　　B. 用氢气作载气

C. 适当提高桥路电流　　D. 适当降低检测室的温度

答案：C

256. 热导池的热敏元件选用电阻值(　　)，电阻温度系数(　　)的金属或热敏电阻。

A. 大　高　　B. 小　高　　C. 大　低　　D. 小　低

答案：A

257. FID 的英文含义翻译成中文是(　　)。

A. 火焰离子化检测器　　B. 火焰光度检测器

C. 热导池检测器　　D. 热导光度检测器

答案：A

258. 对于一台检测器为 FID 的色谱仪，肯定不需要提供的气体是(　　)。

A. 氢气　　B. 氮气　　C. 氧气　　D. 空气

答案：C

259. 使氢火焰离子化检测器灵敏度降低的因素中，下列说法中错误的是(　　)。

A. 样品中有机物含量较低　　B. 电极的形状和距离

C. 喷嘴的内径过细或过粗　　D. 极化电压过大或过细

答案：A

260. 火焰离子化检测器为质量敏感型检测器，它更适宜用(　　)来进行定量分析。

A. 峰高　　B. 峰面积　　C. 归一化法　　D. 内标法

答案：B

261. 使用便捷式可燃气体检测仪，出现零位不能调整时，首先应采取的措施为(　　)。

A. 用清洁空气吸引 10min 左右，按下“zero”约 2s，进行零位自动调整

B. 直接委托厂家修理

C. 更换电池

D. 解除无声模式

答案：A

262. 使用便捷式可燃气体检测仪，按下电池开关仍无电源接通时，首先应采取的措施为(　　)。

A. 用清洁空气吸引 10min 左右，按下“zero”约 2s，进行零位自动调整

B. 直接委托厂家修理

C. 更换电池

D. 解除无声模式

答案：C

263. 使用便捷式可燃气体检测仪，蜂鸣器不鸣叫，首先应采取的措施为(　　)。

A. 用清洁空气吸引 10min 左右，按下“zero”约 2s，进行零位自动调整

B. 直接委托厂家修理

C. 更换电池

D. 解除无声模式

答案：D

264. 使用便捷式可燃气体检测仪，仪器显示传感器寿命到极限，采取的措施为(　　)。

A. 用清洁空气吸引 10min 左右，按下“zero”约 2s，进行零位自动调整

B. 直接委托厂家修理

C. 更换电池

D. 解除无声模式

答案：B

265. 普通法毛细管柱的内径一般为(　　)。

A. 0. 24mm　　B. 0. 32mm　　C. 0. 53mm　　D. 0. 75mm

答案：B

266. 通常，分流比是指(　　)。

A. 分流气流量和柱流量的比值

B. 分流气流量和柱流量的比值+1

C. 分流不分流进样口载气进入量和柱流量的比值

D. 分流不分流进样口载气进入量和柱流量的比值+1

答案：A

267. 毛细管色谱柱的柱容量小、出峰快，因此要求(　　)。

A. 瞬间注入极小量样品　　B. 缓慢注入大量样品

C. 缓慢注入极小量样品　　D. 瞬间注入大量样品

答案：A

268. 毛细管柱柱容量小，仅能将微量样品引入毛细管柱，必须使用专门的(　　)才能注入具有重复性的样品。

A. 分流装置　　B. 分离装置　　C. 分配装置　　D. 汽化装置

答案：A

269. LNG 船舶靠泊码头过程中，可能造成设施损坏的事故原因不包括(　　)。

A. 靠泊速度过快　　B. 靠泊角度过大　　C. 码头护舷脱落　　D. 靠泊时间过长

答案：D

270. LNG 船舶靠泊码头过程中，靠泊速度过快容易引发安全事故的根本原因是(　　)。

A. 船舶冲量过大　　B. 系缆人员来不及就位

C. 指泊人员来不及就位　　D. 辅助靠泊设施无法识别

答案：A

271. LNG 船舶靠泊码头过程中，靠泊角度过大容易造成安全事故的根本原因是(　　)。

A. 船舶对单个护舷的冲击力超限　　B. 系缆人员来不及就位

C. 指泊人员来不及就位　　D. 辅助靠泊设施无法识别

答案：A

272. LNG 码头通常配备(　　)，实时提供船舶靠泊速度、角度、距离等参数，当靠泊速度或角度超限时可发出声光报警，以提示靠泊作业风险。

A. 护舷　　B. 气象自动观测站　　C. 辅助靠泊系统　　D. 灯桩

答案：C

273. LNG 船舶靠泊码头，码头系缆人员作业时，下列劳保防护用品，哪项可不要求穿戴？(　　)

A. 安全帽　　B. 劳保服　　C. 防护面罩　　D. 救生衣

答案：C

274. LNG 船舶系泊作业时，码头系缆人员可能出现的安全风险是(　　)。

A. 人员坠海溺水　　B. 被缆绳绊倒摔伤　　C. 缆绳断裂伤人　　D. 其他选项均是

答案：D

275. 系缆人员作业时，除穿戴安全帽、劳保服、劳保鞋、手套之外，码头系缆人员还必须穿戴(　　)。

A. 救生衣　　B. 空呼器　　C. 防噪耳罩　　D. 安全带

答案：A

276. LNG 船舶系泊作业时，码头系缆人员可能发生的安全风险不包括(　　)。

A. 人员坠海溺水　　B. 被缆绳绊倒摔伤或缆绳断裂伤人

C. 噪声伤害　　D. 系缆钩造成机械伤害

答案：C

277. 下列属于 LNG 船舶装货前船岸界面技术对接工作内容的是(　　)。

A. 签订买卖协议　　B. 船岸兼容性研究

C. 传递装货信息　　D. 发送航次指令

答案：B

278. 进行码头卸料臂与船舶汇管兼容性研究时，研究内容包括(　　)。

A. 卸料臂接头与船舶汇管(短接)法兰尺寸

B. 船舶汇管随码头水域潮汐活动范围

C. 卸料臂操作包络范围

D. 其他选项均是

答案：D

279. 进行 LNG 船舶与码头主要设计参数兼容性研究时，研究内容不包括(　　)。

A. 船舶吃水与码头前沿水深　　B. 船舶与码头泊位尺寸

C. 船舶卸货速度　　D. 系泊模拟分析

答案：C

280. 船岸通信匹配兼容是船岸兼容研究的主要内容之一，船岸通信的两项功能是(　　)。

A. 船岸间电话通信与 ESD 信号传输

B. 船岸间内部电话与外部电话通信

C. 船岸间电话通信与船岸控制室 DCS 页面传输

D. 船岸间电话通信与操作平台监控画面传输

答案：A

281. LNG 船舶装卸作业过程中，容易导致岸方储罐 BOG 压力快速增加的原因不包括(　　)。

A. 船载 LNG 与岸侧罐存 LNG 密度差较大

B. 加速操作过快

C. 船载 LNG 与岸侧罐存 LNG 温度差较大

D. 卸货速度比较慢

答案：D

282. LNG 船舶卸货过程中可能出现的作业风险不包括(　　)。

A. 人员中毒　　B. LNG 泄漏

C. 人员低温冻伤　　D. 火灾爆炸

答案：A

283. LNG 船舶装卸作业期间，码头卸料臂与船侧汇管连接处发生泄漏的原因不包括(　　)。

A. 卸料臂接头未完全抓紧　　B. 船侧汇管法兰面有明显凹痕

C. 船载 LNG 密度较大　　D. 卸料臂接头密封圈受损

答案：C

284. 卸料臂在预冷期间，船方打开卸料主管线上的手动切断阀，可能造成(　　)。

A. 大部分 LNG 沿船方卸料管线流经卸料臂，卸料臂压力上升，温度下降

B. 大部分 LNG 沿船方卸料管线返回船舱，卸料臂压力下降，温度上升

C. LNG 供应量加大，卸料臂温降速度加快

D. LNG 供应量不变，卸料臂温降速度不变

答案：B

285. LNG 靠泊码头并完成系缆作业后，从缆绳张力系统监测到其中某个系缆钩的张力数据时有时无、极不稳定，造成此现象最常见的原因是(　　)。

A. 缆绳从该系缆钩上脱离　　B. 缆绳张力超出系缆钩最小破断力

C. 船岸通信线缆连接接触不良　　D. 该系缆钩上的应力销传感器故障

答案：D

286. 卸料管道建立循环保冷后不久，码头平台卸料管道的顶部和底部温度差开始慢慢变大，而位于码头栈桥上卸料管道的顶部和底部温度差则没有太大变化，根本原因是(　　)。

A. 管道内循环 LNG 的量较少，开始有 BOG 空间形成

B. 顶部温度检测元件松动

C. 卸料管道内没有 LNG 流动

D. 卸料管道内的 LNG 没有经过码头循环，直接回储罐

答案：A

287. 不属于码头卸料臂系统报警的是(　　)。

A. 卸料臂角度报警　　B. 接近开关故障报警

C. 液压油系统报警　　D. 卸料臂氮气吹扫压力低报警

答案：D

288. (　　)不是造成登船梯伸缩梯不能移动的原因。

A. 液压管填料小量泄漏　　B. 过滤器堵塞

C. 液压油管脱落　　D. 活塞杆黏结

答案：A

289. 根据《液化天然气码头设计规范(JTS 165－5—2016)》，总舱容 80000m^3 以上的液化天然气船舶作业过程，进出港航行阶段的允许风速为(　　)m/s。

A. ≤15　　B. ≤17.5　　C. ≤20　　D. ≤25

答案：C

290. 根据《液化天然气码头设计规范(JTS 165－5—2016)》，液化天然气码头操作平台

至接收站储罐的净距不应小于(　　)m，其最大净距应根据液化天然气船泵能力及其他经济、技术条件综合确定。

A. 100　　B. 150　　C. 200　　D. 250

答案：B

291. 根据《液化天然气码头设计规范(JTS 165－5—2016)》，液化天然气泊位与工作船泊位的船舶间净距不应小于(　　)m。

A. 150　　B. 200　　C. 250　　D. 300

答案：A

292. 根据《液化天然气码头设计规范(JTS 165－5—2016)》，总舱容在 80000m^3 以上的液化天然气船舶在靠泊操作期间风速应小于(　　)m/s，在系泊期间风速(　　)。

A. 15　20　　B. 20　15　　C. 10　15　　D. 15　10

答案：A

293. 由卖方负责租船，将 LNG 装上船并支付由起运港到目的港的运费和保险费、出口税，承担买方收货前的一切风险为条件的价格，是指(　　)。

A. FOB 合同价格　　B. DES 合同价格　　C. EXW 合同价格　　D. FAS 合同价格

答案：B

294. 卖方负责在出口港在规定的时间内将 LNG 装上买方指定的 LNG 船，缴纳出口税，承担 LNG 装上船以前的一切费用和风险，装上船后的一切费用则由买方承担的合同价格是指(　　)。

A. FOB 合同价格　　B. DES 合同价格　　C. EXW 合同价格　　D. FAS 合同价格

答案：A

295. 目前，国际 LNG 贸易中，常用的交易计算单位是(　　)。

A. 百万英热单位　　B. 立方米　　C. 千克/立方米　　D. 焦耳

答案：A

296. LNG 国际贸易中，最常用的两种合同价格形式是(　　)。

A. DES 合同价格和 FAS 合同价格　　B. CIF 合同价格和 FOB 合同价格

C. DES 合同价格和 CIF 合同价格　　D. DES 合同价格和 FOB 合同价格

答案：D

297. LNG 低压输送系统电气仪表线路套管应采用(　　)保压密封，(　　)压力由 CCR 的压力指示器监控和报警，并通过手动或联锁使泵停机。

A. 氮气　氮气　　B. 仪表风　仪表风

C. 压缩空气　压缩空气　　D. 氦气　仪表风

答案：A

298. 低压泵取出前应进行(　　)；安装的具体操作宜参考低压泵安装手册。

A. 泄压、隔离、吹扫　　B. 隔离、泄压、吹扫

C. 泄压、吹扫、隔离　　D. 隔离、吹扫、泄压

答案：B

299. 低压泵高震动通过(　　)发出警报，必要时手动停机。

A. SIS 和 VMS B. GDS 和 SIS C. DCS 和 SIS D. DCS 和 VMS

答案：D

300. BOG 压缩机宜根据需要采取(　　)操作。

A. 自动模式 B. 手动模式

C. 手动模式和远程模式 D. 自动模式和手动模式

答案：D

301. 检测海水气化器海水的(　　)，并确保海水的排出温度(　　)最低设计温度，同时应监测天然气的(　　)，并确保天然气的排出温度(　　)最低设计温度。

A. 排出温度　高于　排出温度　高于 B. 排出温度　低于　排出温度　低于

C. 入口温度　高于　入口温度　高于 D. 入口温度　低于　入口温度　低于

答案：A

302. 再冷凝器的操作控制不包括(　　)。

A. 流量控制 B. 温度控制 C. 压力控制 D. 液位控制

答案：B

303. 关于气化器监控数据说法不正确的是(　　)。

A. ORV 进口液化天然气压力、流量、出口天然气温度、压力、排水温度通过传感器监控。海水进出口温差应符合环保要求

B. SCV 工艺通过传感器监控进口液化天然气压力、流量、出口 NG 温度、压力、水浴液位及温度、燃料气的压力和温度。应注意 NG 出口温度符合要求

C. IFV 需检测海水的排出温度，并确保海水的排出温度高于最低设计温度，同时应监测天然气的排出温度，并确保天然气的排出温度高于最低设计温度

D. SCV 水浴在 SCV 运行会变碱性，通过自动加碱来平衡水浴酸碱值

答案：D

304. 热膨胀安全阀的压力设定应(　　)所保护管道的设计压力。

A. 等于或低于 B. 等于 C. 低与 D. 等于或高于

答案：A

305. LNG 管道通常采用的保冷材料是(　　)。

A. 泡沫玻璃 B. 聚氨酯泡沫 C. 岩棉 D. 膨胀珍珠岩

答案：B

306. 保冷材料主要作用不包括(　　)。

A. 减少冷介质的能量损失 B. 防止冷介质存储设备的表面凝露

C. 避免冷介质存储设备的表面损伤 D. 减少外部热量输入

答案：C

307. 应定期检查控制系统的记录不包括(　　)。

A. 操作 B. 变更 C. 登录 D. 授权

答案：A

308. 应急照明设施宜每(　　)进行一次检查和维护。应急照明设施电池的备用时间应符合原设计的要求。

A. 3 个月　　B. 半年　　C. 6 个月　　D. 1 年

答案：B

309. 储罐及高架结构应根据航空及航海安全规则配备(　　)。

A. 白昼信号灯　　B. 声响信号　　C. 通信信号灯　　D. 警告信号灯

答案：D

310. 易燃易爆场所防雷装置及防静电接地装置应(　　)进行一次检测。

A. 三个月　　B. 半年　　C. 9 个月　　D. 一年

答案：B

311. 关于低温环境作业的防寒保护及冻伤紧急处置说法不正确的是(　　)。

A. 在低温环境作业时，应穿戴防寒服和防寒手套，必要时应佩戴面罩或头罩以及防寒耳罩

B. 当皮肤接触到液化天然气时，应立即到医务室在大量温水中浸没，禁止使用热水。

C. 在皮肤温度恢复之前和之后，严禁搓揉冻伤的部位。如果大面积冻伤，应脱去衣物，然后用温水冲洗，并立即就医

D. 当眼睛接触到液化天然气时，应立即提起眼睑，用缓和的温水冲洗眼睛至少 5min，严禁使用热水。如仍感不适，立即就医治疗

答案：D

312. 关于个人劳动防护用品说法不正确的是(　　)。

A. 对于生产中必不可少的安全帽等用品必须根据工种的要求配备并保证质量

B. 不应使用无安全标志的特种劳动防护用品

C. 劳动防护用品不应超过使用期限

D. 劳动防护用品有缺陷时可继续使用

答案：D

313. 关于有毒、有害危险化学品的管理说法正确的是(　　)。

A. 有毒、有害化学品应储存在专用仓库内，储存方式、方法与储存数量应符合国家标准，并由专人管理

B. 有毒有害化学品出入库即可

C. 有毒、有害化学品可放置于综合仓库中

D. 特种设备以及危险物品的容器、运输工具未经取得专业资质的机构检测、检验合格，未取得安全使用证或者安全标志，可以采取措施先投入使用

答案：A

314. 关于静电接地保护说法正确的是(　　)。

A. 在接收站内生产储运过程中会产生静电积累的管道、容器、储罐和加工设备均应作静电接地，其接地系统与其他公用接地系统连接时，其接地电阻应符合平均值的要求

B. 当接收站内有易燃品槽车装卸时，应配备防静电接地保护装置并能在接地不符合要求的情况下自动终止装卸作业

C. 如果在加载或卸载的系统中可能有杂散电流或常见外加电流(例如阴极保护)存在时，应采取防止火花的保护措施

D. 接地回路应采用黄绿双色绝缘电缆作为连接线，接地极材料应采用铜或镀锌钢，接地电阻大于10Ω

答案：B

315. 特种设备在投入使用前或者投入使用后(　　)日内，特种设备使用单位应当向县区市的特种设备安全监督管理部门登记。

A. 15　　B. 20　　C. 30　　D. 60

答案：C

316. 特种设备拟停用一年以上的，特种设备使用单位应当自停用之日起(　　)个工作日内，告知县(市、区)特种设备安全监督管理部门。

A. 10　　B. 15　　C. 30　　D. 45

答案：C

317. 特种设备各环节中，无须实行许可制度的是(　　)。

A. 设计　　B. 制造　　C. 采购　　D. 安装

答案：C

318. 锅炉可以分为(　　)个制造许可级别。

A. 1　　B. 2　　C. 3　　D. 4

答案：D

319. 根据《劳动法》有关工资的规定，用人单位根据(　　)，依法自主确定本单位的工资分配方式和工资水平。

A. 本单位的生产经营特点和经济效益

B. 地方劳动监察部门出具的劳动监察报告

C. 本单位所在地在岗职工社会平均工资

D. 本单位所在地在岗职工社会平均工资和最低工资标准

答案：A

320. 根据《劳动法》的规定，以下因素不属于确定和调整最低工资标准应当综合参考的因素是(　　)。

A. 劳动者本人及平均赡养人口的最低生活费用

B. 社会平均工资水平

C. 劳动生产率

D. 资源利用率

答案：D

321.《劳动法》规定，禁止安排女职工从事国家规定的第(　　)级体力劳动强度的劳动。

A. 一　　B. 二　　C. 三　　D. 四

答案：D

322. 按照《劳动法》规定，各级人民政府应当把发展职业培训纳入(　　)的规划，鼓励支持有条件的企业、事业组织、社会团体和个人进行各种形式的职业培训。

A. 社会经济发展　B. 政府人才培养　C. 国家人才战略　D. 本地人才战略
答案：A
323. 根据《劳动合同法》的规定，无固定期限的劳动合同是(　　)的劳动合同。
A. 任意期限　B. 应当履行到退休
C. 以一定的工作为期限　D. 约定无确定终止时间
答案：D
324. 根据《劳动合同法》的规定，以下属于劳动合同必备条款的是(　　)。
A. 福利待遇　B. 试用期
C. 工作内容和工作地点　D. 保密协议
答案：C
325. 不属于社会保险范畴的是(　　)。
A. 养老保险　B. 失业保险　C. 住房公积金　D. 工伤保险
答案：C
326.《劳动合同法》中规定，劳动合同对劳动报酬标准约定不明确，引发争议的，用人单位与劳动者可(　　)。
A. 解除劳动合同　B. 提出仲裁　C. 向法院起诉　D. 重新协商
答案：D
327. 在 Word 中绘制表格有(　　)方法。
A. 1 种　B. 2 种　C. 3 种　D. 4 种
答案：B
328. 在 Word 中，为了要看清页眉、页脚和内容，在页面设置中应选择(　　)。
A. 页面视图　B. 大纲视图　C. 普通视图　D. 主控文档
答案：A
329. 在 Word 中，默认的文件扩展名是(　　)。
A. Wrd　B. rtf　C. doc　D. txt
答案：C
330. 文件型病毒一般只传染磁盘上的(　　)文件。
A. DOC　B. TXT　C. EXE　D. MEM
答案：C
331. 计算机病毒按破坏性可分为良性病毒和(　　)病毒。
A. 文件型　B. 恶性　C. 灾难性　D. 宏
答案：B
332. 不具备传染方式的计算机病毒是(　　)病毒。
A. 引导型　B. 文件型　C. 宏　D. 混合型
答案：C
333. 天融信杀毒软件扫描的文件类型包括(　　)。
A. 所有文件　B. 只读文件　C. 隐藏文件　D. 文本文件
答案：A
334. 清除计算机病毒之前应进行(　　)操作。

A. 询问　　B. 备份文件　　C. 重新查毒　　D. 自动升级

答案：B

335. 计算机杀毒软件的杀毒原理是将病毒代码与其(　　)进行比较，然后再将病毒代码清除。

A. 病毒数据库中的病毒代码　　B. 正常代码

C. 正常文件中的病毒代码　　D. 程序文件中的病毒代码

答案：A

336. 如果被隔离的病毒文件是系统文件，用户要删除的话，建议使用原始的(　　)安装盘恢复相应的文件。

A. 杀毒软件　　B. 软件　　C. 应用系统　　D. 操作系统

答案：D

337. 脚本病毒通常会感染(　　)文件。

A. EXE　　B. 网页类型　　C. Word 文档　　D. Excel 电子数据表

答案：B

338. 一台计算机不能正常启动，出现“Device error”提示，这主要是由于(　　)掉电造成信息丢失所引起的。

A. 主板　　B. CMOS　　C. 硬盘　　D. 其他选项都不对

答案：A

339. 我们知道，(　　)是信息网络化的重要标志，它为信息的随时存取和处理提供了便捷的手段。

A. 基础电信网　　B. 互联网　　C. 宽带网　　D. DDN 网

答案：B

340. 互联网除了具有信息传递的功能外，已经成为信息(　　)的最重要形式。

A. 依附　　B. 开发　　C. 应用　　D. 共享

答案：D

341. 信息网络化的重点是使信息依附于(　　)。

A. 网络　　B. 媒体　　C. 电波　　D. 共享

答案：A

342. 计算机网络是计算机技术与(　　)技术相结合的产物。

A. 多媒体　　B. 光纤　　C. 通信　　D. ISDN

答案：C

343. 计算机网络的核心用途就是(　　)共享。

A. 数据　　B. 软件　　C. 硬件　　D. 资源

答案：A

344. 按(　　)来分类，我们可以把计算机网络分为局域网、城域网和广域网。

A. 拓扑结构　　B. 网络协议　　C. 传输介质　　D. 分布距离、范围

答案：D

345. 为广域网设计的(　　)协议是一种工业标准的协议集。

A. TTP/IP　　B. TCP/IP　　C. TBP/IP　　D. TCP/JP

答案：B

346. 在OSI参考模型中，距离用户最近的一层是(　　)。

A. 表示层　　B. 传输层　　C. 网络层　　D. 应用层

答案：D

347. OSI的体系结构分为(　　)层次。

A. 5个　　B. 6个　　C. 7个　　D. 8个

答案：C

348. 下面关于“木马”的说法错误的是(　　)。

A. “木马”不会主动传播　　B. “木马”的传染速度没有病毒传播的快

C. “木马”更多的目的是“偷窃”　　D. “木马”有特定的图标

答案：D

349. 下列关于计算机木马的说法错误的是(　　)。

A. 杀毒软件对防止木马病毒泛滥具有重要作用

B. 尽量访问知名网站能减少感染木马的概率

C. Word文档也会感染木马

D. 只要不访问互联网，就能避免受到木马侵害

答案：D

350. 通常所说的“中了木马”是指(　　)。

A. 安装了木马的主控端程序　　B. 被植入了木马的服务端程序

C. 文件被恶意修改　　D. 计算机恶意启动，密码被盗

答案：A

351. 不属于班长交接班记录本内容的是(　　)。

A. 各区域可燃气体检测情况

B. 设备故障及检修情况

C. 主要运行设备及主要运行参数

D. 交班时仍未完成或正在进行的操作、流程动改、重要工艺参数调整、外单位施工、特种作业等工作

答案：A

352. 属于班长交接班记录本内容的是(　　)。

A. 本班组开展的各种安全活动

B. 设备故障及检修情况

C. 在码头前沿水域有无发现碍航物及污染物

D. 各区域可燃气体检测情况

答案：B

353. 不属于班长交接班记录本内容的是(　　)。

A. 提醒接班班组处理和注意的问题以及领导有关要求等

B. 接船的主要步骤点的完成时间、遇到的问题及处理方法(卸船期间)

C. 在码头前沿水域有无发现碍航物及污染物

D. 班组总人数、实到人数及人员姓名请假或缺勤的人员姓名

答案：C

354. 关于班长交接班记录本填写要求错误的是(　　)。

A. 班长交接班记录本不可以随意涂改

B. 班长交接班记录本可以使用铅笔填写

C. 班长交接班记录本应如实记录本班组进行的所有工作，主要操作流程、操作参数调整，并将存在的主要问题写清楚

D. 班长交接班记录本填写时必须字迹清晰工整、及时、详细、完整，内容真实、准确

答案：B

355. 下列不是班组安全活动记录本的主要内容的是(　　)。

A. HSE 知识、安全规章制度和安全操作规程

B. 分析讨论事故案例，汲取经验教训

C. 开展事故预想和各种演练，进行桌面推演

D. 主要运行设备及主要运行参数

答案：D

356. 关于班组安全活动记录本填写要求错误的是(　　)。

A. 班组安全活动记录本由班长填写

B. 班组安全活动必须全员参加，并在班组安全活动记录本签名

C. 班组安全活动记录本由班组安全员填写

D. 班组安全活动记录本填写时必须记录干净整洁，用仿宋体、黑色笔填写

答案：A

357. 下列是班组安全活动记录本的主要内容的是(　　)。

A. HSE 知识、安全规章制度和安全操作规程

B. 本班组日常开展的工作，主要操作流程、操作参数调整等

C. 现场施工状况，及所进行的相关配合工作

D. 主要运行设备及主要运行参数

答案：A

358. 下列不是班组安全活动记录本的主要内容的是(　　)。

A. 传达生产调度会有关安全生产要求

B. 学习上级下发的有关 HSE 管理文件

C. 本班组日常开展的工作，主要操作流程、操作参数调整等

D. 岗位工作危险性分析，制定控制预防措施

答案：C

359. LNG 储罐干燥置换时根据储罐结构特点划分不同干燥区域，热角保护区域与下列哪个区域一同干燥置换？(　　)

A. 内罐　　B. 内外罐间环形空间

C. 二次底板与内罐底板间　　D. 二次底板下罐底区

答案：D

360. 储罐内罐置换时通过氮气置换管线进气，通过(　　)放空，内罐氮气流向是(　　)。
A. 吊顶上部穹顶放空口　自下而上　　B. 吊顶下部 BOG 管线　自下而上
C. 吊顶上部穹顶放空口　自上而下　　D. 吊顶下部 BOG 管线　　自上而下
答案：A
361. LNG 储罐干燥置换可分为内罐、环形空间、二次底板与内罐底板间、二次底板下部等区域，分别用 A、B、C、D 区命名，通常干燥置换的顺序为(　　)。
A. A→C、D→B　　B. A→B→C、D
C. B→A→C、D　　D. A、B→C→D
答案：B
362. 储罐内外罐壁间环形空间氮气置换时通过(　　)引入氮气，放空管线由(　　)引出。
A. 环形空间下部注氮管线　环形空间上部
B. 环形空间下部注氮管线　吊顶上部穹顶放空口
C. 吊顶上部空间　环形空间下部
D. 吊顶上部空间　环形空间上部
答案：C
363. 关于内外罐壁间环形空间置换说法正确的是(　　)。
A. 环形空间顶部放空阀全开，缩短环形空间干燥置换工期
B. 控制环形空间顶部放空阀开度，避免氮气将珍珠岩吹出
C. 环形空间底部进气阀全开，缩短环形空间干燥置换工期
D. 控制环形空间底部进气阀开度，避免氮气将珍珠岩吹出
答案：B
364. LNG 储罐干燥置换不采用压胀式干燥置换方法的主要原因是(　　)。
A. 可能造成内罐压力小于底板下压力，罐底变形
B. 可能造成内罐压力大于底板下压力，罐底变形
C. 干燥置换工期长
D. 防止储罐超压
答案：A
365. 储罐干燥置换泄压时需重点关注(　　)。
A. 内罐压力　　B. 环形空间压力
C. 内罐底与二次底板间区域与内罐的压差　D. 内罐与环形空间温度差
答案：C
366. 关于储罐干燥置换验收检测的说法正确的是(　　)。
A. 储罐连续干燥置换过程检测验收
B. 连续吹扫检测合格后停止注氮，然后检测验收
C. 连续置换检测合格后停止注氮，将储罐压力降至 1kPa 后检测验收
D. 连续吹扫检测合格后停止注氮，保压至少 72h 后检测验收
答案：D

367.(　　)是对生产装置或设备可能发生的危险或不采取紧急措施将继续恶化的状态进行及时响应，使其进入一个预定义的安全停车工况，从而使危险和损失降到最低程度。

A. DCS 系统　　B. SIS 系统　　C. PLC 系统　　D. FGS 系统

答案：B

368. 接收站使用的 SIS 系统具有(　　)能力，即对瞬态的和稳态的出错情况的探查发现的能力以及采取适当的相应的在线措施的能力。

A. 容错　　B. 冗余　　C. 联锁保护　　D. 可靠性

答案：A

369. 当 SIS 系统触发联锁保护后，操作员可以通过(　　)直观地确认事件记录。

A. 操作员记录　　B. 实时趋势　　C. SOE 记录　　D. 历时趋势

答案：C

370. 接船作业时，操作工若屏蔽 SIS 系统中船到岸 ESD 信号，需要开具(　　)。

A. 在线仪表作业票　　B. 联锁变更审批单

C. 变电站停电联系单　　D. 仪表联锁作业票

答案：D

371.(　　)是指为保证生产装置(单元)安全稳定运行而设置的保护措施，当某项指标(如压力、流量、液位、温度等)超出安全操作范围时，能够保护装置设备不超温、不超压，使生产装置与操作人员处于安全状态，避免事故扩大化。

A. 工艺联锁　　B. 工艺报警　　C. 历时趋势　　D. 工艺控制

答案：A

372. 不是工艺联锁试验目的的是(　　)。

A. 检验联锁逻辑回路的准确性　　B. 检验联锁参数的准确性

C. 检验联锁机构的灵活性与准确性　　D. 让操作人员得到感性认识

答案：D

373. 设置工艺联锁的主要目的是(　　)。

A. 在事故状态下确保产品质量合格

B. 在事故状态下保护设备避免事故的进一步扩大

C. 缩短事故处理时间

D. 在事故状态下，避免物料泄漏

答案：B

374. 工艺联锁在投用前，进行的工作是(　　)。

A. 经班长同意后可进行投用

B. 在确保不发生事故的情况下，直接操作

C. 按联锁保护系统的规定办理相应工作票操作

D. 可以直接操作

答案：C

375. LNG 储罐触发液位高高联锁后，下列描述正确的是(　　)。

A. 罐内泵突然跳车，操作人员确认备用泵流程后迅速启动备泵

B. 为避免 PSV 打开，操作人员需立即确认储罐压力，复位 BOG 管线阀门

C. 卸料系统跳车，操作人员应关注卸料系统压力，待储罐液位低于高高报警值后复位相关联锁及阀门

D. 储罐区消防系统启动，操作人员密切关注消防管网压力情况

答案：C

376. 根据《仪表联锁保护系统管理规定》，因工艺、设备或仪表等原因，需要解除联锁而且解除时间在(　　)内的按临时解除联锁处理，由申请单位办理仪表联锁工作票。

A. 24h　　B. 36h　　C. 48h　　D. 72h

答案：C

377. 因工艺、设备或仪表原因，需要解除联锁且解除联锁时间超过48h，需要由申请单位办理(　　)。

A. 在线运行仪表工作票　　B. 仪表联锁变更审批表

C. 仪表联锁工作票　　D. 联锁回路试验确认表

答案：B

378. (　　)是对仪表性能、仪表管线连接正确性的全面试验。

A. 回路试验　　B. 仪表校准　　C. 联锁测试　　D. 仪表检定

答案：A

379. (　　)是在系统软硬件试验完成、系统相关回路试验完成后进行的。

A. 回路试验　　B. 仪表校准　　C. 联锁测试　　D. 仪表检定

答案：C

380. 下列关于控制回路试验描述错误的是(　　)。

A. 通过控制器或操作站的输出向执行器发送控制信号，检查执行器执行机构全行程动作方向和位置应正确

B. 检查输入端信号是否正确

C. 执行器带有定位器应同时试验

D. 当控制器或操作站上有执行器开度和起、终点信号显示时，应进行检查试验

答案：B

381. (　　)是指在检测回路的信号输入端模拟被测变量的标准信号。

A. 控制回路试验　　B. 联锁试验　　C. 系统试验　　D. 检测回路试验

答案：D

382. 气相返回臂备用臂与其他液相臂设备及流程的不同点是(　　)。

A. 设计压力不同

B. 设计温度不同

C. 气相返回臂备用臂与气相臂间有跨线

D. 气相返回臂备用臂与码头排凝罐有气相连通线

答案：C

383. 气相返回臂备用臂投用前阀位设置正确的是(　　)。

A. 放空线阀门打开　　B. 至卸料总管切断阀关闭

C. 备用臂氮气吹扫阀门打开　　D. 排凝阀打开

答案：B

384. 气相返回臂备用臂投用时，液相臂开始预冷后气相返回线压力高高联锁，最可能的原因是(　　)。

A. 备用臂高点放空未关闭　　B. 氮气压力高

C. 备用臂至卸料总管切断阀内漏　　D. 备用臂排凝阀未关闭

答案：A

385. 气相臂备用臂作为气相臂投用时与作为液相臂使用的相同点是(　　)。

A. 都需要预冷　　B. 介质流向相同　　C. 运行压力相同　　D. 注氮管线相同

答案：D

386. 根据 GB/T 26978《现场组装立式圆筒平底钢质液化天然气储罐的设计和建造》，储罐内罐预冷速度宜为 3℃/h，最大冷却速度为(　　)℃/h。

A. 4　　B. 5　　C. 6　　D. 7

答案：B

387. 根据 GB/T 26978《现场组装立式圆筒平底钢质液化天然气储罐的设计和建造》，预冷时储罐内罐底或内罐壁任意两相邻热电偶间最大温差不超过(　　)℃。

A. 20　　B. 25　　C. 30　　D. 50

答案：C

388. 储罐预冷时内罐底任意两测温点温差不得超过(　　)℃。

A. 20　　B. 30　　C. 40　　D. 50

答案：D

389. 下列选项中影响储罐均匀冷却的是(　　)。

A. 喷淋 LNG 压力　　B. 储罐水露点　　C. 储罐压力　　D. 储罐氧含量

答案：A

390. LNG 储罐预冷完成后全开喷淋线阀门并打开(　　)旁路进行 LNG 填充。

A. 下进液阀　　B. 上进液阀

C. 零输出循环切断阀　　D. 泵出口管线切断阀

答案：A

391. LNG 储罐填充主要通过下进液管线，为确保储罐填充过程安全平稳，(　　)时缓慢打开下进液阀门。

A. 内罐底温度低于 -150℃，且温度不再降低

B. 液面没过罐内泵底阀

C. 液面达到下进液管线管底

D. 液面达到下进液管线管顶

答案：C

392. 储罐填充阶段，在下进液阀打开前，下列(　　)不能打开用于 LNG 填充?

A. 进料管线排凝线切断阀　　B. LNG 喷淋管线调节阀

C. 下进液阀旁路阀　　D. 上进液阀

答案：D

393. 储罐填充阶段需重点监控、测试的仪表是(　　)。

A. 气相空间温度变送器　　B. 伺服液位计
C. 内罐压力变送器　　D. 雷达液位计
答案：B
394. 下列关于卸料总管预冷方法描述错误的是(　　)。
A. 岸方直接引入液氮预冷
B. 岸方引入低温氮气预冷
C. 船上引入低温 BOG 预冷
D. BOG 预冷温度下降缓慢后，由船上引入 LNG 预冷
答案：A
395. 卸料总管预冷时管道顶、底温差不得超过(　　)℃。
A. 20　　B. 30　　C. 50　　D. 60
答案：C
396. 下列关于卸料总管预冷监控的说法正确的是(　　)。
A. 通过卸料总管插入式温度计和压力表监控管道预冷速度
B. 通过卸料总管插入式温度计和流量计监控管道预冷速度
C. 通过码头保冷循环管道顶底表面温度计和卸料总管插入式温度计监控管道预冷速度
D. 通过卸料总管管道顶底表面温度计和卸料总管插入式温度计监控管道预冷速度
答案：D
397. 卸料总管预冷阶段预冷速度宜控制在(　　)℃/h 范围。
A. 1~4　　B. 5~8　　C. 7~11　　D. 9~12
答案：B
398. 根据 GB50235《工业金属管道工程施工规范》要求，LNG 管道预冷过程中需要对法兰连接螺栓进行冷紧，冷紧的要求是温度达到(　　)冷紧一次，达到工作温度后冷紧一次。
A. −60℃　　B. −70℃　　C. −80℃　　D. −90℃
答案：B
399. 关于 LNG 管道、容器预冷下列说法正确的是(　　)。
A. LNG 管道、容器尽量先采用 BOG 预冷，再采用 LNG 预冷
B. *DN*200 以下管线无温度监测点，因此无须预冷，直接投用
C. LNG 管道、容器采用液氮预冷时不需使用气化器，直接向管道注入液氮
D. 卸料总管只能投料前通过液氮预冷，不可通过调试气船上的 LNG 预冷
答案：A
400. 下列选项中，不是 LNG 容器预冷时需关注的内容是(　　)。
A. 容器液位上升速度　　B. 容器入口阀的开度
C. 容器出口阀的开度　　D. 容器的温度
答案：C
401. 下列不能用于控制管道预冷速度的是(　　)。
A. 管线入口调节阀　　B. 主管线旁通阀
C. 主管线放空阀　　D. 主管线单向阀
答案：D

402. 下列关于低温离心泵调试的说法错误的是(　　)。
A. LNG 低温泵安装后由于未投料，无法进行单机运行试验
B. LNG 低温泵调试前需缓慢预冷，泵筒液位达到低报警值以上
C. LNG 低温泵调试前需检查绝缘电阻及相序
D. LNG 低温泵出厂前已对性能曲线进行测试，安装后调试时重点测试必需汽蚀余量，性能曲线可不测试
答案：D
403. 低温泵调试时如出现泵出口压力偏低、流量偏低情况，最可能的原因是(　　)。
A. 仪表故障　　B. 泵出口阀未全开
C. 相序接错，泵反转　　D. 高压泵入口过滤器堵塞
答案：C
404. 泵性能测试时不需要重点观察记录的参数是(　　)。
A. 泵出口温度　　B. 泵出口压力　　C. 泵出口流量　　D. 泵入口压力
答案：A
405. BOG 压缩机安装完成后单机试车的主要内容不包括(　　)。
A. 润滑油系统测试　　B. 冷却水系统测试
C. 排气量测试　　D. 空负荷测试
答案：C
406. BOG 压缩机投料试车时入口过滤器堵塞的原因不可能是(　　)。
A. BOG 温度高　　B. 管线内有施工杂物
C. BOG 中含大量重烃　　D. 管线干燥置换不合格
答案：A
407. BOG 压缩机投料试车的条件(　　)。
A. LNG 储罐投用后
B. 零输出循环建立后
C. 高压外输泵调试后
D. 有 BOG 直输管道时储罐预冷后，无 BOG 外输流程时建立汽化外输后
答案：D
408. BOG 压缩机负荷测试时不是主要关注参数的是(　　)。
A. BOG 入口压力　　B. BOG 压缩机出口温度
C. BOG 压缩机入口温度　　D. BOG 压缩机排气量
答案：B
409. 下列不是海水开架式气化器调试前必须完成的是(　　)。
A. 海水泵试车　　B. 高压泵试车
C. 燃料气系统试车　　D. 罐内泵试车
答案：C
410. 下列不是 ORV 海水流程调试的主要内容的是(　　)。
A. 调整海水蝶阀的开度使各海水槽水面高度相同

B. 检测 ORV 排水口海水余氯浓度
C. 检查海水沿换热翅片板表面流动是否均匀，有无阻挡物
D. 检查海水管线法兰连接有无泄漏，管线有无异常振动
答案：B
411. 下列选项中，不是 ORV 性能测试需重点关注参数的是(　　)。
A. LNG 压力　　B. 进出口海水温差
C. 出口天然气温度　　D. LNG 流量
答案：A
412. 下列关于 ORV 调试过程中海水出口温度的说法正确的是(　　)。
A. ORV 海水出口温度只需大于 0℃即可
B. ORV 海水出口温度与入口温度差不得高于 7℃
C. ORV 海水出口温度的主要影响因素是 LNG 温度
D. ORV 海水出口温度下降的原因可能是 LNG 流量增加
答案：D
413. 下列不是浸没燃烧式气化器(SCV)性能测试需具备的条件是(　　)。
A. SCV 风机已测试　　B. SCV 点火系统已测试
C. BOG 压缩机已完成测试　　D. 外输计量系统已投用
答案：C
414. 关于浸没燃烧式气化器(SCV)调试的说法正确的是(　　)。
A. 点火系统调试与循环水泵调试无先后顺序要求
B. 循环水泵与风机调试无先后顺序要求
C. 风机调试可在水浴池无水的情况下进行
D. 调试时点火系统只要能点火成功即具备性能测试条件
答案：B
415. 浸没燃烧式气化器(SCV)烟气主要含有的污染物是(　　)。
A. 一氧化氮、一氧化碳　　B. 一氧化碳、二氧化碳
C. 氮氧化物、二氧化碳　　D. 氮氧化物、一氧化碳
答案：D
416. 下列(　　)不是浸没燃烧式气化器(SCV)性能测试时需重点关注的参数?
A. 水浴 pH 值　　B. LNG 流量
C. 出口天然气温度　　D. 燃料气流量
答案：A
417. 下列关于中间介质气化器(IFV)调试的说法正确的是(　　)。
A. IFV 调试时先通海水再充注中间介质
B. IFV 与 ORV 调试时需要关注的运行参数完全相同
C. IFV 汽化段和过热段控制的参数相同
D. IFV 调试时与 ORV 相同需控制海水进出口温差小于 5℃
答案：D

418. 关于中间介质丙烷充装的描述错误的是(　　)。
A. 丙烷充装前壳程应进行干燥置换使水露点低于 -40℃
B. 用丙烷将壳程内氮气充分置换
C. 丙烷充装液位可以比规定下限值低但是不能比规定上限值高
D. 壳程包括将管口不凝气充分置换
答案：C
419. IFV 调试过程中(　　)不是造成 IFV 气化器出口天然气温度低的原因。
A. 下游用气量大　　B. LNG 流量过大
C. 丙烷腔发生泄漏　　D. 海水量小
答案：A
420. IFV 运行负荷影响的环保指标是(　　)。
A. 余氯　　B. 冷排海水与海水温差
C. VOC　　D. 氮氧化物
答案：B
421. 仪表风管网压力低低会导致(　　)。
A. ESD1　　B. ESD2　　C. ESD3　　D. PSD4
答案：A
422. 仪表风系统压力控制阀采用分程控制，自动状态下当仪表风管网压力低于压力控制器设定值时，通过(　　)工厂风管线压力控制阀后(　　)净化压缩空气出口管线压力控制阀来增加仪表风管网的压力。
A. 关闭　关闭　　B. 关闭　打开
C. 打开　关闭　　D. 打开　打开
答案：B
423. 仪表风系统压力控制阀采用分程控制，当压力控制器输出值为 50% 时，工厂风管线压力控制阀和净化压缩空气出口管线压力控制阀的开度分别为(　　)。
A. 0、0　　B. 50%、50%　　C. 0、100%　　D. 100%、0
答案：A
424. 当运行中的螺杆压缩机有 1 台停机，仪表风管网压力下降时，下列方法处置不当的是(　　)。
A. 停 PSA，关闭 PSA 进出口阀　　B. 启动备用螺杆压缩机
C. 打开净化压缩空气储罐出口 PV 阀　　D. 停现场氮气吹扫
答案：D
425. 3 台螺杆式空气压缩机 A/B/C 并列运行，其目标压力分别为 0.71MPa、0.7MPa、0.69MPa，自动停机压力分别为 0.76MPa、0.75MPa、0.74MPa，则 3 台螺杆式空气压缩机主运行的是(　　)。
A. A　　B. B　　C. C　　D. 其他选项都是
答案：A
426. 接收站某系列螺杆式空气压缩机中 A 为变频电机，B 为工频电机，若螺杆式空气

压缩机 A 的目标压力和自动停机压力设定值分别为 0.70MPa/0.75MPa，为保证工频螺杆式空气压缩机 B 主运行，则螺杆式空气压缩机 B 的目标压力和自动停机压力的设定值最优的是(　　)。

A. 0.71MPa、0.76MPa　　B. 0.71MPa、0.74MPa

C. 0.69MPa、0.76MPa　　D. 0.69MPa、0.74MPa

答案：A

427. 接收站 3 台螺杆式空气压缩机 A/B/C 并列运行，其目标压力分别为 0.71MPa、0.7MPa、0.69MPa，自动停机压力分别为 0.76MPa、0.75MPa、0.74MPa，则 3 台螺杆式空气压缩机运行时间长短排序正确的是(　　)。

A. A > B > C　　B. C > B > A　　C. C > A > B　　D. B > A > C

答案：A

428. 螺杆式空气压缩机的冷凝水排放时间及排放间隔设定值一般为(　　)。

A. 10s、60s　　B. 10s、360s　　C. 2s、60s　　D. 2s、360s

答案：A

429. 下列关于冲击加药泵的控制逻辑，说法错误的是(　　)。

A. 当次氯酸钠储罐的液位达到高液位或冲击加药计时器时间到时，启动冲击加药泵

B. 当次氯酸钠储罐液位降低到低液位或冲击加药计时器计时结束时，冲击加药泵停止

C. 冲击加药泵的启停是自动控制的

D. 冲击加药泵启动时连续加药泵停止

答案：D

430. 下列选项中，不会导致电解制氯装置故障跳车的是(　　)。

A. 两台次氯酸钠储罐风扇全部故障　　B. 次氯酸钠罐液位高高报时

C. 海水升压泵故障　　D. 次氯酸钠罐液位高报时

答案：D

431. 下列关于制氯系统控制逻辑，说法错误的是(　　)。

A. 加药泵的自动启停与次氯酸钠储罐的液位有关

B. 当中和池溶液 pH 值在 6 ~ 9 之间时，排污泵出口电动阀才能打开

C. 当次氯酸钠储罐液位达到高高液位时，制氯系统会停车

D. 当次氯酸钠储罐液位达到低低液位时，制氯系统会停车

答案：D

432. 下列关于连续加药泵控制逻辑，说法错误的是(　　)。

A. 制氯系统启动后，当次氯酸钠储罐的液位达到一定液位时，连续加药泵自动启动

B. 连续加药泵启动后次氯酸钠储罐液位下降，降至低液位时，连续加药泵停止

C. 连续加药泵的自动启停与次氯酸钠储罐的液位有关

D. 当次氯酸钠储罐的液位达到低低液位时，连续加药泵停止

答案：B

433. (　　)不是评估接收站海水加氯浓度合理性的标准。

A. 能够有效抑制海生物附着　　B. 处于设备长期运行所能承受的范围

C. 满足外排环保要求　　D. 保持海水温度不变

答案：D

434. LNG 接收站 ORV 外排海水余氯(HClO 与 ClO^-)要求达到(　　)。

A. <0.2ppm　　B. <0.5ppm　　C. <1ppm　　D. <2ppm

答案：A

435. 下列操作能够降低海水余氯浓度的是(　　)。

A. 增大电解电流　　B. 手动启动冲击加药泵

C. 增加海水泵运行台数　　D. 手动启动第二台连续加药泵

答案：C

436. 下列操作能够增加海水余氯浓度的是(　　)。

A. 降低电解电流　　B. 停冲击加药泵

C. 增加海水泵运行台数　　D. 手动启动第二台连续加药泵

答案：D

437. 下列不属于制氯装置运行参数的是(　　)。

A. 电解槽入口海水压力　　B. 电解槽出口药液温度

C. 中和池 pH 值　　D. 酸洗罐液位

答案：D

438. 下列不属于制氯装置运行参数的是(　　)。

A. 次氯酸钠储罐液位　　B. 电解槽海水流量

C. 电解电流　　D. 余氯浓度

答案：D

439. 中和池溶液 pH 值为(　　)时，排污泵出口电动阀不能打开。

A. 5　　B. 6　　C. 7　　D. 8

答案：A

440. 下列关于制氯装置运行参数，说法错误的是(　　)。

A. 当电解槽的流量低于低报值时，为避免电解槽因堵塞短路或温升而损坏，控制台自动报警，并切断整流器输出

B. 次氯酸钠储罐内液位设置高报值和低报值。当液位达到高报值时，系统停机。当液位达到低报值时，停止加药泵工作

C. 当电解槽海水压力大于高报值时，系统报警，并关闭系统

D. 中和池内溶液 pH 值不在 6 ~9 之间，排污泵出口电动阀无法打开

答案：B

441. PSA 制氮压力控制过程中，当氮气缓冲罐压力(　　)，并持续超过 10min，PSA 系统将自动停止运行；待压力(　　)后，PSA 系统将自动恢复运行。

A. 高于设定值　低于设定值　　B. 高于设定值　高于设定值

C. 低于设定值　低于设定值　　D. 低于设定值　高于设定值

答案：A

442. 下列选项关于液氮系统自动控制逻辑说法错误的是(　　)。

A. 空浴式气化器出口压力达到低报值时，联锁打开空浴式气化器入口汇管上切断阀
B. 空浴式气化器出口压力达到高报值时，联锁关闭空浴式气化器入口汇管上切断阀
C. 通过调节每台空浴式气化器入口压力调节阀开度来调整液氮流量
D. 液氮出口压力控制阀设定为自动后无须关注，自动调节即可
答案：D
443. 下列选项关于氮气使用说法错误的是(　　)。
A. 正常情况下接收站内消耗的氮气由 PSA 提供，需增大液氮出口压力设定值
B. 正常情况下接收站内消耗的氮气由 PSA 提供，需减小液氮出口压力设定值
C. 正常情况下接收站内消耗的氮气由液氮提供，需增大液氮出口压力设定值
D. 正常情况下接收站内消耗的氮气由液氮提供，需减小液氮出口压力设定值
答案：B
444. 下列选项关于氮气系统说法错误的是(　　)。
A. 定期检测氮气管网露点
B. 密切关注液氮储罐液位及压力
C. 密切关注各区域氮气使用量，出现大幅度波动时需及时进行排查
D. 卸船前应适当减小液氮出口压力设定值，减小液氮消耗量
答案：D
445. 不会造成氮气管网压力降低的是(　　)。
A. 氮气供应设备的故障　　B. 氮气管网泄漏
C. 气动阀门气缸漏气　　D. 氮气缓冲罐人孔法兰泄漏
答案：C
446. 下列关于 PSA 产品氮气纯度过低的可能原因错误的是(　　)。
A. 程控阀故障无法打开或关闭　　B. 管路堵塞
C. 装置进水或油　　D. 产品氮气使用过量
答案：D
447. 下列关于 PSA 出口氮气缓冲罐压力过低的可能原因错误的是(　　)。
A. 入口空气流量过低　　B. 入口空气压力过高
C. 吸附器出口阀门开度过小　　D. 产品氮气使用过量
答案：B
448. 下列关于 PSA 装置停机可能原因说法错误的是(　　)。
A. 空气供给系统压力过低　　B. 冷干机故障
C. 冷干机露点温度高　　D. 过滤器排污阀堵塞
答案：D
449. 下列关于液氮储罐就地液位计测量不准确的原因说法错误的是(　　)。
A. 引压管泄漏　　B. 指针卡住不动
C. 液位计故障损坏　　D. 指针进行零位调节
答案：D
450. 下列关于液氮储罐压力持续下降的原因说法错误的是(　　)。

A. 安全阀泄漏　　B. 液位高　　C. 爆破片破裂　　D. 泄压率过高

答案：B

451. 下列关于液氮储罐安全阀泄漏的原因说法错误的是(　　)。

A. 防爆片下有灰尘或冰　　B. 安全阀安装不正确

C. 压力过高　　D. 阀座或爆破片受损

答案：C

452. 下列关于液氮储罐压力过高的原因说法错误的是(　　)。

A. 压力表故障　　B. 真空度不足

C. 储罐不在低温下充装，压力显示较高　　D. 安全阀整定压力偏低

答案：D

453. 当锅炉内的水位高于最高安全水位或低于最低安全水位时，水位警报器就自动发出警报，提醒司炉人员采取措施防止事故发生的保护装置是(　　)。

A. 锅炉熄火保护装置　　B. 高低水位警报和低水位联锁保护装置

C. 超温报警和联锁保护装置　　D. 锅炉自动控制装置

答案：B

454. 投用蒸汽热水换热器引蒸汽时，下列顺序正确的是(　　)。

A. 排液→开蒸汽阀→暖管　　B. 排液→暖管→开蒸汽阀

C. 暖管→开蒸汽阀→排液　　D. 开蒸汽阀→排液→暖管

答案：A

455. 下列关于换热器投用前的准备工作错误的是(　　)。

A. 换热器已吹扫干净　　B. 换热器已进行过试压

C. 换热器安装已经验收　　D. 换热器导凝已打开

答案：D

456. 热水换热器投用的原则是(　　)。

A. 先开热流体，后开冷流体　　B. 先开冷流体，后开热流体

C. 两股流体同时打开　　D. 根据需要自行决定

答案：B

457. 下列锅炉事故发生的原因中，属于水循环被破坏引起锅炉事故的是(　　)。

A. 给水中带有油质，使金属壁过热或腐蚀

B. 锅炉水位过高

C. 锅炉碱度过高，锅筒水面起泡沫，汽水共腾

D. 给水呈酸性

答案：B

458. 蒸汽锅炉发生的事故有很多种，蒸汽锅炉缺水事故就是其中的一种，它是锅炉事故中最多最普遍、危险性比较大的事故之一，它常常会造成锅壳、炉膛烧塌、炉管变形过热爆破，甚至是引起锅炉爆炸的直接原因。下列情况不属于锅炉缺水事故原因的是(　　)。

A. 锅炉负荷增加过快

B. 水冷壁、对流管束或省煤器管子爆破漏水

C. 水位报警器失灵

D. 忘关排污阀或排污阀泄漏

答案：A

459. 下列不属于换热器日常检查内容的是(　　)。

A. 换热器基础　　B. 换热器出入口压力

C. 换热器振动　　D. 换热器内部腐蚀

答案：D

460. 下列选项关于热水换热器故障与排除说法错误的是(　　)。

A. 热水换热器在运行过程中常出现的故障有渗漏、泄漏、串液

B. 产生渗漏的原因有夹紧尺寸不够，垫片黏接不好，垫片有异物颗粒或缺陷

C. 若在运行过程中出现少量渗漏，则需要更换胶垫

D. 设备出现串液现象，应打开设备检查情况，个别换热管出现问题应更换管束

答案：C

461. 下列不会导致海水泵自动停车的是(　　)。

A. 海水泵出口流量低低　　B. 电机驱动端轴承温度高高

C. 泵池水位低低　　D. 电机非驱动端轴承温度高高

答案：A

462. 下列选项中，(　　)不会导致海水离心泵跳车。

A. 推力轴承振动 HH　　B. 轴承温度 HH

C. 断电　　D. 海水泵出口 PV 阀关断

答案：D

463. 下列会导致海水离心泵跳车的是(　　)。

A. 低压泵跳车　　B. 海水泵轴瓦温度高

C. 气化器跳车　　D. 高压泵跳车

答案：B

464. 海水离心泵跳车后，会直接导致(　　)。

A. 电解氯系统跳车　　B. 高压泵跳车

C. 压缩机跳车　　D. 低压泵跳车

答案：A

465. 下列选项中不属于柴油消防泵 A 启动条件之一的是(　　)。

A. 电动海水消防泵故障不能启动

B. 减压阀前管网压力仍低于设定值

C. 减压阀后管网压力仍低于设定值

D. 稳压泵故障不能启动

答案：D

466. 当消防管网压力下降至设定值并持续 15s 时，中控室辅操台发出报警声，中控室按下辅操台火灾“确认”按钮后，产生的动作是(　　)。

A. 联锁停消防稳压泵

B. 启动电动海水消防泵
C. 联锁停消防稳压泵，启动电动海水消防泵
D. 联锁停消防稳压泵，启动柴油海水消防泵
答案：C
467. 下列选项中不属于柴油消防泵 B 启动条件之一的是(　　)。
A. 稳压泵故障不能启动　　B. 柴油消防泵 A 故障不能启动
C. 减压阀前管网压力仍低于设定值　　D. 减压阀后管网压力仍低于设定值
答案：A
468. 下列选项中关于海水消防泵启动逻辑错误的是(　　)。
A. 中控室按下辅操台火灾“确认”按钮后，联锁停止消防稳压泵，自动启动柴油海水消防泵
B. 中控室按下辅操台火灾“确认”按钮后，联锁停止消防稳压泵，自动启动电动海水消防泵
C. 电动海水消防泵因故障不能启动，消防管网压力继续下降，将自动启动柴油海水消防泵 A
D. 启动电动海水消防泵延时 10～15s 后，减压阀前管网压力仍未达到设定值或减压阀后压力仍未达到设定值，自动启动柴油海水消防泵
答案：A
469. 下列选项不能触发卸料臂 ESD 的是(　　)。
A. 船方 ESD 按钮　　B. 中控卸料区域 ESD 按钮
C. 码控卸料区域 ESD 按钮　　D. 卸料臂遥控器 ESD 按钮
答案：D
470. 触发码头 ESD2 时卸料臂双球阀动作为(　　)。
A. 同时关闭　　B. 先关闭上球阀，后关闭下球阀
C. 无动作　　D. 先关闭下球阀，后关闭上球阀
答案：B
471. 卸料臂在维护超驰模式下，触发码头 ESD2 双球阀会(　　)。
A. 同时关闭　　B. 先关闭上球阀，后关闭下球阀
C. 无动作　　D. 先关闭下球阀，后关闭上球阀
答案：C
472. 卸料臂(　　)可触发 ESD 联锁。
A. 位移过大　　B. 氮封流量过低
C. 液压油压力过低　　D. 氮封压力过低
答案：A
473. 码头卸料总管排凝时，向卸料总管内注入(　　)加压。
A. 仪表风　　B. 氮气　　C. 工厂风　　D. 天然气
答案：B
474. 码头卸料总管排凝前需对卸料总管进行隔离，下列(　　)阀门无须关闭。

A. 储罐上下进液阀 B. 码头根部卸料总管紧急切断阀
C. 卸料臂卸料管线切断阀 D. 码头操作平台码头保冷循环线紧急切断阀

答案：A

475. 下列不是卸料总管排凝时需重点关注的参数是(　　)。

A. 卸料总管压力 B. 卸料总管管顶温度
C. 卸料总管管底温度 D. 卸船管道排凝罐液位

答案：B

476. 卸料总管排凝进入(　　)。

A. 码头排凝罐 B. 卸船管道排凝罐
C. BOG 总管 D. 码头保冷循环管线

答案：B

477. 关于罐内泵保冷循环作用的说法最准确的是(　　)。

A. 在罐内泵停泵期间维持出口及回流管线冷态
B. 在罐内泵停泵期间维持泵筒冷态
C. 在罐内泵运行时维持泵出口及回流管线冷态
D. 在罐内泵运行时维持泵筒冷态

答案：A

478. 罐内泵停泵时，泵出口总管内 LNG 通过(　　)进入泵筒为罐内泵出口管线保冷。

A. 出口手动调节阀旁路和回流阀旁路 B. 出口手动调节阀旁路和止回阀旁路
C. 回流阀旁路和放空线 D. 出口止回阀旁路和回流阀旁路

答案：B

479. 罐内泵保冷循环流量控制的说法正确的是(　　)。

A. 为保证保冷效果，罐内泵保冷流量越大越好
B. 罐内泵总保冷流量通过出口管线手动调节阀调节
C. 保冷循环流量越大罐内泵输送至下游 LNG 越少，罐内泵保冷可间断投用
D. 通过出口管线单向阀旁路和回流阀旁路的开度控制出口管线及回流线 LNG 流量的分配

答案：D

480. 罐内泵保冷流量无法精确调节，可通过(　　)判断是否满足需求。

A. 出口管线压力 B. 出口管线流量 C. 出口管线温度 D. 回流管线压力

答案：C

481. 下列选项中防止储罐负压破坏的措施是(　　)。

A. BOG 压缩机 B. 设置 PSV C. 设置火炬 D. 设置 VSV

答案：D

482. 储罐的压力信号可用于 BOG 压缩机负荷控制，当储罐压力上升后，BOG 压缩机的负荷(　　)。

A. 不变 B. 增大 C. 减小 D. 停机

答案：B

483. 下列选项中防止储罐超压的措施的是(　　)。
A. 设置 PSV　　B. 设置 VSV　　C. 高压补气　　D. 低压联锁停 BOG 压缩机
答案：A
484. 下列选项不是储罐压力高高联锁结果的是(　　)。
A. 储罐进料切断阀关闭　　B. 排凝进储罐切断阀关闭
C. BOG 压缩机跳车　　D. 破真空紧急切断阀关闭
答案：C
485. 下列(　　)不是管道、设备保冷循环投用后需重点关注的内容?
A. 保冷循环流量　　B. 设备、管线温度
C. 保冷循环流程阀位设置　　D. BOG 管网温度
答案：D
486. 低温泵等设备备用时投用保冷循环，此时应重点关注(　　)。
A. 出口管线压力　　B. 出口管线流量
C. 泵筒液位及出口管线温度　　D. 泵筒液位及出口管线流量
答案：C
487. 下列关于管线保冷循环流量的说法正确的是(　　)。
A. 保冷循环流量越大产生的 BOG 量越小
B. 保冷循环的流量设置宜按照管道温升 5 ~ 7℃设置
C. 保冷循环管线一般设置切断阀，只能通过限流孔板控制保冷循环流量
D. 保冷循环流量只要在高、低报范围内即可，流量大小对生产无影响
答案：B
488. 下列关于保冷循环的说法正确的是(　　)。
A. 在特殊情况下保冷循环可临时停用，停用期间避免超压
B. 设备、管道停运后必须立即投用保冷循环
C. 为避免忘记投用保冷循环，在设备、管线投运期间可将保冷循环投用
D. 为减少 BOG 产生量，备用泵保冷循环可不投用，需启动前打开保冷循环阀门即可
答案：A
489. (　　)不是罐内泵出口及回流管线隔离需关闭的阀门。
A. 泵出口管线根阀　　B. 回流线流量调节阀
C. 泵出口管线手动调节阀下游手阀　　D. 回流线流量调节阀下游手阀
答案：B
490. 下列关于泵出口管线排凝、置换的说法错误的是(　　)。
A. 通过出口管线 OB－03 注氮排凝、置换
B. 可通过充压、泄压方式对出口管线进行排凝，缩短排凝时间
C. 通过出口管线排凝线将 LNG 排至 BOG 总管
D. 排凝结束后通过出口管线安全阀旁路放空对管线进行氮气置换
答案：C

491. 泵井中的 LNG 排净时，需观测泵井压力，当示数突然减小时说明液体全部排净，此时压力示数约为(　　)。

A. 储罐压力＋气相空间压力　　B. 储罐压力＋液相空间压力

C. 气相空间压力＋液相空间压力　　D. 储罐压力＋罐内液体压力

答案：D

492. 泵井内 LNG 排净后进行氮气置换，打开(　　)放空至(　　)。

A. 放空线手阀　储罐　　B. 出口管线安全阀导淋　大气

C. 出口管线安全阀旁路　储罐　　D. 放空线导淋　大气

答案：A

493. 罐内泵放入泵筒后，氮气吹扫的目的(　　)。

A. 对泵井升温，防止泵体温度下降过快

B. 防止罐内泵悬空过程中叶轮反转

C. 置换空气，使露点、氧含量合格

D. 为泵筒升压打开底阀，使少量 LNG 进入，对泵体初步预冷

答案：C

494. 泵体放回至泵筒通过钢丝绳悬吊，通过泵井氮气管线注氮进行置换，打开(　　)放空至(　　)。

A. 放空线手阀　储罐　　B. 出口管线安全阀导淋　大气

C. 出口管线安全阀旁路　储罐　　D. 放空线导淋　大气

答案：D

495. 关于泵出口管线预冷速度控制方法的说法正确的是(　　)。

A. 微开出口管线手动调节阀旁路，通过调节该阀开度控制预冷速度

B. 打开出口管线手动调节阀旁路，通过调节回流线调节阀旁路开度控制预冷速度

C. 打开出口管线手动调节阀旁路，通过出口管线单向阀旁路开度控制预冷速度

D. 通过控制罐内泵放空线手阀开度控制预冷速度

答案：A

496. 罐内泵回装时缓慢放置于底阀上，用听诊器确认底阀打开，密切监控(　　)的压力。

A. BOG 总管　　B. 储罐和泵井

C. 低压总管和 BOG 总管　　D. 储罐和低压总管

答案：B

497. 外输量的大小主要取决于(　　)。

A. 客户的用气要求　　B. LNG 船的装载量

C. 储罐的液位　　D. 返回至再冷凝器的气量大小

答案：A

498. 下列选项中，不属于外输量大小参考因素的是(　　)。

A. 储罐的压力　　B. 外输设备完好率　C. 外输管网压力　　D. 储罐的液位

答案：A

499. 下列选项中，不属于接收站外输能力大小参考因素的是(　　)。
A. 客户的用气需求　　B. 计量撬的台数
C. 气化器的故障情况　　D. 罐内泵的额定流量
答案：A
500. 当外输管网压力较高时，下列做法不正确的是(　　)。
A. 联系下游用户是否用量有变化　　B. 关小外输区阀门减少外输量
C. 关小气化器入口流量阀门，减少汽化量　D. 减少高压泵的运行台数
答案：B
501. 如果在运行的计量撬突然出现故障时，下列做法不正确的是(　　)。
A. 切换至备用计量撬运行　　B. 为不影响外输任务，可继续运行在线修复
C. 停用该计量撬，降低外输量　　D. 立即联系检维修人员
答案：B
502. 零外输时，(　　)不需要保冷。
A. 高压泵回流管线　　B. 低压输出总管
C. 高压输出总管　　D. 气化器入口管线
答案：D
503. 停止运行所有外输高压泵，但轻烃装置正常运行时，(　　)不需要通过零输出循环进行保冷。
A. 贫液低压输出总管　　B. 外输高压泵泵筒
C. 高压输出总管　　D. 高压泵出口管线
答案：C
504. 零外输建立后，下列选项中说法不正确的是(　　)。
A. 不会影响正常接船作业　　B. 每个储罐必须保留一台低压泵运行
C. 再冷凝系统无法正常运行　　D. 无汽化外输，但可以正常装车
答案：B
505. 建立零外输过程中，下列做法中不需要(　　)。
A. 停止卸船作业　　B. 至少保留一台低压泵运行
C. 停止轻烃装置　　D. 停止 BOG 再冷凝系统
答案：A
506. 在高压泵隔离置换作业中关闭高压泵入口切断阀时，需要注意的是(　　)。
A. 关阀后高压泵泵筒液位会迅速降低　B. 高压泵内压力会迅速升高
C. 高压泵会触发 ESD 联锁　　D. 泵筒放空线要在其后关闭
答案：C
507. 在高压泵隔离排凝操作时，(　　)没有排凝流程。
A. 入口管线　　B. 泵筒　　C. 出口管线　　D. 回流管线
答案：A
508. 在高压泵隔离排凝操作时，下列不需要特别关注的是(　　)。
A. 高压泵区排凝罐液位　　B. 泵筒液位的变化

C. 高压泵内的压力变化　　D. 排凝总管温度变化

答案：D

509. 关于高压泵隔离置换作业，说法不正确的是(　　)。

A. 需要关闭高压泵泵筒放空阀门　　B. 氮气置换时排放至大气

C. 选择多点检测 CH_4 含量　　D. 泵筒温度要升至环境温度

答案：B

510. 高压泵干燥置换时，下列一般不作为氮气注入点的是(　　)。

A. 高压泵入口 OB－03　　B. 高压泵出口 OE－03

C. 保冷管线切断阀处 OE－02　　D. 泵筒液位计根部阀门处接临时氮气注入点

答案：C

511. 高压泵检修回装后，如果泵的入口切断阀门存在内漏现象，干燥置换时以下做法不正确的是(　　)。

A. 选择高压泵入口 OB－03 注氮　　B. 泵筒入口处添加盲板，分段进行干燥

C. 干燥过程中泵筒温度在0℃以上　　D. 泵筒液位计根部阀门处接临时氮气注入点

答案：A

512. 高压泵检修回装后干燥置换标准，下列做法不正确的是(　　)。

A. 氮气系统氮气纯度大于99.9%　　B. 氮气温度高于10℃

C. 干燥过程中排放至 BOG 系统　　D. 干燥置换露点要求不高于－40℃

答案：C

513. 高压泵检修回装后干燥置换时，下列做法不正确的是(　　)。

A. 供应氮气露点低于－60℃　　B. 供应氮气温度低于0℃

C. 干燥过程中排放至大气　　D. 干燥置换氧含量要求不高于2%

答案：B

514. 以下关于高压泵预冷操作做法不正确的是(　　)。

A. 泵筒预冷时，液位升高速度不要超过25mm/min

B. 预冷泵前要先对泵的入口管线进行预冷

C. 预冷至泵体关键部件时要停止进料，静止一段时间

D. 预冷前泵及其附属管线必须干燥置换合格

答案：B

515. 高压泵预冷是一个缓慢均匀的过程，在预冷过程中最重要的是(　　)。

A. 泵筒的预冷　　B. 进出口管线的预冷

C. 循环保冷流程预冷　　D. 泵体预冷

答案：D

516. 下列流程为高压泵泵体预冷提供冷源的是(　　)。

A. 泵入口管线　　B. 泵筒放空管线

C. 泵保冷循环管线　　D. 泵筒排凝管线

答案：D

517. 以下关于高压泵预冷注意事项，叙述不正确的(　　)。

A. 泵筒温降速度一般控制在 -10 ~ -15℃
B. 控制泵预冷用时不得少于 12h
C. 泵筒液位上升速度控制在 5%/min
D. 预冷结束后，一般要静置 3h 以上才允许启动泵
答案：C
518. 在对 SCV 水池内部件检修作业时，不需隔离操作的流程是(　　)。
A. LNG/NG 进出料流程　　B. 燃料气流程
C. 鼓风机流程　　D. 加碱流程
答案：C
519. 在进行 SCV 检修作业前的置换作业时，下列操作不正确的是(　　)。
A. 可从入口 OE-02 处注氮吹扫　　B. 可经出口安全阀导淋排放至大气
C. 可经出口排气管线泄压至 BOG 系统　　D. 可根据需要接临时管线注氮吹扫
答案：B
520. 在对 SCV 的 LNG/NG 管线进行隔离置换作业时，以下说法正确的是(　　)。
A. 置换过程中要关注氮气系统的压力，控制用氮量
B. 泄压过程中不需要关注管线温度变化
C. CH_4含量低于 10%(体积分数)置换合格
D. 泄压过程中会影响燃料气系统的压力
答案：A
521. 在对 SCV 换热管束泄漏点检修作业时，最安全的隔离措施是(　　)。
A. 进出口管线用氮气微正压保护　　B. 进出口管线进行拆口
C. 进出口所用阀门关闭锁定　　D. 进出口接口处添加盲板隔离
答案：D
522. 在对 SCV 的 LNG/NG 管线进行隔离泄压作业时，发现入口两道隔离阀门少量内漏，在不影响其他气化器外输任务情况下，下列方法处理合适的是(　　)。
A. 降低高压汇管的压力
B. 扩大隔离流程，同时对高压汇管进行隔离
C. 对两道阀门之间泄压至 BOG，并持续用氮气进行吹扫
D. 减少高压泵的运行台数，或建立零输出循环
答案：C
523. 在对外输计量撬隔离泄压时，泄压去向(　　)。
A. 泄压至 BOG 系统　　B. 就地排大气泄压
C. 泄压至冷火炬　　D. 泄压至热火炬
答案：C
524. 如果外输区所有计量撬均隔离停用，以下说法正确的是(　　)。
A. BOG 再冷凝停用，可利用 BOG 高压增压机处理 BOG
B. 燃料气系统无法长时间正常运行
C. 槽车装车系统同时需要停止

D. 及时建立零输出循环流程

答案：D

525. 在对外输计量撬隔离置换时，以下操作不正确的是(　　)。

A. 计量撬入口处双阀隔离　　B. 计量撬出口处双阀隔离

C. 接临时管线进行注氮置换　　D. 可利用撬内排污口泄压

答案：D

526. 关于外输计量撬流量计检定后回装作业，以下操作不正确的是(　　)。

A. 流量计安装要注意安装方向

B. 流量计的连接口密封性能良好，只要连接无误可免验漏性能

C. 回装后要对计量撬注氮置换

D. 拆除盲板时要检查管道内压力为零

答案：B

527. ORV 流程隔离后，在泄压过程中为什么要关注出口温度？(　　)

A. 保护换热管束　　B. 泄压过程温度会逐渐降低

C. 泄压过程温度会逐渐升高　　D. 可能会导致温度计损坏

答案：B

528. ORV 海水流程隔离时，以下流程无须关闭的是(　　)。

A. 海水南线隔离阀门　　B. 海水北线隔离阀门

C. 海水流量调节阀门　　D. 海水分布蝶阀

答案：D

529. 在对 ORV 检修作业前进行置换作业，下列操作不正确的是(　　)。

A. 可从入口 OE－02 处注氮吹扫　　B. 可经出口安全阀导淋排放至大气

C. 可经出口 BOG 放空排放至 BOG 系统　　D. 可根据需要接临时管线注氮吹扫

答案：B

530. 在对 ORV 的物料管线进行隔离置换作业，下列说法不正确的是(　　)。

A. 置换过程中要关注氮气系统的压力，控制用氮量

B. 泄压过程中需要关注管线温度变化

C. CH_4 含量低于 10%(体积分数)时置换合格

D. 泄压过程中不会影响海水系统的运行

答案：C

531. 再冷凝器液位高高联锁不会引起(　　)。

A. 减温器 LNG 入口切断阀关闭　　B. 再冷凝器 BOG 入口紧急切断阀关闭

C. 再冷凝器 LNG 入口紧急切断阀关闭　　D. BOG 压缩机跳车

答案：B

532. 再冷凝器压力高高联锁不会引起(　　)。

A. 减温器 LNG 入口切断阀关闭　　B. 再冷凝器 BOG 入口紧急切断阀关闭

C. 再冷凝器 LNG 入口紧急切断阀关闭　　D. BOG 压缩机跳车

答案：C

533. 自动模式下，再冷凝器底部汇管饱和蒸汽压差低时对 BOG 压缩机的影响是(　　)。

A. BOG 压缩机停机　　B. BOG 压缩机负荷降低

C. 禁止 BOG 压缩机启动　　D. 无影响

答案：B

534. 自动模式下，再冷凝器液位过高时，通过(　　)进行控制。

A. 再冷凝器压力升高　　B. BOG 压缩机负荷升高

C. 再冷凝器高压补气阀门打开　　D. 进入再冷凝器的 LNG 流量减少

答案：C

535. 再冷凝器自动模式下，液位过低时，通过(　　)进行控制。

A. 再冷凝器压力降低　　B. BOG 压缩机负荷降低

C. 禁止 BOG 压缩机启动　　D. 进入再冷凝器的 LNG 流量增加

答案：B

536. 再冷凝器自动模式下，压力过高时，通过(　　)进行控制。

A. 再冷凝器顶部压力控制阀泄压　　B. BOG 压缩机负荷降低

C. 进入再冷凝器的 BOG 流量减少　　D. 进入再冷凝器的 LNG 流量减少

答案：A

537. 在对 BOG 压缩机流程隔离置换时，不需要关闭(　　)。

A. 入口切断阀　　B. 出口切断阀

C. 入口分液罐入口切断阀　　D. 回流线切断阀

答案：C

538. 在 BOG 压缩机年度检修前隔离置换操作时，不需要置换(　　)。

A. 冷却水管线　　B. 压缩机油箱

C. 压缩机缓冲罐　　D. 压缩机气缸

答案：A

539. 在 BOG 压缩机年度检修前隔离置换操作时，不需要关注(　　)。

A. 油箱内压力　　B. 气缸结冰情况

C. 入口压力表根部阀是否关闭　　D. 润滑油温度

答案：D

540. 关于 BOG 压缩机隔离置换作业，下列说法不正确的是(　　)。

A. 入口 OB－02 为管道置换最佳注氮流程

B. 氮气置换时排放至大气

C. 选择多点检测 CH_4 含量

D. 油箱内压力不超过 2bar

答案：B

541. 以下不能引起 BOG 压缩机停机的是(　　)。

A. 入口压力低低　　B. 出口温度高高

C. 出口压力高高　　D. 入口过滤器压差低低

答案：D

542. 以下不能引起 BOG 压缩机停机的是(　　)。
A. 冷却水温度过低　　B. 再冷凝器液位过低
C. 润滑油压力过低　　D. 冷却水压力过低
答案：A
543. 再冷凝器压力高联锁会导致(　　)跳车。
A. BOG 压缩机　　B. 高压泵　　C. ORV　　D. 低压泵
答案：A
544. BOG 压缩机入口分液罐温度过高联锁结果不包括(　　)。
A. 3 台 BOG 压缩机　　B. 分液罐入口紧急切断阀关闭
C. BOG 外输切断阀关闭　　D. 减温器 LNG 紧急切断阀关闭
答案：C
545. 以下选项可以造成燃料气加热器停机的是(　　)。
A. 燃料气流量过高　　B. 加热器入口压力过高
C. 燃料气使用点联锁停机　　D. 燃料气出口温度过高
答案：D
546. 燃料气加热器出口温度是(　　)控制。
A. 通过控制燃料气的流量　　B. 控制电加热器的启停
C. 控制加热器的功率　　D. 控制燃料气的压力
答案：C
547. 与轻烃回收装置轻烃罐区乙烷球罐压力控制无关的是(　　)。
A. 乙烷过冷器乙烷出口温度　　B. 乙烷换热器乙烷出口温度
C. 乙烷过冷器冷源流量　　D. 乙烷球罐液位
答案：D
548. 轻烃回收装置轻烃罐区某混合轻烃储罐进料切断阀突然关闭，可能是因为(　　)。
A. 液位过高　　B. 液位过低　　C. 压力过高　　D. 压力过低
答案：A
549. 轻烃回收装置轻烃罐区某混合轻烃储罐液位高，需要改至其他储罐进料，首先要(　　)。
A. 关闭液位高储罐的进料阀　　B. 打开其他罐的进料阀
C. 关闭液位高储罐气相平衡线阀　　D. 打开其他罐气相平衡线阀
答案：B
550. 轻烃回收装置轻烃罐区乙烷、混合轻烃储罐均设计有两台压力安全阀，其投用方式为(　　)。
A. 一投一备　　B. 根据需要投用一台或两台
C. 同时投用　　D. 任意投用一台
答案：C
551. 轻烃回收装置脱甲烷塔灵敏板温度和塔釜重沸器入口蒸汽流量组成的复杂控制回路属于(　　)。

A. 串级控制　　B. 选择控制　　C. 比值控制　　D. 分程控制

答案：A

552. 轻烃回收装置闪蒸罐液位与脱甲烷塔进料流量组成的复杂控制回路类型属于(　　)。

A. 串级控制　　B. 选择控制　　C. 均匀控制　　D. 分程控制

答案：B

553. 轻烃回收装置脱乙烷塔釜液位和塔底外送流量组成的复杂控制回路类型属于(　　)。

A. 分程控制　　B. 串级控制　　C. 选择控制　　D. 比值控制

答案：C

554. 轻烃回收装置脱乙烷塔顶回流罐的压力控制回路属于复杂控制回路中的(　　)。

A. 前馈控制　　B. 选择控制　　C. 串级控制　　D. 分程控制

答案：D

555. 轻烃装置引气暖管前，脱甲烷塔釜重沸器的入口蒸汽调节阀应(　　)。

A. 打开　　B. 关闭　　C. 半开　　D. 开、关无所谓

答案：B

556. 轻烃回收装置各疏水器的直接作用是(　　)。

A. 排除蒸汽管线中的凝液　　B. 防止凝液管线发生“水锤”

C. 提高蒸汽温度　　D. 提高凝液温度

答案：A

557. 轻烃回收装置准备引气暖管时，为避免阀门因高温卡死，各导淋阀应(　　)。

A. 全开　　B. 微开

C. 全开后返回 1 ~ 2 圈　　D. 全关

答案：C

558. 轻烃回收装置引气暖管过程中发生“水锤”，正确的处理是(　　)。

A. 开大蒸汽大阀　　B. 继续暖管

C. 关闭各导淋　　D. 停止暖管，查找原因

答案：D

559. 轻烃回收装置乙烷产品中不可能含有的组分是(　　)。

A. 甲烷　　B. 丙烷　　C. 氮气　　D. 乙烯

答案：D

560. 轻烃回收装置脱乙烷塔釜重沸器入口蒸汽流量过大，会导致乙烷产品中(　　)。

A. 甲烷含量升高　　B. 乙烷含量升高

C. 丙烷含量升高　　D. 丙烷含量下降

答案：C

561. 轻烃回收装置脱乙烷塔顶回流量过小，会导致乙烷产品中(　　)。

A. 甲烷含量升高　　B. 丙烷含量升高

C. 乙烷含量升高　　D. 丙烷含量下降

答案：B

562. 轻烃回收装置脱甲烷塔釜加热量过小，会导致脱乙烷塔顶产品中(　　)。

A. 甲烷含量升高　　B. 甲烷含量下降

C. 乙烷含量升高　　D. 丙烷含量升高

答案：A

563. 轻烃回收装置混合轻烃产品中不含有的组分是(　　)。

A. 乙烷　　B. 异戊烷　　C. 正丁烷　　D. 丙烯

答案：D

564. 轻烃回收装置脱乙烷塔釜加热量过小，会导致混合轻烃产品中(　　)。

A. 甲烷含量升高　　B. 丙烷含量升高

C. 乙烷含量升高　　D. 丁烷含量升高

答案：C

565. 轻烃回收装置脱乙烷塔顶回流量过大，会导致塔釜的混合轻烃产品中(　　)。

A. 甲烷含量升高　　B. 乙烷含量升高

C. 丙烷含量升高　　D. 丁烷含量升高

答案：B

566. 轻烃回收装置混合轻烃产品的主要成分是(　　)。

A. 丙烷和丁烷　　B. 丁烷和戊烷

C. 丙烷和戊烷　　D. 戊烷及以上烷烃

答案：A

567. 决定轻烃回收装置负荷的参数是(　　)。

A. 升压泵出口流量　　B. 升压泵出口进装置流量

C. 脱甲烷塔进料流量　　D. 脱乙烷塔进料流量

答案：B

568. 轻烃回收装置准备提升负荷，需提高下列参数中的(　　)。

A. 装置进料温度　　B. 装置进料流量

C. 脱甲烷塔进料流量　　D. 装置进料流量和脱甲烷塔进料流量

答案：D

569. 轻烃回收装置提升负荷过程中，不需要进行的操作是(　　)。

A. 提高装置进料流量　　B. 提高脱甲烷塔进料流量

C. 提高升压泵回流　　D. 提高重沸器蒸汽流量

答案：C

570. 轻烃回收装置以下参数变化，不会影响装置 LNG 产出的是(　　)。

A. 脱甲烷塔级间液位　　B. 脱甲烷塔进料流量

C. 装置进料流量　　D. 装置进料组成

答案：A

571. 下列选项中，会导致轻烃回收装置闪蒸罐压力迅速、大幅升高的是(　　)。

A. 进料泵跳车　　B. 凝液泵跳车

C. 闪蒸罐进料温度下降　　D. 闪蒸罐压力控制阀开大

答案：B

572. 轻烃回收装置闪蒸罐进料组分中轻组分含量突然大幅增加，若调整不及时将导致闪蒸罐压力(　　)。

A. 上升　　B. 下降　　C. 不变　　D. 不确定

答案：A

573. 轻烃回收装置进料温度上升，调整不及时，将导致闪蒸罐压力(　　)。

A. 下降　　B. 不变　　C. 上升　　D. 不确定

答案：C

574. 轻烃回收装置脱甲烷塔塔顶气相流量突然增加，闪蒸罐压力将(　　)。

A. 上升　　B. 下降　　C. 不变　　D. 不确定

答案：A

575. 以下参数变化，不会影响轻烃回收装置脱甲烷塔压力变化的是(　　)。

A. 脱甲烷塔釜重沸器入口蒸汽流量　　B. 脱甲烷塔进料组分

C. 产品高压泵回流阀开度　　D. 脱甲烷塔级间液位

答案：D

576. 轻烃回收装置脱甲烷塔釜重沸器蒸汽调节阀突然异常开大，塔压将(　　)。

A. 上升　　B. 下降　　C. 无影响　　D. 不确定

答案：A

577. 轻烃回收装置产品高压泵最小回流阀突然开大，脱甲烷塔压力将(　　)。

A. 上升　　B. 下降　　C. 不变　　D. 不确定

答案：A

578. 轻烃回收装置脱甲烷塔进料调节阀突然关闭，将导致塔压(　　)。

A. 下降　　B. 上升　　C. 不变　　D. 不确定

答案：B

579. LNG 接收站设备管线检修前工艺处置采用的吹扫气体是(　　)。

A. 空气　　B. 天然气　　C. 氮气　　D. 仪表风

答案：C

580. 下列不属于管线交出检修前工艺处置必须要做的是(　　)。

A. 加盲板　　B. 水洗　　C. 氮气置换　　D. 隔离泄压

答案：B

581. 冬季设备检修，下列做法错误的是(　　)。

A. 检修人员进入氮气置换后的设备内时，需要事先用压缩风吹扫，检验合格后方可进入

B. 冬季停工时，水蒸气管线必须用压缩风吹扫排净积水

C. 冬季对某些无法将水排净的露天设备管线死角，必须把设备解体，排净积水

D. 冬季停车时，水管线导淋应打开排水，蒸汽导淋不用打开

答案：D

582. 下列选项中，不属于设备、管线检修工艺处置需达到条件的是(　　)。

A. 物料排空　　B. 氮气置换合格

C. 设备内无压　　D. 系统水洗完毕

答案：D

583. 下列不属于 SCV 备用期间日常巡检内容的是(　　)。

A. 检查风机房内透风口是否通畅，卫生是否清洁

B. 检查设备和基础设施的防腐情况

C. 检查海水管线振动情况，有无泄漏

D. 检查 SCV 防风防雨设施是否完好

答案：C

584. 下列关于 SCV 定期测试，说法错误的是(　　)。

A. 测试前联系各专业进行条件确认

B. 测试前对烟气检测仪进行标定

C. 每台 SCV 进料测试时间不少于 24h

D. 根据外输确定 SCV 运行负荷

答案：D

585. SCV 定期测试期间，关于 pH 计使用说法错误的是(　　)。

A. 测试前需联系仪表安装好 pH 计，并进行校准

B. 测试结束后需联系仪表将 pH 计拆走，以防 pH 计损坏

C. 分析化验测定数值与在线检测数值偏差超过 0.5，需联系相关专业进行处理

D. 冬季保供运行期间，pH 计无须拆走，确保 SCV 处于备用状态

答案：D

586. 下列关于 SCV 测试过程中的注意事项说法错误的是(　　)。

A. 测试过程中发现的问题待测试结束后进行处理

B. 测试前要对水浴的 pH 值、Cl 离子、总 Fe 等 6 项指标进行化验

C. 循环测试结束后对本次循环测试发现的问题进行总结、分析和处理

D. 测试前联系各专业进行条件确认，并填写“SCV 运行测试现场检查记录”，每次测试前对烟气检测仪进行标定

答案：A

587. 机泵检修后验收标准，下列选项正确的是(　　)。

A. 连续运转一个月无异常　　B. 不必办理验收手续

C. 检修记录齐全、完整、准确　　D. 应达到塔类完好标准

答案：C

588. 设备检修验收技术资料不包括(　　)。

A. 检修质量与缺陷记录　　B. 主要零部件无损检验报告

C. 更换零部件清单　　D. 设备原始设计资料

答案：D

589. 下列不符合设备检修结束后安全要求的选项是(　　)。

A. 检查检修项目是否有遗漏

B. 因检修需要而拆移的盖板、防护罩等安全设施应恢复正常

C. 检修设备立即投入生产
D. 对检修的设备进行单体和联动试车，验收交接，并做好记录
答案：C
590. 管道检修验收的标准不包括(　　)。
A. 检修记录准确齐全
B. 管道油漆完好无损，附件灵活好用，运行一周无泄漏
C. 提交检修过程有关技术资料
D. 管道耐压试验报告
答案：D
591. 接收站挺杆起重机安装位置一般为(　　)。
A. 码头区　B. 高压泵区　C. 储罐区　D. BOG 压缩机区
答案：C
592. 下列不属于悬臂吊的安全操作注意事项的是(　　)。
A. 操作者要持证上岗
B. 在安全系数范围内，可大于额定载荷使用
C. 禁止斜拉斜吊
D. 吊物下方严禁站人
答案：B
593. 悬臂吊在罐内泵起吊过程中，一般为(　　)。
A. 使用悬臂吊自身缆绳　B. 使用罐内泵支撑缆绳
C. 使用罐内泵提升缆绳　D. 其他都不正确
答案：C
594. 电动葫芦不具有(　　)等特点，用于工矿企业，仓储码头等场所。
A. 体积小　B. 噪声大　C. 操作简单　D. 使用方便
答案：B
595. 国际标准 ISO 对油液的黏度等级(VG)进行划分，是按这种油液 40℃时(　　)的平均值进行划分的。
A. 动力黏度　B. 运动黏度　C. 赛氏黏度　D. 恩氏黏度
答案：B
596. 在液体流动中，因某点处的压力低于空气分离压而产生大量气泡的现象，称为(　　)。
A. 层流　B. 液压冲击　C. 空穴现象　D. 紊流
答案：C
597. 液压油流经固定平行平板缝隙的流量与缝隙值的(　　)成正比。
A. 一次方　B. 1/2 次方　C. 二次方　D. 三次方
答案：D
598. 液压传动中的工作压力取决于(　　)。
A. 外负载　B. 流量　C. 速度　D. 泵的功率
答案：A

599. 冷却系统中能够提高冷却液沸点作用的装置是(　　)。

A. 水箱盖　　B. 散热器　　C. 水套　　D. 排水孔

答案：A

600. 水泵泵体上滴水孔的作用是(　　)。

A. 减少水泵出水口工作压力

B. 减少水泵进水口工作压力

C. 及时排出向后渗漏的冷却水，保护水泵轴承

D. 便于检查水封工作情况

答案：C

601. 柴油机冷却系统中锈蚀物和水垢积存的最直接后果是(　　)。

A. 发动机温升慢　　B. 热容量减少

C. 发动机过热　　D. 发动机怠速不稳

答案：C

602. 加注冷却水时，最好选择(　　)。

A. 井水　　B. 泉水　　C. 雨雪水　　D. 蒸馏水

答案：D

603. 下列关于更换液压油注意事项的描述错误的是(　　)。

A. 应使用同品牌同型号液压油　　B. 油箱排净后可直接加油

C. 加注新油时使用过滤装置　　D. 加油前清洗过滤器

答案：B

604. 卸料臂(　　)定期对液压油箱进行清理更换液压油工作。

A. 每年　　B. 每个季度　　C. 每月　　D. 每周

答案：A

605. 卸料臂液压系统应保持液压油清洁，定期检查换油，新投用设备为(　　)清洗油箱，更换新油。

A. 3 个月　　B. 6 个月　　C. 9 个月　　D. 12 个月

答案：D

606. 登船梯(　　)定期对液压油箱进行清理更换液压油工作。

A. 每年　　B. 每个季度　　C. 每月　　D. 每周

答案：A

607. 下列不属于 LNG 卸料臂液压控制部件的是(　　)。

A. 电磁阀　　B. 调压阀　　C. 止回阀　　D. 流量计

答案：D

608. 柱塞型液压油泵依靠柱塞在缸体中做(　　)运动，使密封工作容腔的容积发生变化来实现吸油、压油。

A. 旋转　　B. 滚动　　C. 拉伸　　D. 往复

答案：D

609. 下列不属于卸料臂液压系统动力单元的是(　　)。

A. 液压泵　　B. 过滤器　　C. 流量计　　D. 压力表

答案：C

610. 进行卸料臂操作时，通常首选(　　)进行操作。

A. 就地操作面板　　B. 液压动力单元

C. 无线电操作装置　　D. 选择阀组单元

答案：C

611. 液压泵的排量与下列参数有关是(　　)。

A. 泵轴长度　　B. 泵轴直径

C. 电动机功率　　D. 泵的几何尺寸

答案：D

612. 液压系统充油前必须进行清洗，清洗油的黏度应(　　)。

A. 比工作油低　　B. 尽可能高

C. 无明确规定　　D. 比工作油稍高

答案：A

613. 液压系统的维护和保养中换油周期按(　　)来确定。

A. 综合分析法　　B. 固定周期法

C. 不定期法　　D. 经验判断法

答案：B

614. 对液压油的维护管理做法中，不正确的是(　　)。

A. 油氧化变质后至少换一半新油　　B. 清洗油箱后不许用棉纱擦净

C. 补充油时油泵排油要经过细滤器　　D. 禁止不同牌号的液压油混用

答案：A

615. 润滑油的密度随温度的升高而(　　)。

A. 增大　　B. 不变　　C. 减小　　D. 不确定

答案：C

616. 润滑油调和的目的是获得各种(　　)。

A. 不同黏度的基础油　　B. 不同倾点的基础油

C. 不同牌号的基础油　　D. 不同规格的润滑油产品

答案：D

617. ILSAC 是(　　)的英文缩写。

A. 国际标准化组织　　B. 国际润滑剂标准化及审核委员会

C. 美国汽车工程师协会　　D. 美国石油学会

答案：B

618. 切削液可分为(　　)。

A. 油基切削液和水基切削液　　B. 复合油和极压油

C. 乳化液和合成液　　D. 极压油和合成液

答案：A

619. 下列关于自动反冲洗过滤器维护说法错误的是(　　)。

A. 避免用金属或其他坚硬的工具压撬机械密封动环和静环
B. 减速机提升时要注意轴上键槽里的销键不要损坏和丢失
C. 采用垂直提升器缓慢提升过滤器的盖和滤网，放置时不要用滤网作为支撑，以免滤网变形
D. 清洗滤网时如发现过滤器滤网发生腐蚀破损，应更换滤网，滤网与过滤器间的密封圈不用更换
答案：D
620. 下列关于电解槽维护说法错误的是(　　)。
A. 电解槽长时间运行后，当看到有白色结垢时就需要酸洗
B. 检查电解槽是否漏水，以及槽后铜排是否有局部温度过高处
C. 电解槽温度过高容易导致壳体变形
D. 电解槽通电时应检查是否有打火花或是红亮点等现象
答案：A
621. 下列关于电解制氯装置年度维护说法错误的是(　　)。
A. 对水泵进行拆卸检查，如有部件损坏，应及时更换
B. 检查整流控制柜有无损坏或过热的迹象
C. 清除整流控制柜内的积灰
D. 根据槽压值和产氯量确定是否需要酸洗
答案：D
622. 下列关于电解制氯装置周维护说法错误的是(　　)。
A. 检查水泵的噪声和振动是否正常
B. 检查电解槽各密封面和导电螺栓是否有漏水
C. 对次氯酸钠储罐和酸洗罐进行排污操作，除去沉淀在罐底的沉淀物
D. 次氯酸钠储罐由于存在钙镁沉淀物，在连续运行的情况下，建议每周排污一次
答案：C
623. 下列选项不属于柴油消防泵长期停止运行时的维护要点的是(　　)。
A. 即使长时期内不使用的泵，也必须每个月启动一次跑合运转(30min 左右)
B. 冬季泵停止运行状态下，要注意防止因冰冻而引起泵的破坏，要将水放掉
C. 在设有备用泵的情况下，制定运行计划时，备用泵应当固定
D. 清洗空气滤清器等零部件
答案：D
624. 下列不是柴油机日常保养的内容是(　　)。
A. 更换活塞环　　B. 添加机油、柴油、冷却水
C. 清洁柴油机表面　　D. 检查电瓶及电瓶液
答案：A
625. 下列选项关于柴油消防泵维护要点说法错误的是(　　)。
A. 泵出口压力表在泵停机后要把旋塞打开，一般情况只在需要采集数据时才关闭
B. 检查泵有无漏水现象，如有漏水应立即修理

C. 定期测定振动、噪声有无增加

D. 观察填料密封的泄漏量是否过量，温度是否正常

答案：A

626. 下列关于柴油消防泵机组维护保养说法错误的是(　　)。

A. 注意在寒冷季节对柴油机、水泵的保温，防止因水温低而冻坏设备

B. 保持蓄电池、蓄电池端子、接线的清洁，接触良好

C. 检查消音器及排气管道，清除积炭，防止火花产生

D. 柴油箱应当尽可能始终保持充满，但是绝对不能少于油箱容量的30%

答案：D

627. 下列选项不属于气动阀定期维护内容的是(　　)。

A. 定期进行执行机构外部清洁工作　　B. 定期对过滤器排污

C. 定期对需注油的调节阀注油　　D. 定期对调节阀各活动件进行更换

答案：D

628. 气动阀门零部件必须完整，符合技术要求。下列选项关于零部件完整要求描述错误的是(　　)。

A. 调节阀及附件卫生整洁

B. 各紧固件不缺、不松动、锈死

C. 手轮完好，使用灵活

D. 调节阀附件、过滤减压阀、阀位回讯器、电磁阀等完好

答案：A

629. 日常工作中检查低温气动阀一般不包括(　　)。

A. 确认气动头与下部截止作用阀门连接处的压盖部有无泄漏

B. 确认螺栓螺母有无松动

C. 确认开关时有无异常声音或异常冲击

D. 确认阀体有无掉漆

答案：D

630. 气动阀门检修结束后，必须填写检修记录作为存档资料，下列选项不属于检修记录内容的是(　　)。

A. 故障情况　　B. 更换的零部件

C. 调校数据及计算结果　　D. 阀门型号

答案：D

631. 下列选项关于旋转滤网维护说法错误的是(　　)。

A. 喷嘴应每天检查，以防止被脏污堵塞后影响冲洗效果

B. 每2～3个月给套筒滚子链条、链轮上涂抹适量钙基润滑脂一次

C. 每3～6个月给减速器更换CC30柴油机油一次

D. 每3～6个月给主轴两端轴承座内的轴承加注钙基润滑脂一次

答案：A

632. 下列选项关于旋转滤网维护说法错误的是(　　)。

A. 海水是流动的，因此旋转滤网不用考虑防冻措施
B. 旋转滤网投入运行后，应定期进行检查及加油
C. 网板、链条等应每年涂刷防腐漆一次
D. 滤网每两年进行一次大修
答案：A

633. 旋转滤网长时间运行后，由于链板轴孔磨损受力变形等，链条会伸长松动，下列措施中不可采用的是(　　)。
A. 可设置链条伸长报警装置
B. 如伸长到一定值则报警，应在停运时用拉近调节装置调节链条松紧
C. 如拉紧调节装置调至主轴最低位置时还未调紧链条，则可拆除两块网板及链条
D. 在网板链条调节好后还应调节传动链条，传动链条的调节应在张紧链轮控制范围内装拆传动链的节数来调节
答案：C

634. 水位差达到报警状态时，旋转滤网未启动，下列选项不是其原因的是(　　)。
A. 自动控制出现故障　　B. 旋转滤网卡死
C. 电机故障　　D. 电磁阀故障
答案：D

635. 热水锅炉产生汽化现象的原因是(　　)。
A. 压力突然升高
B. 锅炉出水主阀未开
C. 水管内严重积垢，或存有杂物，使水循环遭到破坏
D. 先点火升温，后启动热水循环泵的操作，使锅水汽化
答案：A

636. 在锅炉、压力容器检修中，做法正确的是(　　)。
A. 锅炉、容器内采用明火照明
B. 进入锅筒、容器进行检验时，设备外必须有人监护
C. 锅炉、压力容器的耐压试验一般都用空气作加压介质
D. 不能在承压部件有压力的情况下卸下螺栓，但可以在承压部件有压力的情况下上紧螺栓
答案：B

637. 停炉后，立即检修采用(　　)保护锅炉，防止腐蚀。
A. 充氮法　　B. 联氨法
C. 间断升火保持压力法　　D. 热炉放水余热干燥法
答案：D

638. 下列选项可以防止锅炉结渣的方法是(　　)。
A. 提高炉膛火焰中心　　B. 保持炉膛大负压运行
C. 堵塞锅炉漏风　　D. 提高炉膛出口温度
答案：C

639. 往复式压缩机活塞环切口形式中泄漏量最大的是(　　)。

A. 搭切口　　B. 直切口　　C. 斜切口　　D. 搭接口

答案：B

640. 往复式压缩机活塞上有一活塞环，关于其说法正确的是(　　)。

A. 活塞环自由状态下比气缸直径小　　B. 活塞环的作用是保证良好的密封性

C. 活塞环起润滑作用　　D. 活塞环与气缸不紧密接触

答案：B

641. 往复式压缩机的三大易损件是(　　)。

A. 气阀，曲轴，机械密封　　B. 轴承，填料，活塞环

C. 气阀，填料，活塞环　　D. 气阀，填料，机械密封

答案：C

642. 往复式压缩机活塞环斜切口装配时，相邻两环切口错开(　　)。

A. 45°　　B. 60°　　C. 90°　　D. 180°

答案：D

643. 以下泄漏破坏性最大的是(　　)。

A. 界面泄漏　　B. 破坏型泄漏　　C. 渗透泄漏　　D. 间歇性泄漏

答案：B

644. 给正在泄漏的密封件施加一定的预应力而达到止漏的方法是(　　)。

A. 调整止漏法　　B. 机械止漏法　　C. 物理堵漏法　　D. 带压修复法

答案：A

645. 低温 LNG 管线阀门泄漏后，可能不会出现的现象是(　　)。

A. 白雾　　B. 结霜　　C. 结冰　　D. 振动

答案：D

646. 蝶阀密封面泄漏的可能原因不包括(　　)。

A. 橡胶密封圈老化、磨损　　B. 压盖压得过紧

C. 密封面压圈松动、破损　　D. 阀杆与蝶板松脱，使密封面泄漏

答案：B

647. 发生甲烷泄漏后，不推荐(　　)。

A. 焊接堵漏法　　B. 改换密封法　　C. 机械堵漏法　　D. 注胶堵漏法

答案：A

648. 按照泄漏量划分，气态介质可分为 4 级，下列选项中不涉及的是(　　)。

A. 无泄漏　　B. 渗漏　　C. 流淌　　D. 重漏

答案：C

649. 截止阀节流不准的可能原因有(　　)。

A. 锥面密封副不同心　　B. 阀瓣、节流锥脱落

C. 阀杆螺母滑丝　　D. 节流锥冲蚀严重

答案：D

650. 下列选项中，(　　)会间接导致高压离心泵跳车。

A. 罐内泵跳车　　B. 高压离心泵输出阀全关
C. 槽车发生 ESD　　D. 最小回流线阀门全开
答案：A
651. 下列选项中，(　　)不会导致高压离心泵跳车。
A. 高压离心泵振动高高　　B. 高压离心泵出口压力高高
C. 高压离心泵入口压力高高　　D. 高压离心泵电流低低
答案：C
652. LNG 至高压泵入口总管压力低低联锁结果不包括(　　)。
A. BOG 压缩机紧急停车
B. 高压泵紧急停车
C. 放空气体分液罐顶部出口管线切断阀关闭
D. 再冷凝器气相入口管线紧急切断阀关闭
答案：C
653. 操作人员在船上操作卸料臂时，卸料臂突然无法动作，其可能的原因不包括(　　)。
A. 遥控器没电了　　B. 液压油泵停止　　C. 电磁阀故障　　D. 船方触发了 ESD
答案：D
654. 以下关于卸料臂平衡块的调节说法，正确的是(　　)。
A. 需对外臂平衡进行调节，内臂平衡无须调节
B. 需对内臂平衡进行调节，外臂平衡无须调节
C. 平衡块对内外臂的平衡均应该调节
D. 平衡块对内外臂的平衡均无须调节
答案：C
655. 卸料臂动作到位情况感知主要依靠(　　)。
A. 液压油压力　　B. 电磁阀切换状态
C. 接近开关　　D. 液压油温度
答案：C
656. 正常卸料期间，旋转接头氮气出口端检测到 CH_4，最不可能的怀疑因素为(　　)。
A. 旋转接头主密封圈失效　　B. 旋转接头主密封圈及次密封圈失效
C. 旋转接头转动密封面锈蚀　　D. 旋转接头防尘(水)密封圈失效
答案：D
657. 同一温度下，下列物质饱和蒸汽压最大的是(　　)。
A. 丁烷　　B. 丙烷　　C. 乙烷　　D. 甲烷
答案：D
658. 同一物质，当温度升高时，饱和蒸汽压(　　)。
A. 呈指数上升　　B. 呈线性上升　　C. 呈指数下降　　D. 呈线性下降
答案：A
659. 以下说法不正确的是(　　)。
A. 同一物质在不同温度下有不同的饱和蒸汽压

B. 对于同一物质，固态的饱和蒸汽压小于液态的饱和蒸汽压

C. 在密闭容器中，液体达到饱和蒸汽压状态后将停止汽化

D. 饱和蒸汽压越大，沸点越低

答案：C

660. 低温储存的 LNG 饱和蒸汽压与下列(　　)因素无关。

A. 环境气压　　B. 储存压力　　C. 环境温度　　D. 组分

答案：B

661. 关于气缚，下列说法正确的是(　　)。

A. 离心泵、齿轮泵等在启动时，若泵内有空气，都有可能发生气缚现象

B. 气缚现象只有离心泵才有可能发生

C. 气缚会损坏泵的叶片

D. 发生气缚后，泵还是一样能输送液体，只是输送能力略有下降

答案：B

662. 离心泵气缚现象产生的后果是(　　)。

A. 离心泵打不上压　　B. 泵出口流量瞬间变大

C. 泵入口流量瞬间变大　　D. 离心泵有剧烈噪声

答案：A

663. 离心泵在启动前需要进行灌泵排气操作，这是为了(　　)。

A. 降低启动电流　　B. 降低启动扭矩

C. 防止将气体输送至后续流程　　D. 防止发生气缚

答案：D

664. 高压泵入口前设置压力控制阀的目的是保证管道内压力大于 LNG 在该状态条件下的饱和蒸汽压，防止出现(　　)。

A. 振动　　B. 抽空　　C. 汽蚀　　D. 气缚

答案：C

665. 离心泵运行过程中，离心泵汽蚀带来的后果不包括(　　)。

A. 电机电流过大，导致电机烧坏　　B. 振动增大

C. 噪声增大　　D. 叶轮损坏

答案：A

666. 下列关于罐内离心泵出现反转的现象，说法不正确的是(　　)。

A. 电机接线接反　　B. 出口流量减少

C. 长时间反转叶轮会汽蚀　　D. 出口压力会超过额定压力

答案：D

667. 为防止离心泵在运行中发生汽蚀，可以通过(　　)加以避免。

A. 提高泵的安装高度　　B. 提高输送介质的温度

C. 关小入口阀门　　D. 提高泵进口容器液面上方的压力

答案：D

668. 下列选项中，(　　)不是造成离心泵产生振动的原因。

A. 汽蚀　　B. 轴承与轴的间隙过大

C. 叶轮不平衡　　D. 电机和泵的联轴节未连接

答案：D

669. 在衡量仪表性能的优劣时，在外界条件不变的情况下，用同一仪表对被测量在仪表全部测量范围内进行正反行程测量，被测量值正行和反行所得到的两条特性曲线之间的最大偏差称为(　　)。

A. 灵敏度　　B. 线性度　　C. 精确度　　D. 变差

答案：D

670. 压力检测仪表故障，以下检查方法不恰当的是(　　)。

A. 测量电阻值　　B. 检查引压管线是否存在堵塞

C. 检查信号传输线路是否接触良好　　D. 检查压力变送器零点是否正常

答案：A

671. 将电路断开后串入电流表，测出电流值与仪器仪表正常工作状态时的数据进行对比，从而判断故障，使用的方法是(　　)。

A. 短路法　　B. 电阻法　　C. 电流法　　D. 替换法

答案：C

672. 电磁流量计无显示不可能的原因是(　　)。

A. 电源线未连接　　B. 励磁信号线开路

C. 转换器损坏　　D. 保险丝断路

答案：B

673. 在装车前的批量控制器启动过程中，发生了启动失败的情况，以下原因中不可能的是(　　)。

A. 气相或者液相手动隔离阀未能全开

B. 气相或者液相 XV 打开失败

C. 液相流量调节阀实际开度比批控器设置开度大

D. 批控器上有报警未消除

答案：C

674. 在 LNG 装车过程中，当槽车压力达到 0.4MPa 时要对槽车进行返气，返气过程中发现槽车的压力持续上涨，造成这种现象的原因不可能的是(　　)。

A. 气相臂手动隔离阀未打开造成返气流程不畅

B. 气相臂紧急切断阀未打开造成返气流程不畅

C. 司押人员未打开槽车返气阀门造成返气流程不畅

D. 气相臂放空阀未全关造成返气流程不畅

答案：D

675. 以下对于 LNG 装车臂的认识，说法错误的是(　　)。

A. 装车臂主要由入口法兰、内臂、平衡系统、外臂、接头、氮气置换系统等配件构成

B. 充装结束后，应打开装车臂放空阀对装车臂管线及槽车充装管线残液进行放空

C. 充装结束后，由槽车司押人员进行拆臂作业，并将静电接地夹与枕木归位，由充装人员将装车臂归位

D. 装车臂的阀门数量众多，涉及的需要操作的阀门主要是球阀和截止阀

答案：B

676. 装车撬安装有(　　)，用于监控非装车状态下的装车臂是否放回到停靠架上。

A. 位置接近传感器　　B. 批量控制器

C. 压力变送器　　D. 分体式温度变送器

答案：A

677. TMS 管理系统运营期间当本人不在电脑前时务必注销用户，使之切换到(　　)权限。

A. ENG　　B. guest　　C. View Only　　D. Operator

答案：B

678. 若需要退出 TMS 管理系统时，下列操作中正确的是(　　)。

A. 在本人的账号下，点击退出到 Windows，先退出辅机，再退出主机

B. 在本人的账号下，直接点击退出到 Windows

C. 先切换到工程师账号，点击退出到 Windows，先退出辅机，再退出主机

D. 先切换到工程师账号，直接点击退出到 Windows

答案：C

679. TMS 管理系统操作中，关于操作员账号权限描述正确的是(　　)。

A. 在制单过程中，现场出现无法正常刷卡的情况，操作员权限可以重新直接制单上传数据

B. 操作员权限下，可以任意切换单据的状态

C. 操作员权限下，可以将等待装车的单据转为异常单据或删除单据

D. 操作员权限下，可以更改撬位

答案：C

680. 制单时批控器状态应为(　　)，且阀门状态应为(　　)。

A. 远控　自动　　B. 就地　自动　　C. 远控　手动　　D. 就地　手动

答案：A

681. 在装车臂的使用过程中，旋转接头起着至关重要的作用，以下对于装车臂旋转接头的说法，错误的是(　　)。

A. 旋转接头作为装卸臂的关键部件，它的可靠性决定着整台装卸臂能否长期安全稳定运行

B. 不同温度的液化天然气通过装车臂输送时，对于旋转接头内圈使用寿命的影响没有区别

C. 较低温度的液化天然气通过装车臂输送时，使得积聚在旋转接头中水汽易结冰，从而使接头内部滚道损坏，造成旋转接头卡涩

D. 装卸臂的旋转接头被称为整台装卸臂的“心脏”，它既是液体介质的流道，又是装卸臂实现空间全方位连接的重要结构部件

答案：B

682. LNG 装车臂旋转接头主要由法兰、内圈、外圈、滚道滚珠以及密封装置等部件组成，以下关于上述装置说法正确的是(　　)。

A. 旋转接头整体结构为球轴承结构，所以应采用润滑脂或润滑油润滑滚道

B. 旋转接头发生卡涩现象一定是由于环形滚道上的带孔滚珠发生了位置偏移所导致

C. 旋转接头内部滚道和滚珠应始终处于循环干燥氮气保护之中

D. 密封圈是旋转接头密封装置的关键部件，采用常温填充聚四氟乙烯材料

答案：C

683. 下列关于装车臂旋转接头卡涩故障的说法，正确的是(　　)。

A. 干燥循环氮气可以防止旋转接头内部滚道结冰损坏，防止旋转接头卡涩

B. 装车臂旋转接头卡涩时对于装车臂的使用影响不大，推拉时只要增加用力即可

C. 装车臂的旋转接头滚珠丝堵口有氮气泄漏的情况下，不会造成旋转接头卡涩

D. 装车臂在装车使用过程中发生旋转接头卡涩时，在现场装车任务重的情况下应继续使用，保障生产

答案：A

684. 密封圈是装车臂旋转接头密封装置的关键部件，当充装介质是低温的 LNG 时，应采用耐低温填充(　　)材料。

A. 柔性石墨　　B. 石棉　　C. 金属缠绕垫　　D. 聚四氟乙烯

答案：D

685. 罐内泵联锁停车不会影响(　　)。

A. 高压泵　　B. 槽车装车　　C. 再冷凝器　　D. BOG 压缩机

答案：D

686. 罐内泵联锁停车主要影响低压总管的流量和(　　)。

A. 压力　　B. 温度　　C. 密度　　D. 液位

答案：A

687. 罐内泵联锁停车会造成高压泵入口压力(　　)。

A. 升高　　B. 降低　　C. 不变　　D. 先升高后降低

答案：B

688. 罐内泵联锁停车会造成其他罐内泵的流量(　　)。

A. 减小　　B. 增加　　C. 不变　　D. 先降低再增加

答案：B

689. 罐内泵联锁停车时下列处置措施正确的是(　　)。

A. 关小码头保冷量　　B. 增大码头保冷量

C. 打开高压泵回流　　D. 停 BOG 压缩机

答案：A

690. 罐内泵联锁停车后槽车装车单元可采取的措施是(　　)。

A. 增大装车流流量　　B. 减小槽车装车流量

C. 槽车流量不变　　D. 槽车离开装车岛

答案：B

691. 罐内泵联锁停车可采取的措施有(　　)。

A. 调小气化器入口 LNG 流量，同时高压泵打回流，控制再冷凝器压力稳定

B. 开大气化器入口 LNG 流量，同时高压泵打回流，控制再冷凝器压力稳定

C. 气化器入口 LNG 流量不变，只对高压泵打回流，控制再冷凝器压力稳定

D. 调小气化器入口 LNG 流量，控制再冷凝器压力稳定，降低码头保冷循环流量

答案：D

692. 罐内泵联锁停车不可采取的措施是(　　)。

A. 降低高压泵流量　　B. 增大气化器入口 LNG 流量

C. 减小气化器入口 LNG 流量　　D. 控制再冷凝器压力稳定

答案：B

693. 3 台高压泵运行时其中一台联锁停车，最不可能出现的结果是(　　)。

A. 造成下游外输流量下降　　B. 造成其他高压泵出口压力下降

C. 外输流量不变　　D. 造成其他泵的出口流量变大

答案：C

694. 高压泵联锁停车后直接影响再冷凝器的(　　)。

A. 进气量　　B. 液相温度　　C. 底部压力　　D. 进气温度

答案：C

695. 下列可能造成高压泵入口压力低低联锁停车的是(　　)。

A. 再冷凝器压力升高　　B. 入口过滤器堵塞

C. 气化器入口流量降低　　D. 高压泵回流阀缓慢开大

答案：B

696. 单台高压泵运行时，高压泵突然联锁停车，首先应进行(　　)。

A. 停罐内泵　　B. 启动备用泵

C. 隔离再冷凝器，停 BOG 压缩机　　D. 立即查找联锁停车原因

答案：C

697. 多台高压泵运行时，其中一台高压泵联锁停车，以下应急处置方法说法正确的是(　　)。

A. 停一台气化器

B. 调节压力控制阀、气化器流量，稳定再冷凝器压力及低压总管压力

C. 立即 ESD 按钮停一台罐内泵

D. 紧急停一台 BOG 压缩机

答案：B

698. 多台高压泵运行时，其中一台高压泵因故突然联锁停车，应急处置方法顺序正确的是(　　)。

A. 汇报→稳定再冷凝器→启动备用泵→查找联锁停车原因

B. 汇报→启动备用泵→稳定再冷凝器→查找联锁停车原因

C. 汇报→查找联锁停车原因→稳定再冷凝器→启动备用泵

D. 查找联锁停车原因→稳定再冷凝器→启动备用泵→汇报

答案：A

699. 高压泵联锁停车后对(　　)影响最大。

A. 再冷凝器压力　B. 燃料气流量　C. 储罐压力　D. 气化器出口温度

答案：A

700. 气化器联锁停车会导致外输量(　　)。

A. 变大　B. 先变大后变小　C. 变小　D. 先变小大后变大

答案：C

701. ORV 及 IFV 因 NG 出口温度低低联锁停车会造成海水泵(　　)。

A. 停车　B. 海水泵出口压力变小

C. 海水泵振动值高高　D. 不会对海水泵造成影响

答案：D

702. 气化器停车会导致(　　)。

A. 高压泵出口压力高　B. 压缩机入口温度升高

C. 高压泵振动值升高　D. 计量撬流量值变大

答案：A

703. SCV 大流量运行过程中联锁停车，关于罐内泵处置的说法正确的是(　　)。

A. 关小罐内泵回流阀开度

B. 增大罐内泵回流阀开度，必要时停相应罐内泵

C. 增大罐内泵出口阀开度，必要时停相应罐内泵

D. 关小码头保冷循环阀开度

答案：B

704. 下列不是气化器停车后需重点关注的参数是(　　)。

A. BOG 总管压力　B. 低压总管压力

C. 再冷凝器液位　D. 高压泵出口压力

答案：A

705. 海水气化器停车后，(　　)无须紧急处置。

A. 再冷凝器　B. 罐内泵　C. 高压泵　D. 海水泵

答案：D

706. 所有气化器联锁停车后，外操人员现场应急处置正确的是(　　)。

A. 打开高压泵回流阀

B. 停海水泵

C. 检查高压系统有无泄漏、安全阀有无起跳

D. 现场停在运行的罐内泵

答案：C

707. 火炬分液罐液位高报不可能的原因是(　　)。

A. 液位计故障　　B. 放空 BOG 温度过高

C. 电加热器未启动　　D. 电加热器故障

答案：B

708. 火炬分液罐其中一台电加热器超温停车的原因可能是(　　)。

A. 电加热器温度计故障　　B. 分液罐液位高报

C. 分液罐温度过低　　D. 分液罐液位高于加热器顶部

答案：A

709. 分液罐两台电加热器正常启动后两台液位计液位值仍不断上升可能的原因是(　　)。

A. 放空气体流量大　　B. 放空气体温度高

C. 放空管线内大量进液　　D. 液位计故障

答案：C

710. BOG 压力正常情况下火炬有放空气燃烧的原因是(　　)。

A. BOG 放空至火炬的控制阀误开　　B. 码头安全阀起跳

C. BOG 压缩机回流阀打开　　D. 工艺处理区安全阀内漏

答案：A

711. 正常生产过程中发现火炬燃烧处置方法不合理的是(　　)。

A. 查看 BOG 总管压力　　B. 查看 BOG 总管放空火炬阀门状态

C. 检查现场 TSV 有无起跳　　D. 查看计量外输区放空阀状态

答案：C

712. 下列选项可能造成火炬出现火雨的是(　　)。

A. 天然气计量外输区泄压　　B. BOG 放空至火炬阀门内漏

C. 火炬分液罐温度高报　　D. 火炬分液罐液位高报

答案：D

713. 热膨胀安全阀的作用是(　　)。

A. BOG 管线超压泄放　　B. 低压 LNG 放空至火炬

C. LNG 管线因温升汽化超压泄放　　D. 高压天然气管线超压泄放

答案：C

714. 热膨胀安全阀通常安装在(　　)。

A. 排凝罐顶部　　B. 液相管线两个切断阀中间

C. BOG 管线上　　D. 天然气管线上

答案：B

715. 安全阀回座压力是指安全阀达到(　　)后，阀瓣与阀座重新接触时进口的静压力。

A. 半开启状态　　B. 开启状态　　C. 未开启状态　　D. 起跳泄压状态

答案：D

716. 安全阀起跳未回座时，下列应急处置方法正确的是(　　)。
A. 安全阀隔离、泄压后拆检
B. 安全阀隔离、泄压后投用
C. 安全阀所在管段隔离、泄压后对安全阀进行拆检
D. 安全阀所在管段隔离、泄压后投用安全阀
答案：A

717. 超压起跳后的热膨胀安全阀，在管道压力正常安全阀回座，下列关于该安全阀的说法正确的是(　　)。
A. 正常投用　B. 隔离下线重新校验
C. 更换新安全阀　D. 只需检查安全阀外观有无损伤
答案：B

718. 安全阀在检修时进行外观检查和拆解检查，检查内容不包括(　　)。
A. 法兰面锈蚀情况　B. 进出口流道的腐蚀情况
C. 弹簧腐蚀裂纹　D. 阀门结构设计检查
答案：D

719. 浸没燃烧式气化器出口温度波动的原因可能是(　　)。
A. LNG 负荷大幅波动　B. 燃料气系统压力波动
C. LNG 入口压力上升　D. 水浴 pH 值波动
答案：A

720. 下列不是 ORV 海水进出口温差过大应排查内容的是(　　)。
A. 海水流量偏小　B. 海水进口温度较低
C. LNG 流量偏大　D. 海水出口温度计测量值偏小
答案：B

721. ORV 出口天然气温度偏低的处置方法不当的是(　　)。
A. 检查海水流量是否偏低　B. 检查海水温度是否偏低
C. 开大 LNG 流量调节阀　D. 关小 LNG 流量调节阀
答案：C

722. 中间介质气化器 NG 中间温度低的原因是(　　)。
A. 海水流量高　B. 丙烷压力高
C. LNG 流量低　D. 丙烷压力低
答案：D

723. 能有效提高高压泵入口饱和蒸汽压差的是(　　)。
A. 增加 BOG 压缩机运行数量　B. 提高 LNG 槽车装车流量
C. 减小高压泵流量　D. 提高高压泵入口压力
答案：D

724. 高压泵运行过程中，入口 LNG 饱和蒸汽压越(　　)越好。
A. 小　B. 大　C. 不变　D. 与入口压力一致
答案：A

725. 饱和蒸汽压差低低不会导致(　　)停车。

A. 罐内泵　　B. 高压泵　　C. 再冷凝器　　D. BOG 压缩机

答案：A

726. 高压泵入口饱和蒸汽压差与入口温度、压力的关系是(　　)。

A. 温度越低、压力越高饱和蒸汽压差越低

B. 温度越低、压力越高饱和蒸汽压差越高

C. 与温度无关

D. 与压力无关

答案：B

727. 卸料臂连接时突然出现无法动作的问题，应该采取的处置方法是(　　)。

A. 持续按住卸料臂某一方向动作按钮直至卸料臂恢复动作

B. 可采取人工干预方式扳动卸料臂进行连接

C. 采取点动方式动作按钮，待卸料臂响应后再恢复操作

D. 直接在就地面板进行断电后重新恢复通电

答案：C

728. 正常连接或拆除卸料臂时出现无法动作问题，可能的原因不包括(　　)。

A. 室外气温过低导致液压油出现黏稠问题

B. LNG 温度过低导致卸料臂结冰旋转接头无法动作

C. 卸料臂遥控器电池电量过低

D. 未在就地操作盘选择远程操作模式

答案：B

729. 卸料臂旋转接头氮气吹扫系统故障灯亮起，可能的原因有(　　)。

A. 旋转接头氮气泄漏　　B. 氮气氧含量偏高

C. 码头风浪过大　　D. 现场触发 ESD1 停车按钮

答案：A

730. 制单时，若地磅数与 TMS 数据显示不一致时，下面操作中正确的是(　　)。

A. 点击 TMS 管理系统中地磅显示区域的刷新键

B. 重新启动地衡显示器

C. 直接重启 TMS 管理系统的主机

D. 将地衡数据归零，重新将车辆称重

答案：A

731. 制单过程中，若发现撬位在开始装车前已有实装量，应在制单前点击(　　)，以保证装车顺利进行。

A. 直接制单　　B. 清除状态　　C. 清除流量　　D. 重新启动

答案：C

732. 若批控器故障，可点击重新启动，鹤位返回错误为(　　)是正常状态，若出现其他数字可点击清除状态。

A. 255　　B. 234　　C. 34　　D. 334

答案：A

733. 装车过程中，如果批控器显示暂停状态，若需再次启动，内操需进行远程(　　)操作。

A. 结束　　B. 清除业务　　C. 允许启动　　D. 暂停

答案：C

734. 下列关于装车臂旋转接头卡涩故障的处理方法，正确的是(　　)。

A. 保证干燥循环氮气的通畅是有效降低旋转接头卡涩故障的唯一保证

B. 增加装车臂的每日使用负荷有利于降低旋转接头卡涩故障

C. 装车臂旋转接头一旦卡涩，更换全套旋转接头是唯一处理办法

D. 装车臂在装车使用过程中发生旋转接头卡涩时，需逐步判断氮气循环、主动静密封圈、端面密封圈的好坏程度再进行处理

答案：D

735. 装车臂旋转接头氮气压力不足或供应不畅是造成旋转接头卡涩的原因之一，主要表现在(　　)。

A. 装车臂循环氮气管线末端出口氮气压力低

B. 氮气密封圈密封效果良好

C. 内氮气通道氮气压力等于氮气管线末端出口氮气压力

D. 端面密封圈泄漏的氮气压力等于氮气管线末端出口氮气压力

答案：A

736. 旋转接头内部带孔滚珠是旋转接头能够得以转动的主要部件，以下关于带孔滚珠的说法，错误的是(　　)。

A. 带孔滚珠应处于氮气的保护之中

B. 带孔滚珠位于旋转接头的主静密封内

C. 带孔滚珠安装前应擦洗干净，不宜携带水汽或杂质

D. 带孔滚珠发生磨损现象必须及时更换

答案：B

737. 密封圈在装车臂旋转接头中起着至关重要的作用，以下关于密封圈的说法错误的是(　　)。

A. 旋转接头内主要有主静密封圈、主动密封圈、端面密封圈、氮气密封圈和次级密封圈

B. 密封圈的材质应采用耐低温填充聚四氟乙烯材料

C. 密封圈应定时拆洗、保养、更换

D. 次密封圈能在主密封圈发生泄漏时起密封作用，保证了旋转接头的安全运行

答案：C

738. 下列关于混合轻烃装车臂的说法，错误的是(　　)。

A. 装车臂应做电气连接并接地

B. 装车臂上有隔离手阀、放空阀等阀门

C. 装车臂上的隔离手阀由于开关频繁，阀盖处易出现泄漏情况

D. 装车臂上的旋转接头由于液化气的输送易出现结冰、卡涩现象

答案：D

739. 下列关于装车臂手动隔离阀是说法，错误的是(　　)。

A. 其阀体多采用球阀

B. 出现阀门回讯开关故障报警的原因多是开关不到位

C. 由于开关频繁，阀盖处易出现泄漏情况

D. 阀门定位销的作用是防止阀门压盖不紧导致泄漏

答案：D

740. 对于带阀门回讯开关的手动隔离阀的说法，下列说法错误的是(　　)。

A. 阀门回讯开关是自动阀门位置和信号反馈的一种现场仪表

B. 阀门回讯开关多用于检测和监视汽缸式阀门或其他汽缸式执行机构内部活塞运动位置

C. 阀门回讯开关通过同轴连接件或反馈杆使传动轴产生旋转，并通过指示开关就地显示

D. 阀门回讯开关可安装于角阀、隔膜阀、蝶阀等开关型阀门上，但不能安装在球阀阀门上

答案：D

741. LNG 装车臂设计氮气吹扫系统，在工作时空腔内通入循环干燥氮气，使滚道始终处在氮气保护中，提高滚道使用时(　　)。

A. 安全性　　B. 润滑性　　C. 灵活性　　D. 流通性

答案：A

742. 下列符号中，表示停车的是(　　)。

A. HH　　B. LL　　C. A　　D. SD

答案：D

743. 对下图所示 PID 图描述错误的是(　　)。

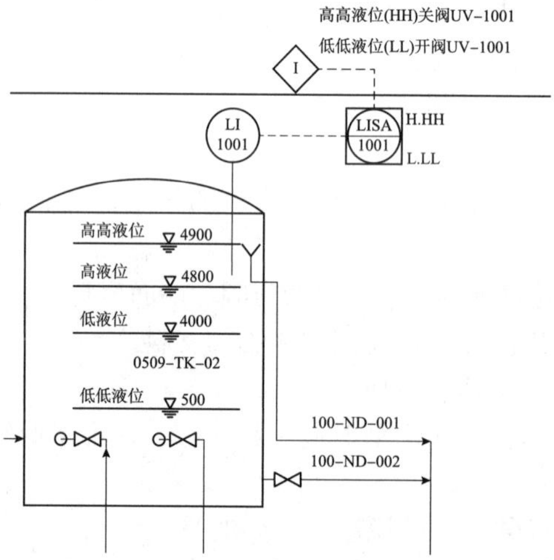

A. 罐顶液位计带信号远传功能，变送器将信号传到 DCS

B. 罐顶液位计的值不能在现场显示

C. DCS 中有液位高、低报警

D. 当液位达到 HH、LL 值时，DCS 向一次仪表发出联锁信号，关闭/开启储罐入口管线上的阀门

答案：B

744. 对下图所示 PID 图描述错误的是(　　)。

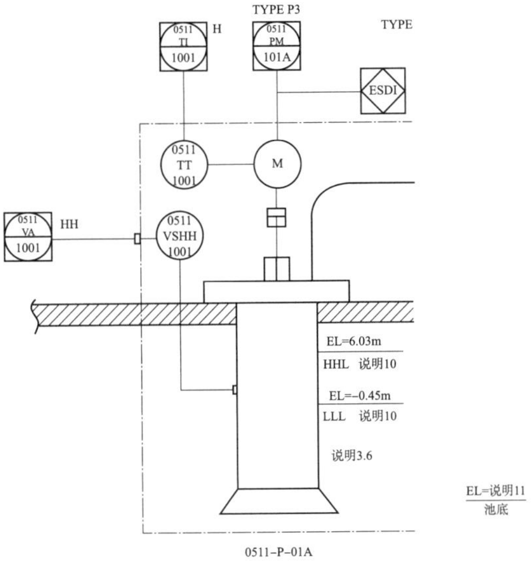

A. 泵的轴振动测量信号可以传到 DCS，带高高报警

B. 电机温度信号送 DCS，在 DCS 上显示

C. 电机运行状态、开/关等的监控方案详见 TYPE P3 类型的泵图例

D. 发生 ESD1 时，该泵不会有联锁动作

答案：D

745. 对下图所示 PID 图描述错误的是(　　)。

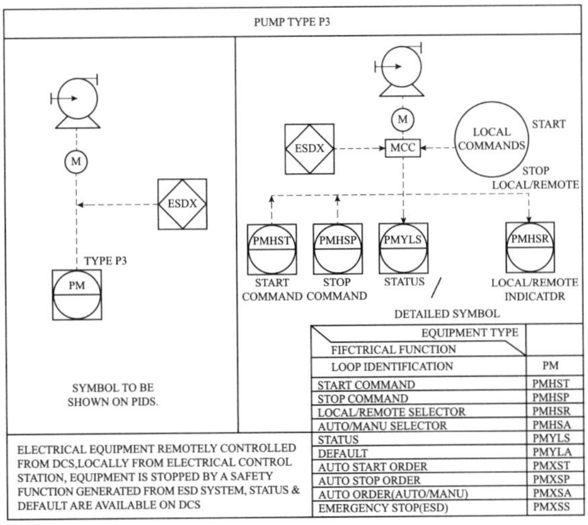

A. 可以就地启停该泵

B. 只能在现场进行就地和远程模式切换

C. 可以通过 DCS 启停泵

D. DCS 上可以显示泵的运行状态

答案：B

746. 下面的三面投影图中，正确的是(　　)。

A. 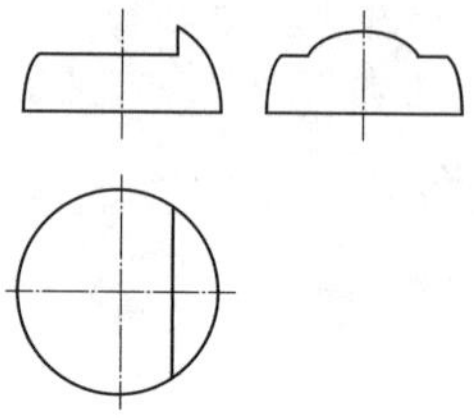

B. 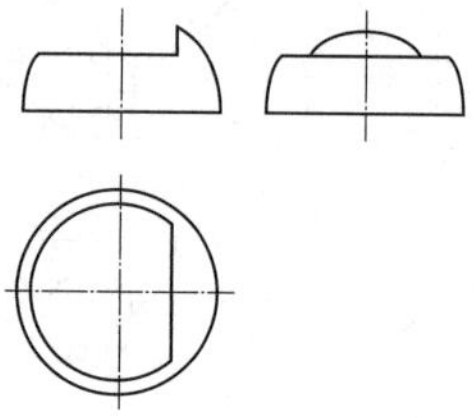

C. 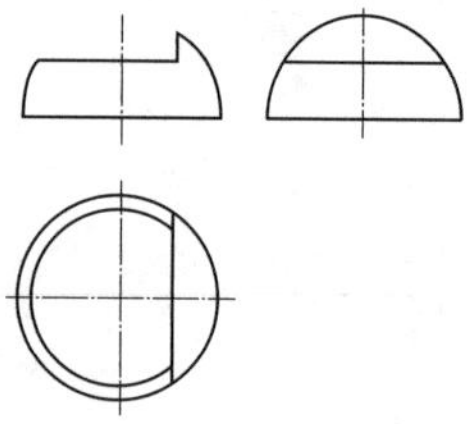

D. 其他选项都不正确

答案：B

747. 请根据主视图和俯视图选择正确的左视图(　　)。

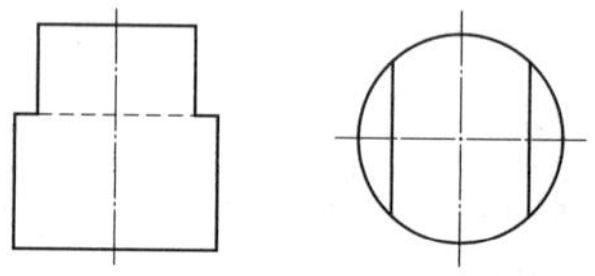

A. 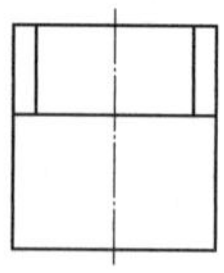
B. 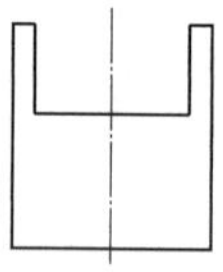
C. 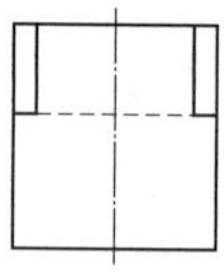
D. 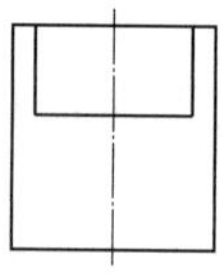

答案：A

748. 已知点 A(20，0，0)和点 B(20，0，10)，关于点 A 和点 B 的相对位置，判断正确的是(　　)。

A. 点 B 在点 A 前面
B. 点 B 在点 A 上方，且重影于 V 面上
C. 点 A 在点 B 下方，且重影在 OX 轴上
D. 点 A 在点 B 前面

答案：C

749. 已知点 A(0，10，25)和点 B(0，15，25)，关于点 A 和点 B 的相对位置，判断正确的是(　　)。

A. 点 A 在点 B 前面
B. 点 B 在点 A 上方，且重影于 V 面上
C. 点 A 在点 B 前方，且重影在 OZ 轴上
D. 点 B 在点 A 前面

答案：D

750. 为避免库存过低或过高，在进行船期安排时主要考虑(　　)。

A. 气态外输计划、库存量、损耗量
B. 气态外输计划、液态外输计划、库存量及库存限值

C. 气态外输计划、液态外输计划、损耗量

D. 气态外输计划、液态外输计划、库存限值、损耗量

答案：B

751. 如船期不可调整，为确保库存不超高限值，现在至卸船前 LNG 接收站最小气态外输量为(   )。

A. LNG 接卸量 - 液态外输量 - (库存高限量 - 现有库存量)

B. LNG 接卸量 - 液态外输量 + (库存高限量 - 现有库存量)

C. LNG 接卸量 - 液态外输量 - 库存高限量

D. LNG 接卸量 - 液态外输量 - 现有库存量

答案：A

752. 储罐现有库存 $18 \times 10^4 m^3$，库存高限 $32 \times 10^4 m^3$，24h 后完成 $17 \times 10^4 m^3$ LNG 卸料，LNG 密度 $425kg/m^3$，24h 外输天然气 8000t，则 LNG 液态装车需达到(   )t 才能确保库存不超限。

A. 4500　　B. 4600　　C. 4650　　D. 4750

答案：D

753. LNG 的汽化率通常是指 1t LNG 从液态完全汽化为 20℃、101.325kPa 状态下气体的体积，汽化率单位为(   )。

A. Nm^3/t　　B. Nm^3　　C. %　　D. t/Nm^3

答案：A

754. 关于 LNG 汽化率下列说法错误的是(   )。

A. LNG 中甲烷含量越高，汽化率越高

B. LNG 汽化率不受 LNG 组分影响

C. 0℃工况汽化率和 20℃标况汽化率不同

D. LNG 汽化率 = 1000kg ÷ 气体密度

答案：B

755. 甲烷在 20℃、101.325kPa 状态下，甲烷的摩尔质量为 16.043g/mol，摩尔体积为 24L/mol，假设 LNG 组分全部为甲烷，以此可以估算出 LNG 的汽化率为(   )。

A. $1393.879Nm^3/t$　　B. $1298.816Nm^3/t$

C. $1210.237Nm^3/t$　　D. $1495.98Nm^3/t$

答案：D

756. 某接收站 LNG 密度为 $427kg/m^3$，空气密度为 $1.3kg/Nm^3$，则 1t LNG 可以汽化为(   )Nm^3 天然气(假设 $1m^3$ 该接收站 LNG 汽化为 $625Nm^3$ 天然气)。

A. 2.34　　B. 3.04　　C. 1463.7　　D. 1902.8

答案：C

757. 当 ORV 出口天然气温度过低时，可以通过(   )方式来提高 ORV 出口天然气温度。

A. 保持海水流量不变，增大入口 LNG 流量

B. 增大海水流量，增大入口 LNG 流量

C. 保持海水流量不变，减少入口 LNG 流量

D. 减少海水流量，增大入口 LNG 流量

答案：C

758. ORV 中单根管段的换热可以分为三个阶段：液相区、气液两相区、气相区。其中液相区翅片管内流体与管壁的热量传递方式为(　　)。

A. 强制对流换热　B. 自然对流换热　C. 辐射换热　D. 热传导

答案：A

759. ORV 中单根管段的换热可以分为三个阶段：液相区、气液两相区、气相区。其中气相区翅片管外海水与翅片和管壁之间的热量传递方式为(　　)。

A. 自然对流换热　B. 强制对流换热　C. 辐射换热　D. 热传导

答案：B

760. 下列关于 ORV 的说法错误的是(　　)。

A. LNG 与海水的换热以对流换热为主，同时在管壁上有热传导发生

B. ORV 的传热包括管内 LNG 的对流换热、管壁的导热、管外海水的对流换热及污垢的传热

C. 对气化器的设计选材来讲，材料的热导率越高，气化器的换热效率就越高

D. 在热流密度和厚度相同时，物体高温侧壁面与低温侧壁面间的温度差，随热导率增大而增大

答案：D

761. 下列换热过程不属于浸没燃烧式气化器换热过程的是(　　)。

A. 燃烧后的烟气和水箱内水进行换热，将水加热

B. 水和换热管的管壁进行换热，通过管壁内部导热，将热量传递给管内的 LNG

C. LNG 加热汽化

D. 冷却水喷淋燃烧器对火焰降温

答案：D

762. SCV 的换热管束由 80 根外径为 25.4mm、厚度为 2mm 的光管组成，单根换热管的长度为 6m，则 SCV 的实际换热面积为(　　)m^2。

A. 38.282　B. 4.79　C. 19.141　D. 35.268

答案：A

763. SCV 以天然气为燃料通过加热水浴来汽化 LNG，其中燃气的密度 $\rho_f = 0.7kg/m^3$，热效率 $\phi = 95\%$，热值 $H = 53.16MJ/kg$，SCV 汽化所需热流量为 $\Phi = 16MW$，则 SCV 汽化所需燃气用量为(　　)m^3/s。

A. 0.430　B. 0.408　C. 0.453　D. 4.5

答案：C

764. 下列关于 IFV 气化器换热过程说法错误的是(　　)。

A. 海水放热加热中间介质丙烷　B. 中间介质丙烷吸热后汽化与 LNG 进行换热

C. 海水与 LNG 进行换热　D. LNG 吸热汽化

答案：C

765. 相同 LNG 流量下，下列关于 IFV 气化器的说法错误的是(　　)。

A. 入口海水温度越高热负荷越小　　B. 入口海水温度越高出口天然气温度越高

C. 入口海水流量越大出口海水温度越高　D. 入口海水流量越大出口天然气温度越高

答案：A

766. 下列关于伯努利方程的物理意义说法不正确的是(　　)。

A. $\frac{V^2}{2g}$表示单位质量流体所具有的动能

B. $\frac{V^2}{2g}+\frac{P}{\rho g}+z$ 表示流场中一点上单位重量流体所具有的总机械能

C. $\frac{P}{\rho g}$表示流场中一点上单位重量流体所具有的动能

D. $\frac{P}{\rho g}$表示所考察点的压力潜能，表示它能将流体压升到某一高度的能力

答案：C

767. 下列关于伯努利方程的几何意义说法正确的是(　　)。

A. 单位质量流体沿流体运动时机械能保持不变

B. 单位质量流体沿流体流线运动时总水头保持不变

C. z 表示的是单位质量流体沿流体流线运动时所具有的测管高度

D. $\frac{P}{\rho g}$表示的是单位质量流体沿流体流线运动时所具有的测管高度

答案：B

768. 下列不是伯努利积分成立条件的是(　　)。

A. 流体无黏性　　B. 流场正压　　C. 体积力有势　　D. 必须是一维流动

答案：D

769. 对于在同一平面上的流动(流体中的重力忽略不计)，在同一条流线的各点上总压相同，因此，可认为流速在流体流动中(　　)。

A. 随压强增加而减小　　B. 随压强增加而增加

C. 与压强无关　　D. 不发生变化

答案：A

770. 下列选项中，不是培训教学过程中常用的培训方法的是(　　)。

A. 课堂讲授法　　B. 多媒体教学　　C. 教练法　　D. 广义教学法

答案：D

771. 保证讲授质量的首要条件是(　　)。

A. 讲授要有系统性

B. 讲授内容要有科学性、必要性、可接受性

C. 讲授语言要生动

D. 讲授语言要准确

答案：B

772. 由有经验的技术能手或直接主管人员在工作岗位上对学员进行的培训称为(　　)。
A. 课堂讲授法　B. 多媒体教学　C. 教练法　D. 拓展训练
答案：C
773. 以培养合作意识与进取精神为宗旨的体验式教学方法是(　　)。
A. 课堂讲授法　B. 多媒体教学　C. 教练法　D. 拓展训练
答案：D
774. 下列选项中，不是编写课程大纲要遵循的步骤的是(　　)。
A. 确定培训主题、目的　B. 为培训的提纲设计一个框架
C. 编制培训师手册　D. 列出每项涉及的具体内容
答案：C
775. 学员参加培训时得到的培训资料称为(　　)。
A. 培训大纲　B. 培训师手册　C. 培训手册　D. 学员手册
答案：D
776. 制作培训师手册最重要的部分是(　　)。
A. 资料收集和课程编排　B. 开场设计
C. 培训内容　D. 培训课件
答案：A
777. 下列选项中，不是好的开场设计必不可少的内容的是(　　)。
A. 目的　B. 内容　C. 重要性　D. 预见
答案：B

多选题

1. 职业道德教育的要求是(　　)。
A. 要配合党风廉政建设和反腐败斗争，抓职业道德教育
B. 针对行业中当前突出的职业道德问题抓职业道德教育
C. 要首先抓职业责任心的培养
D. 领导要率先垂范
答案：A，B，C，D
2. 提高职业道德修养的方法主要有(　　)。
A. 学习的方法　B. 自我批评的方法　C. 积善的方法　D. 慎独的方法
答案：A，B，C，D
3. 市场经济是(　　)。
A. 高度发达的商品经济　B. 信用经济
C. 计划经济的重要组成部分　D. 法制经济
答案：A，B，D
4. 建立社会主义市场经济道德秩序，加强职业道德建设，协调的是(　　)。
A. 市场管理者与商户　B. 各行各业从业人员与其服务对象
C. 职业与职工　D. 职业与职业
答案：B，C，D

5. 企业文化的功能有(　　)。
A. 激励功能　　B. 自律功能　　C. 导向功能　　D. 整合功能
答案：A，B，C，D
6. 办事公道对企业活动的意义是(　　)。
A. 企业赢得市场，生存和发展的重要条件
B. 抵制不正之风的客观要求
C. 企业勤俭节约的重要内容
D. 企业能够正常运转的基本保证
答案：A，B，D
7. 职业道德主要通过(　　)的关系，增强企业的凝聚力。
A. 协调企业职工间　　B. 调节领导与职工
C. 协调职工与企业　　D. 调节企业与市场
答案：A，B，C
8. 下列观点你认为正确的是(　　)。
A. 职业道德有利于企业提高产品和服务质量
B. 职业道德会增加产品成本、降低劳动生产率和经济效益
C. 职业道德有利于企业摆脱困难，实现企业阶段性的发展目标
D. 职业道德有利于企业树立良好的形象、创造企业著名品牌
答案：A，C，D
9. 职业道德乃是从业人员的(　　)。
A. 立身之本　　B. 成功之源
C. 嘴上谈资　　D. 立足职场的唯一要素
答案：A，B
10. 下列说法中，说明了加强职业道德修养有利于个人成长成才重要性的选项是(　　)。
A. 加强职业道德修养有利于从业人员尽快“社会化”
B. 加强职业道德修养有利于从业者给领导留下良好形象
C. 加强职业道德是从业者自我实现的重要保证
D. 加强职业道德能帮助从业者迅速提升职位
答案：A，C
11. 文明礼让主要表现在(　　)。
A. 仪容端庄　　B. 待人和气　　C. 举止文明　　D. 恭谦礼让
答案：A，B，C，D
12. 在日常生活中，要做到文明礼让，应该(　　)。
A. 提倡讲礼貌、重礼节、懂礼仪
B. 注意仪表端庄，举止文明得体，待人主动热情
C. 要懂得谦让，学会宽容
D. 即使别人侵犯了自己的人格，也不能表现出不满
答案：A，B，C

13. 在当前职场上，敬业精神的重要性是(　　)。
A. 从业人员在职场立足的基础　　B. 企业发展壮大的根本
C. 从业人员事业成功的保证　　D. 从业人员之间处理个人关系的基础
答案：A，B，C
14. 敬业包含的层次是(　　)。
A. 恪尽职守　　B. 勤奋努力　　C. 享受工作　　D. 精益求精
答案：A，B，C，D
15. 属于企业诚实守信的有(　　)。
A. 遵守承诺和契约　　B. 树立客户第一的观点
C. 产品货真价实　　D. 不惜代价追求企业利益最大化
答案：A，B，C
16. 属于诚信特征的有(　　)。
A. 通识性　　B. 智慧性　　C. 正损性　　D. 资质性
答案：A，B，C，D
17. 从业人员在职业生活中，坚持办事公道，必须做到(　　)。
A. 追求真理　　B. 平等待人　　C. 公私分明　　D. 坚持原则
答案：A，B，C，D
18. 办事公道是企业经营管理过程中正确处理(　　)关系的准则。
A. 管理者之间　　B. 管理者和被管理者之间
C. 从业人员之间　　D. 部门之间
答案：A，B，C，D
19. 关于节约的理解，正确的选项是(　　)。
A. 节约只是个人生活范围内的事
B. 节约反映了一种对他人、公共财富的态度和行为
C. 节约就是吝啬、小气
D. 节约指的是当用则用，该省则省
答案：B，D
20. 现在节约观已发展到(　　)。
A. 时间的节约　　B. 空间的节约
C. 人力资源的节约　　D. 管理途径的节约
答案：A，B，C，D
21. 企业员工遵纪守法，必须做到(　　)。
A. 有法可依　　B. 服从管、卡、压
C. 有法必依　　D. 学法、知法、守法、用法
答案：A，C，D
22. 职业纪律具有的特点是(　　)。
A. 社会性　　B. 强制性　　C. 变动性　　D. 普遍适用性
答案：A，B，C，D

23. 一个善于合作的人应具体做到(　　)。

A. 端正态度，树立大局意识　　B. 善于沟通，提高协作能力

C. 律己宽人，融入团队之中　　D. 处事圆滑，和上级相处良好

答案：A，B，C

24. 在职业合作中，面对那些不愿意与自己合作的人，应该怎么做(　　)。

A. 自我检查　　B. 寻找合作点　　C. 换位思考　　D. 尊重别人

答案：A，B，C，D

25. 创新对企事业和个人发展的作用表现在(　　)。

A. 对个人发展无关紧要　　B. 是企事业持续、健康发展的巨大动力

C. 是企事业竞争取胜的重要手段　　D. 是个人事业获得成功的关键因素

答案：B，C，D

26. 创新的特征包括(　　)。

A. 创造性　　B. 高价值性　　C. 风险性　　D. 动态性

答案：A，B，C，D

27. 下列关于流体压强的说法中，正确的是(　　)。

A. 绝对压强不能为负　　B. 相对压强可正可负

C. 相对压强只能为正　　D. 真空度可正可负

E. 真空度不能为负

答案：A，B，E

28. 压力体一般由(　　)组成。

A. 研究的曲面　　B. 液面或其延长面

C. 测压管水面

D. 由研究的曲面向液面或其延长面所作的铅垂面

E. 自由液面　　F. 等压面

答案：A，B，D

29. 气体状态方程在工业测量中的应用有(　　)。

A. 可以用于测量气体的质量　　B. 能准确测量气体温度

C. 精确地测量某个异形容器容积　　D. 检测成品型容器类产品的密封性问题

答案：C，D

30. 真实气体状态方程是考虑了(　　)而推导出的。

A. 气体分子具有一定体积　　B. 气体之间有相互作用力

C. 气体是可压缩的　　D. 气体有质量

答案：A，B

31. 流体流动过程中之所以会有阻力是因为(　　)。

A. 流体具有黏性　　B. 流体可以流动

C. 流体流动时存在内部摩擦力　　D. 固定的管壁或其他形状的固体壁面

答案：A，C，D

32. 影响流体流动阻力大小的因素有(　　)。

A. 雷诺数　　B. 流体本身的物理性质

C. 流体的流动状况　　D. 壁面的形状

答案：B，C，D

33. 热传导是物体各部分之间不发生相对位移，仅借(　　)等微观粒子的热运动而引起的热量传递。

A. 分子　　B. 原子　　C. 自由电子　　D. 质子

答案：A，B，C

34. 在蒸汽—空气间壁换热过程中，为强化传热，下列方案中在工程上不可行的是(　　)。

A. 提高蒸汽流速　　B. 提高空气流速

C. 采用过热蒸汽以提高蒸汽温度　　D. 在蒸汽一侧管壁加装翅片，增加冷凝面积

答案：A，C，D

35. 对流换热的对流类型有(　　)。

A. 由流体中各处的温度不同引起的自然对流

B. 由外力所致的质点的强制运动引起的强制对流

C. 流体与流体间的对流

D. 流体流过固体表面时发生的对流

答案：A，B，D

36. 强制对流(无相变)流体的对流传热系数关联式来自(　　)。

A. 理论方法　　B. 因次分析法　　C. 数学模型法　　D. 实验方法

答案：B，D

37. 蒸馏的操作费用有(　　)。

A. 汽化费用　　B. 液化费用　　C. 冷凝费用　　D. 加热费用

答案：A，C

38. 蒸馏操作压强增大，产生的影响有(　　)。

A. 泡点降低　　B. 泡点升高

C. 相对挥发度增大　　D. 相对挥发度减小

答案：B，D

39. 往复活塞式压缩机排气温度较进气温度高的主要原因不包括(　　)。

A. 吸气过程中，活塞对气体做功，使气体内能增大温度升高

B. 压缩过程中，活塞对气体做功，使气体内能增大温度升高

C. 排气过程中，活塞对气体做功，使气体内能增大温度升高

D. 气体与气缸表面金属摩擦产生内能使其温度升高

答案：A，C，D

40. 不属于往复式压缩机对气体的直接做功的部件是(　　)。

A. 曲柄　　B. 活塞　　C. 排气阀　　D. 吸气阀

答案：A，C，D

41. 关于往复式压缩机填料函的说法错误的是(　　)。
A. 正常情况下，靠近气缸侧的填料环更容易损坏
B. 正常情况下，靠近曲轴箱侧的填料环更容易损坏
C. 正常情况下，填料函内各填料环的损坏程度大致相同
D. 正常情况下，填料函内各填料环的损坏程度无明显规律
答案：B，C，D
42. 关于离心风机与轴流风机的说法，以下正确的是(　　)。
A. 离心风机改变了风管内介质的流向，而轴流风机不改变风管内介质的流向
B. 通常情况下轴流式风机安装更为复杂
C. 离心式风机电机与风机一般是通过皮带带动转动轮，轴流式风机电机一般在风机内
D. 其他选项都正确
答案：A，C
43. 下面关于离心风机扩散器的流道形状的一般说法，说法不正确的是(　　)。
A. 入口处流道截面积较大，出口处流道截面积较小
B. 入口处流道截面积较小，出口处流道截面积较大
C. 入口处流道截面积与出口处相同
D. 无法判断
答案：A，C，D
44. 关于离心泵的串并联，下列说法正确的是(　　)。
A. 一般来讲，若使离心泵串联运行，选择的离心泵应该流量相等
B. 一般来讲，若使离心泵并联运行，选择的离心泵应该扬程相等
C. 一般来讲，离心泵并联后单台泵的流量较并联之前会升高
D. 一般来讲，若使离心泵串联运行，选择的离心泵应该扬程相等
答案：A，B
45. 关于离心泵的最大允许安装高度，说法错误的是(　　)。
A. 安装高度与泵的结构无关
B. 安装高度与吸入管路的阻力无关
C. 安装高度与输送液体的性质无关
D. 安装高度与泵的结构有关
答案：A，B，C
46. 与滚动轴承相比较，滑动轴承的优点为(　　)。
A. 径向尺寸小　　B. 间隙小，旋转精度高
C. 运转平稳，噪声低　　D. 可用于高速情况下
答案：A，C，D
47. 角接触滚动轴承可以承受(　　)。
A. 径向力　　B. 轴向力　　C. 周向力　　D. 其他选项都正确
答案：A，B

48. 属于钢制法兰 Class 系列常用压力等级的是(　　)。

A. Class 150　　B. Class 300　　C. Class 400　　D. Class 500

答案：A，B，C

49. 管道水压试验时，所用压力表已校验合格，所用的块数可以为(　　)。

A. 1 块　　B. 2 块　　C. 3 块　　D. 4 块

答案：B，C，D

50. 泵密封环处的轴向间隙不应(　　)泵的轴向窜动量。

A. 大于　　B. 等于　　C. 小于　　D. 小于等于

答案：B，C，D

51. 模拟铁的电化学防护的实验装置如图所示，下列说法正确的是(　　)。

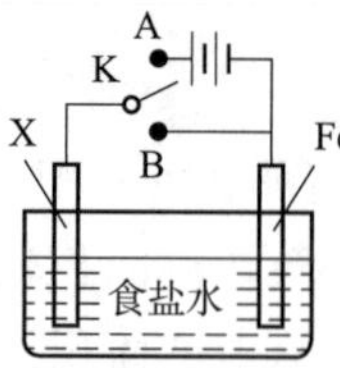

A. 若 X 为碳棒，开关 K 置于 A 处可减缓铁的腐蚀

B. 若 X 为锌棒，开关 K 置于 B 处时，铁电极上发生的反应为 $2H^+ + 2e^- \xlongequal{} H_2\uparrow$

C. 若 X 为锌棒，开关 K 置于 A 处或 B 处均可减缓铁的腐蚀

D. 若 X 为碳棒，开关 K 置于 A 处时，铁电极上发生的反应为 $2H^+ + 2e^- \xlongequal{} H_2\uparrow$

答案：A，C，D

52. 属于常见防腐蚀方法的是(　　)。

A. 钝化　　B. 覆膜　　C. 更新　　D. 阴极保护

答案：A，B，D

53. 关于固定式压力容器检查与检验，说法正确的是(　　)。

A. 按《压力容器定期检验规则》规定：压力容器年度检查应每年至少进行一次

B. 凡是承受压力载荷大于 0.1MPa 的密闭容器，均应办理使用登记证后，方可使用

C. 固定式压力容器安全状况等级定为 1 级时，一般每 6 年检验 1 次

D. 其他选项都正确

答案：A，C

54. 关于压力管道定期检验说法正确的是(　　)。

A.《在用工业管道定期检验规程》规定在线检验是在运行条件下对在用工业管道进行的检验，在线检验每年至少 1 次

B.《在用工业管道定期检验规程》规定在用压力管道的安全状况等级定级工作，由登记注册机构负责

C.《在用工业管道定期检验规程》规定压力管道的定期检验分为在线检验、全面检验

D. 其他选项都正确

答案：A，C

55. 电动机按工作电源可分为(　　)两类电动机。

A. 交流电动机　　B. 异步电动机　　C. 直流电动机　　D. 同步电动机

答案：A，C

56. 直流电动机的机械特性指的是(　　)两者之间的关系。

A. 端电压　　B. 输出功率　　C. 转速　　D. 转矩

答案：C，D

57. 下列关于变压器说法正确的选项是(　　)。

A. 变压器是利用电磁感应原理制成的一种静止的电器

B. 电力变压器按相数分为单相和三相两大类

C. 电力变压器按调压方式分为无载调压和有载调压两大类

D. 电力变压器按变压功能分为升压变压器和降压变压器

答案：A，B，C，D

58. 电力变压器并列运行的 4 个条件是(　　)。

A. 并列变压器的额定一次、二次电压必须对应相等

B. 并列变压器的阻抗电压(短路电压)必须相等

C. 并列变压器的连接组别必须相等

D. 并列运行的变压器容量比应小于 3∶1

答案：A，B，C，D

59. 爆炸和火灾环境危险区域为 1 区范围内应选用(　　)电气设备。

A. 防水型　　B. 增安型　　C. 隔爆型　　D. 密闭性

答案：B，C

60. 正压型防爆电气设备，微压继电器当低于规定值时，应可靠动作，并应(　　)。

A. 在爆炸性气体环境为 1 区时，可靠切断电源

B. 在爆炸性气体环境为 2 区时，可靠发出警告信号

C. 任何场合可靠切断电源

D. 任何场合可靠发出警告信号

答案：A，B

61. 根据火灾危险环境级别，在 21 区固定安装、移动式、携带式照明灯具应选用的防护等级为(　　)。

A. IP2X　　B. IP5X　　C. IP21　　D. IP54

答案：A，B

62. 根据设备的结构特征，防爆电气设备可分为(　　)。

A. 隔爆型、增安型　　B. 本质安全型、正压型

C. 充油型、充砂型　　D. 无火花型、特殊型

答案：A，B，C，D

63. 正弦交流电的三要素是指(　　)。

A. 最大值　　B. 瞬时值　　C. 角频率　　D. 初相位

答案：A，C，D

64. 欧姆定律阐述了电路中(　　)三者之间的关系。

A. 电压　　B. 电流　　C. 电阻　　D. 电感

答案：A，B，C

65. 下列选项中属于电力电缆组成部分的是(　　)。

A. 缆芯导体　　B. 绝缘层　　C. 保护层　　D. 绝缘子

答案：A，B，C

66. 电缆按其用途可分为(　　)三大类。

A. 电力电缆　　B. 通信电缆　　C. 控制电缆　　D. 埋地电缆

答案：A，B，C

67. 下列描述正确的是(　　)。

A. 当用仪表对被测参数进行测量时，仪表指示值总要经过一段时间才能显示出来，这段时间称为仪表的反应时间

B. 当用仪表对被测参数进行测量时，仪表指示值总要经过一段时间才能显示出来，这段时间称为仪表的滞后时间

C. 如果仪表不能及时反映被测参数，便要造成误差，这种误差称为动态误差

D. 如果仪表不能及时反映被测参数，便要造成误差，这种误差称为静态误差

答案：A，C

68. 下列描述不正确的是(　　)。

A. 零点误差是指仪表在规定的参比工作条件下，输入为零时的最大偏差

B. 零点误差是指仪表在规定的参比工作条件下，输入为零时的误差

C. 零点误差是指仪表在规定的参比工作条件下，输入为零时的始点误差

D. 零点误差是指仪表在规定的参比工作条件下，输入为零时的量程误差

答案：A，C，D

69. 线性度是数字式仪表的重要性能指标之一。关于线性度的描述正确的是(　　)。

A. 仪表的输出量和输入量分别与理论直线的吻合程度

B. 仪表的输出量与输入量的实际校准曲线与理论直线的吻合程度

C. 实际测得的输入—输出特性曲线与理论直线之间的平均偏差数值与测量仪表量程之比的百分数表示

D. 实际测得的输入—输出特性曲线与理论直线之间的最大偏差与测量仪表量程之比的百分数表示

答案：B，D

70. 调节器的正、反作用的目的是使(　　)三个环节组合起来，能在控制系统中起负反馈的作用。

A. 调节器　　B. 调节阀　　C. 对象　　D. 操纵变量

答案：A，B，C

71. 有一液体储罐，在入口和出口均设有调节阀，现需对液位进行自动控制，若储罐内液体严禁过高，对于进料调节阀和出料调节阀气开、气关选型及调节器正、反作用类型描述正确的是(　　)

A. 进料调节阀选用气开阀，调节器选用反作用
B. 进料调节阀选用气关阀，调节器选用反作用
C. 出料调节阀选用气开阀，调节器选用反作用
D. 出料调节阀选用气关阀，调节器选用反作用
答案：A，D
72. 属于在阶跃扰动作用下过渡过程形式的是(　　)。
A. 发散振荡过程　　B. 非振荡发散过程
C. 等幅振荡过程　　D. 衰减振荡过程
答案：A，B，C，D
73. 过渡过程不能够满足控制要求的是(　　)。
A. 等幅振荡过程　　B. 非振荡发散过程
C. 发散振动过程　　D. 衰减振荡过程
答案：A，B，C
74. 积分作用通常不单独使用，原因是(　　)。
A. 超调量过大　　B. 被控变量长时间偏离给定值
C. 被控对象通常都是有差系统　　D. 过渡时间比较长
答案：B，D
75. 采用比例积分微分控制规律可达到(　　)的目的。
A. 克服对象的滞后　　B. 提高系统稳定性
C. 消除高频噪声　　D. 消除余差
答案：A，B，D
76. 对于滞后较大的对象，根据要求通常可采用(　　)。
A. 比例积分　　B. 比例微分　　C. 比例　　D. 比例积分微分
答案：A，B，D
77. 采用比例积分控制规律，如果对象滞后很大，不会出现(　　)的情况。
A. 控制时间较短，最大偏差较大　　B. 控制时间较短，最大偏差较小
C. 控制时间较长，最大偏差较小　　D. 控制时间较长，最大偏差较大
答案：A，B，C
78. 某操作工使用经验凑试法整定调节器参数。下列操作正确的是(　　)。
A. 当观察到曲线振荡频繁时，通过增大比例度减少振荡
B. 当观察到曲线振荡频繁时，通过减小比例度减少振荡
C. 当发现曲线偏离给定值后，长时间回不来，可增大积分时间
D. 当发现曲线偏离给定值后，长时间回不来，可减少积分时间
答案：A，D
79. 某操作工使用经验凑试法整定调节器参数。下列操作正确的是(　　)。
A. 当曲线最大偏差大且趋于非周期过程时，需增大比例度
B. 当曲线最大偏差大且趋于非周期过程时，需减小比例度
C. 当曲线波动较大时，应增大积分时间

D. 当曲线波动较大时，应减小积分时间

答案：B，C

80. 比值控制系统的种类主要有(　　)。

A. 开环比值控制系统　　B. 单闭环比值控制系统

C. 双闭环比值控制系统　　D. 变比值控制系统

答案：A，B，C，D

81. 下列描述中符合比值控制主流量确定原则的是(　　)。

A. 生产中起主导作用的物料流量，一般选为主流量

B. 工艺上不可控的物料流量一般选为主流量

C. 成本较昂贵的物料流量一般选为主流量

D. 工艺有特殊要求的物料流量一般选为主流量

答案：A，B，C，D

82. 通过查看下图所示因果表，可知(　　)。

UNIT 0301-LNG TANK 301-TK-01			EFFECT	Description		Unloading area SD		LNG from unloading arms to tank	LNG from zero sendout to tank	LNG from drain drums to tank		In-tank pump 0301-P-01 A	In-tank pump 0301-P-01 B	In-tank pump 0301-P-01 C		0301-TK-01 In-tank pumps discharge ESD valve
CAUSE				Instrument Tag or Intertrip No				0301XV1007	0301XV1006	0301XV1005						0301ESDV1001
Description	Instrument Tag or Intertrip No	N°PID	Notes	ESD level / Notes												
LNG tanK 0301-TK-01 area				ESD2				C	C	C		SD	SD	SD		C

A. LNG 储罐 0301 – TK – 01 区域停车属于 ESD2 级别联锁

B. LNG 储罐 0301 – TK – 01 区域停车会引起卸料区域停车

C. LNG 储罐 0301 – TK – 01 区域停车会引起 0301XV1005/1006/1007 关闭、0301ESDV1001 关闭

D. 该联锁触发可能是由储罐液位高高引起

E. LNG 储罐 0301 – TK – 01 区域停车不会引起罐内泵停车

答案：A，B，C

83. 关于因果图，下列说法正确的是(　　)。

A. 因果图用于分析因果关系，表达因果关系，并找出问题的解决办法

B. 在规定可能原因的类别时，不需考虑环境因素

C. 因果图是使用与考虑并展示已知结果与其潜在原因之间关系的一种工具

D. 其程序包括明确、扼要地确定结果

答案：A，C，D

84. 逻辑关系的表达方法包括(　　)。

A. 逻辑式　　B. 逻辑符号　　C. 直值表　　D. 几何线段

答案：A，B，C，D

85. 根据下图描述正确的是(　　)。

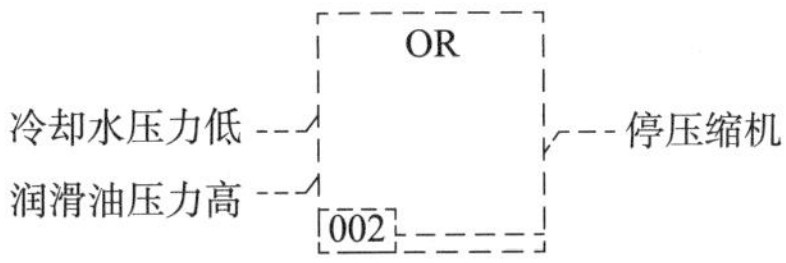

A. 冷却水压力低会导致压缩机停机

B. 润滑油压力高会导致压缩机停机

C. 冷却水压力低与润滑油压力高均满足时，会导致压缩机停机

D. 压缩机停机后会导致冷却水压力低、润滑油压力高

答案：A，B

86. 涉及“两重点一重大”的建设项目，不同级别和危害的重大危险源应当设置相应的自动化控制系统、(　　)和独立的安全仪表系统。

A. 紧急报警系统　　B. 紧急切断装置

C. 泄漏紧急处置装置　　D. 紧急停车系统

答案：B，C，D

87. 依据《中国石化建设项目设计安全管理办法》，(　　)项目应当按新标准增设、改进相关系统或设施，结合原有及新增内容开展整体安全评价。

A. 新建　　B. 改建　　C. 扩建　　D. 在建

答案：B，C

88. 风险矩阵采用(　　)表示。

A. 后果严重性等级的代表字母　　B. 风险值数字

C. 可能性等级数字　　D. 风险度

答案：A，C

89. 安全检查主要包括(　　)检查两部分。

A. 现场管理　　B. 资料台账　　C. 安全管理　　D. 现场安全

答案：C，D

90. 作业许可过程中，要从严控制(　　)。

A. 作业次数　　B. 作业时限　　C. 作业人员　　D. 许可审批

答案：A，B，C，D

91. 作业许可的审批人必须在(　　)，作业过程全程视频监控。

A. 现场确认　　B. 督查　　C. 协调　　D. 审批

答案：A，D

92. 各级领导干部都要承包重大安全风险管控，落实风险防控责任，从(　　)等方面落实风险防控措施。

A. 工程技术措施　　B. 现场管理　　C. 个体防护　　D. 应急预案

答案：A，B，C，D

93. 严格执行国家法律法规标准，对企业公共安全风险实行分级管理，健全(　　)建设，落实企地警联防机制。

A. 人防　　B. 物防　　C. 技防　　D. 联防

答案：A，B，C

94. 防火的所有措施都是以防止燃烧的三个条件结合在一起为目的(　　)。

A. 控制可燃物　　B. 隔绝助燃物　　C. 消灭着火源　　D. 隔绝氧气

答案：A，B，C

95. 山东 LNG 接收站采用气体灭火系统的位置有(　　)。

A. 中心控制室　　B. 机柜间　　C. 码头控制室　　D. 总变电所

答案：A，C

96. 不良劳动条件存在各种职业性危害因素，按其来源可分为(　　)。

A. 生产过程中产生的有害因素　　B. 劳动过程中的有害因素

C. 生产环境中的有害因素　　D. 休息环境中的有害因素

答案：A，B，C

97. 职业活动中存在的各种有害的(　　)以及在作业过程中产生的其他职业有害因素统称职业病危害因素。

A. 粉尘　　B. 物理　　C. 放射　　D. 有机

答案：A，B，C

98. 依据中国石化安全公示管理规定，安全公示内容包括领导干部安全行为、安全生产整体情况、高风险作业、(　　)、重大变更情况、泄漏情况、全员安全诊断优秀建议、企业应认为公示的其他内容。

A. 重大安全风险识别管控情况　　B. 应急预案备案情况

C. 重大安全隐患排查治理情况　　D. 特种设备检验情况

答案：A，C

99. 基层安全体系是指基层单位从组织、(　　)、培训、提升等方面所采用的保障安全平稳生产的手段和机制，是企业 HSSE 体系在基层的具体体现。

A. 责任　　B. 职责　　C. 运行　　D. 考核

答案：A，C

100. 项目运营期排放的废水主要包括(　　)。

A. 生产污水　　B. 生产废水　　C. 生活污水　　D. 海水和清净雨水

答案：A，B，C

101. 事故事件教训分享，要强化基层“(　　)5min”事故案例分享机制，提升广大员工的安全意识和技能。

A. 会前　　B. 岗前　　C. 作业前　　D. 班组前

答案：A，B，C

102. 重大危险源是指(　　)和经营危险化学品的数量等于或者超过《危险化学品重大危险源辨识(GB18218)》标准中规定的临界量的单元。

A. 生产　　B. 储存　　C. 使用　　D. 运输

答案：A，B，C

103. 构成重大危险源的内在条件、外部环境等发生变化、发生事故或者影响到公共安全时，企业应当及时重新进行(　　)。

A. 辨识　　B. 分级　　C. 分类　　D. 安全评估

答案：A，B，D

104. 依据国务院安委会办公室关于实施遏制重特大事故工作指南构建双重预防机制的意见，对存在重大安全风险的工作场所和岗位要设置(　　)。

A. 明显警示标志　　B. 危险源监测

C. 预警方法　　D. 明显警示区域

答案：A，B，C

105. 下面关于超声波流量计的叙述正确的是(　　)。

A. 超声波流量计是在高频范围工作，在这个范围噪声不容易传播

B. 超声波流量计应与调压阀分开放置，在其中间设置容器或热交换器等装置

C. 可通过以下方法来提高超声波流量计的抗噪声的能力：增加流量计换能器的频率；增加流量计换能器的功率

D. 安装流量计及其相关连接导线的时候，还应避开任何不必要的电气噪声，包括交流电、电磁阀瞬变或无线电传播

答案：B，C，D

106. 下列方法中，(　　)能提高超声波流量计的抗噪声能力。

A. 增加流量计换能器的频率　　B. 在信号检测中采用信号处理技术

C. 增加流量计换能器的功率　　D. 增加通过调压阀的压差

答案：A，B，C

107. 涡轮流量计对流体的要求为(　　)。

A. 洁净　　B. 单相　　C. 低黏度　　D. 低密度

答案：A，B，C

108. 如果涡轮流量计的显示仪表不稳定或流量的变化不符合流量变化的规律，则可能的原因是(　　)。

A. 显示仪表故障　　B. 叶轮上挂有脏物

C. 信号检测线圈断线　　D. 前置放大器故障

答案：A，B，D

109. 影响输差的因素不正确的是(　　)。

A. 流量　　B. 压力　　C. 温度　　D. 输效

答案：A，B，C

110. 天然气长输管道的(　　)不属于计量器具设备安装所致的输差。

A. 流量计运行不在最佳流量范围　　B. 流量计前后平行度、同心度不良

C. 流量计检定误差　　D. 管道发生泄漏

答案：A，C，D

111. TCD 检测器是由(　　)组成。

A. 池体　　B. 热丝　　C. 池槽　　D. 离子化室

答案：A，B，C

112. FID 检测器的离子化室主要由(　　)组成。

A. 极化极　　B. 收集极　　C. 喷嘴　　D. 氧化极

答案：A，B，C

113. 影响 FID 检测器灵敏度的因素有(　　)。

A. 喷嘴内径　　B. 电极形状和距离

C. 极化电压　　D. 气体纯度和流速

答案：A，B，C，D

114. 使用便捷式可燃气体检测仪，仪器显示传感器寿命到极限，不应采取的措施为(　　)。

A. 用清洁空气吸引 10min 左右，按下“zero”约 2s，进行零位自动调整

B. 直接委托厂家修理

C. 更换电池

D. 解除无声模式

答案：A，C，D

115. 毛细管柱与填充柱相比，柱长为填充柱长的 10 ~ 50 倍，由于毛细管柱的渗透率大，使用的载气流速较(　　)，分析时间比填充柱(　　)。

A. 小　　B. 大　　C. 长　　D. 短

答案：A，C

116. 由于毛细管柱具有高柱效，分离组成复杂的混合物，应尽可能在低柱温下进行，以获得高分离度，但柱温也不宜过低，否则(　　)。

A. 分析时间长　　B. 柱效下降　　C. 分析时间短　　D. 柱效上升

答案：A，B

117. LNG 船舶靠泊码头过程中，可能造成设施损坏的事故原因包括(　　)。

A. 靠泊速度过快　　B. 靠泊角度过大　　C. 靠泊对中不准　　D. 靠泊时间过长

答案：A，B

118. LNG 船舶靠泊码头过程中，造成船舶碰撞码头事故的可能原因包括(　　)。

A. 靠泊速度过快　　B. 靠泊角度过大

C. 船舶操纵失误　　D. 系缆人员没有就位

答案：A，B，C

119. LNG 船舶系泊作业时，码头系缆人员可能发生的安全风险包括(　　)。

A. 人员坠海溺水　　B. 被缆绳绊倒摔伤

C. 缆绳断裂伤人　　D. 系缆钩造成机械伤害

答案：A，B，C，D

120. 为防止系缆人员出现伤亡风险，LNG 船舶系泊作业时码头系缆人员必须(　　)。

A. 穿戴救生衣　　B. 遵守系缆安全操作规程

C. 缆绳收紧前退至安全位置　　D. 正确穿戴个人劳保用品

答案：A，B，C，D

121. 进行船岸兼容研究工作时，需要研究确认的内容包括(　　)。

A. 码头卸料臂与船侧汇管是否兼容

B. 登船梯活动范围与船侧主甲板放置区域是否匹配

C. 船岸通信线缆是否匹配兼容

D. 船舶与码头主要设计参数是否匹配兼容

答案：A，B，C，D

122. 研究码头卸料臂与 LNG 船舶汇管是否兼容时，研究内容包括(　　)。

A. 卸料臂活动包络范围

B. LNG 船舶汇管随码头水域潮汐活动范围

C. 卸料臂间距与船侧汇管间距必须一样

D. 卸料臂接头与船侧汇管(短接)法兰是否匹配

答案：A，B，D

123. LNG 船舶装卸作业风险包括(　　)。

A. LNG 泄漏　　B. 低温伤害　　C. 火灾爆炸　　D. 噪声伤害

答案：A，B，C，D

124. LNG 船舶装卸作业过程中，下列因素容易导致岸方储罐 BOG 压力快速增加的有(　　)。

A. 船载 LNG 与岸侧罐存 LNG 密度差较大　　B. 加速操作过快

C. 船载 LNG 与岸侧罐存 LNG 温度差较大　　D. 卸货速度比较慢

答案：A，B，C

125. LNG 船舶装卸作业期间，卸料臂与船侧汇管连接处发生泄漏的原因包括(　　)。

A. 卸料臂接头未完全抓紧　　B. 船侧汇管法兰面有明显凹痕

C. 船载 LNG 密度较大　　D. 卸料臂接头密封圈受损

答案：A，B，D

126. 码头卸料臂系统报警包括(　　)。

A. 卸料臂角度报警　　B. 液压油温度过高报警

C. 接近开关故障报警　　D. 卸料臂氮气吹扫压力低报警

答案：A，B，C

127. 根据《液化天然气码头设计规范》(JTS 165－5—2016)，液化天然气码头平面布置应充分考虑(　　)等自然因素对船舶航行、靠离泊和装卸作业的影响。

A. 风　　B. 浪　　C. 流　　D. 泥沙回淤

答案：A，B，C，D

128. 根据《液化天然气码头设计规范》(JTS 165－5—2016)，液化天然气码头泊位的平面布置，根据(　　)等，可采用蝶形或一字形等布置形式。

A. 建设规模　　B. 设计船型　　C. 装卸工艺　　D. 自然条件

答案：A，B，C，D

129. 目前，国际 LNG 贸易合同价格形式包括(　　)。

A. 装货港船上交货，即 FOB(Free on Board)

B. 成本、保险费加运费，即 CIF (Cost, Insurance and Freight)

C. 目的港船上交货，即 DES(Delivered Ex Ship)

D. 目的港码头交货，即 DEQ(Delivered Ex Quay)

答案：A，B，C

130. LNG 国际贸易中，目的港船上交货(DES)和成本、保险费加运费(CIF)贸易方式的主要差异包括(　　)。

A. CIF 是象征性交货，买方应凭单付款；DES 是实际交货，卖方必须把货物置于买方实际控制之下，买方才付款

B. 费用和风险的责任划分不同。CIF 以装运港船舷为界；而 DES 以在目的港实际交货后为责任转移的界限

C. 保险性质不同。CIF 中卖方办理保险是一种义务，应按合同或惯例规定履行；而 DES 卖方是为自己买保险，不构成一种义务

D. CIF 合同为装运合同，只规定装运时间；DES 合同为交货合同，必须规定到货时间

答案：A，B，C，D

131. 储罐的分层监控(　　)。

A. 每个储罐通过 LTD 系统探头，检测层位间的温度差、密度差

B. 在储罐内液化天然气发生分层报警时，应对翻滚风险进行评估，启动低压泵使液化天然气从底部抽到顶部混合

C. 在卸料情况下，液化天然气的混合均可以通过打开/关闭适当的阀门，切换充注管线来完成

D. 通过来货密度选择进料方式，来料密度较低时选用下进料，来料密度较高时选用上进料

答案：A，B，C，D

132. 储罐系统检测(　　)。

A. 对储罐监控系统、ESD 系统、温度、压力、液位仪表、管道法兰、阀及密封泄漏、防雷系统，应定期监测、检测、校准、维护、保养

B. 储罐电梯应按国家强制规范，由有资质的专业人员进行定期检测和维护

C. 应定期检测泄漏收集渠道畅通；集液泵设备正常；消防泡沫系统工作正常

D. 储罐起重机应按国家规范，由有资质的专业人员进行定期检测和维护；起重机应按设计的要求进行输送

答案：A，B，C，D

133. 泵和压缩机的控制(　　)。

A. 泵和压缩机除就地控制外，还应设便于接近的远距离控制装置紧急切断泵和压缩机，远距离控制装置与设备间距至少 7.6m(25ft)

B. 远距离装卸区设置的槽车或船舶装卸泵和压缩机，应在装卸区及泵和压缩机的位置设停车控制

C. 在装卸区应设置信号灯，显示远离装卸区设置的泵和压缩机的启停状态

D. 在船舶上的控制装置应在装卸区及泵和压缩机的位置设停车控制

答案：A，B，C，D

134. 应对再冷凝器的(　　)进行监控。

A. 液位　　B. 温度　　C. 压力　　D. 进口液化天然气流量

答案：A，B，C，D

135. 接收站内管道目视化标识应按《工业管道的基本识别色、识别符号和安全标识》(GB 7231—2003)的规定执行。通过色标不能区分(　　)。

A. 罐内不同介质　　B. 管道外表面应有介质类别

C. 流向　　D. 管道信息

答案：A，B，C，D

136. 工艺管道维修准备(　　)。

A. 通过排凝或排火炬方式，将管内介质压力降到允许的安全值

B. 利用氮气等惰性气体，对管内介质进行置换

C. 对于低压管道，可采用单阀隔离

D. 对于高压管道，应采用 DBB 隔离方法

答案：A，B，C，D

137. 接收站中设置的信号装置，一般有(　　)。

A. 事故信号　　B. 位置信号

C. 继电保护和自动装置的动作信号　　D. 全厂事故信号

答案：A，B，C，D

138. 关于防静电接地保护说法正确的是(　　)。

A. 在接收站内生产储运过程中会产生静电积累的管道、容器、储罐和加工设备均应做静电接地，其接地系统与其他公用接地系统连接时，其接地电阻应符合其中最小值的要求

B. 当接收站内有易燃品槽车装卸时，应配备防静电接地保护装置并能在接地不符合要求的情况下自动中止装卸作业

C. 如果在加载或卸载的系统中可能有杂散电流或常见外加电流(如阴极保护)存在时，应采取防止火花的保护措施

D. 接地回路应采用黄绿双色绝缘电缆作为连接线，接地极材料应采用铜或镀锌钢，接地电阻不应大于 10Ω

答案：A，B，C，D

139. 关于 LNG 接收站环境保护说法正确的是(　　)。

A. 应对 ORV 和 IFV 的海水排放温度和余氯浓度进行检测，保证取水口和排水口海水温差和余氯浓度符合环境保护主管部门的要求

B. 接收站的生活污水应进行收集处理，达到当地的污水排放指标后才可进行排放

C. 接收站的化学废水可自行处理

D. 接收站含油污水应经含油污水处理设备进行专门的处理，达到当地的污水排放指标后方可进行排放

答案：A，B，D

140. 关于 LNG 接收站防火防爆要求说法正确的是(　　)。

A. 对于产生明火的作业，在作业之前应确保周围没有可燃物或可燃物已被隔离，气体检测合格，监火人和消防设备到位

B. 在作业过程中，应进行持续的气体检测，如发现可燃气体浓度超过规定值，应立即停止作业

C. 作业完成后，确保作业现场处于安全状态

D. 非防爆电气设备应经过专业电气人员检测并标识后才能在防爆危险区域内使用，在使用前和使用过程中，要进行气体检测以确保周围环境中没有可燃性气体存在

答案：A，B，C，D

141. 特种设备各环节中，必须实行许可制度的是(　　)。

A. 设计　　B. 制造　　C. 采购　　D. 安装

答案：A，B，D

142. 电梯维修需要委托(　　)单位来进行。

A. 电梯制造　　B. 取得相应许可的

C. 有经验的　　D. 其他选项都正确

答案：A，B

143.《劳动法》规定，劳动者享有的权利包括(　　)。

A. 平等就业和选择职业的权利　　B. 取得劳动报酬的权利

C. 休息休假的权利　　D. 执行劳动安全卫生规程

答案：A，B，C

144. 下列说法正确的是(　　)。

A. 劳动者就业，不因民族、种族、性别、宗教信仰不同而受歧视

B. 妇女享有与男子平等的就业权利

C. 任何企业单位绝对禁止招用未满十六周岁的未成年人

D. 残疾人、少数民族人员、退出现役的军人的就业，法律、法规有特别规定的，从其规定。

答案：A，B，D

145. 按照《劳动合同法》的规定，关于用人单位劳动规章制度违法违规的责任，下列正确的是(　　)。

A. 劳动行政部门责令该用人单位改正

B. 损害劳动者权益的，劳动者可以申请解除劳动合同

C. 规章制度内容是正确合法的，即使没有公示或者告知劳动者，该规章制度仍是有效的

D. 给劳动者造成损害的，用人单位应承担赔偿责任

答案：A，B，D

146. 根据《劳动合同法》的有关规定，下列关于劳动合同试用期的规定，正确的是(　　)。

A. 劳动合同期限一年以上不满三年的，试用期不得超过三个月

B. 同一用人单位与同一劳动者只能约定一次试用期

C. 以完成一定工作任务为期限的劳动合同或者劳动合同期限不满三个月的，不得约定试用期

D. 试用期不包含在劳动合同期限内

答案：B，C

147. 计算机软件按软件功能可分为(　　)。

A. 系统软件　　B. 支撑软件　　C. 应用软件　　D. 大型软件

答案：A，B，C

148. 下列计算机软件中属于系统软件的是(　　)。

A. Linux　　B. WindowsXP　　C. Winzip　　D. Word

答案：A，B

149. 下列各软件中不属于文字处理软件的是(　　)。

A. Windows　　B. Word　　C. Photoshop　　D. 写字板

答案：A，C

150. 计算机病毒的特点有(　　)。

A. 传播性，可以通过种种途径传播

B. 潜伏性，计算机病毒的作者可以让病毒在特定时间自动运行

C. 隐蔽性，不易被发现

D. 破坏性，可以破坏电脑，造成电脑运行速度变慢、死机、蓝屏等问题

答案：A，B，C，D

151. 预防计算机病毒的方法有(　　)。

A. 不使用来历不明的程序或数据　　B. 不轻易打开来历不明的电子邮件

C. 不随意打开计算机　　D. 关闭电脑以后要切断电源

答案：A，B

152. 按照计算机病毒存在的媒体分，病毒的种类(　　)。

A. 网络病毒　　B. 文件病毒　　C. 引导型病毒　　D. 无危害病毒

答案：A，B，C

153. 下列选项中是常用的杀毒软件的是(　　)。

A. 天融信终端防御　　B. 360 安全卫士

C. 微信客户端　　D. 卡巴斯基

答案：A，B，D

154. 下列选项中是杀毒软件开发商的是(　　)。

A. 江民科技　　B. 金山毒霸　　C. 猎豹科技　　D. 天融信科技

答案：A，C，D

155. 下列选项中是国内企业开发的杀毒软件的是(　　)。

A. 天融信终端防御　B. 360 安全卫士　　C. 微信客户端　　D. 卡巴斯基

答案：A，B

156. 电脑硬盘常见故障有(　　)。

A. 主引导程序损坏　　B. 分区表损坏

C. DOS 引导文件损坏　　D. 硬盘坏道

答案：A，B，C，D

157. 电脑内存常见故障有(　　)。

A. 开机长鸣报警　　B. 内存容量不完全识别

C. 蓝屏死机　　D. 硬盘坏道

答案：A，B，C

158. 电脑操作系统常见系统故障有(　　)。

A. 无法打开文档　　B. 开机非常缓慢

C. 提示丢失系统文件　　D. 软件无法安装

答案：A，B，C，D

159. 计算机网络按距离划分可分为(　　)。

A. 局域网 LAN　　B. 城域网 MAN　　C. 广域网 WAN　　D. 物理网 MAN

答案：A，B，C

160. 以下是网络互联设备的是(　　)。

A. 路由器　　B. 核心交换机　　C. 防火墙　　D. 接入交换机

答案：A，B，D

161. WEB 使用(　　)协议进行信息传送。

A. HTTP　　B. HTML　　C. FTP　　D. HTTPS

答案：A，D

162. 下列选项中 IP 地址属于 C 类地址的是(　　)。

A. 10. 2. 3. 4　　B. 202. 38. 214. 2

C. 192. 168. 3. 12　　D. 224. 38. 214. 2

答案：B，C

163. 局域网常用的拓扑结构有(　　)。

A. 总线形　　B. 星形　　C. 环形　　D. 不规则形

答案：A，B，C

164. 在 Internet 上使用 TCP/IP 协议，其中地址形式有(　　)。

A. 物理地址　　B. IP 地址　　C. 域名地址　　D. MAC 地址

答案：B，C

165. 以下设备属于网络安全设备的是(　　)。

A. 防火墙　　B. 路由器　　C. 入侵检测系统　　D. 交换机

答案：A，C

166. WWW 上每一个网页都有一个独立的地址，这些地址称为(　　)。

A. HTTP　　B. MAC 地址　　C. URL　　D. 统一资源定位符

答案：C，D

167. 网络安全三要素是(　　)。

A. 完整性　　B. 机密性　　C. 抗抵赖性　　D. 可用性

答案：A，B，D

168. 一个完整的木马程序包含(　　)。

A. 网络线路　　B. 服务器　　C. 控制器　　D. 网络节点

答案：B，C

169. 网页挂马指的是，不法分子把一个木马程序上传到一个网站里面，然后用木马生成器生成一个网页木马，再加代码使得木马在打开网页时运行！完整过程如下：上传木马→生成网页木马→修改代码使用能自动运行→加载到网站程序中。请分析一下受害者被网页挂马攻击的几个要素(　　)。

A. 用户系统上存在漏洞，并且被攻击程序攻击成功

B. 用户系统上的安全软件没有起作用

C. 用户访问了存在挂马链接的网页(主动或被动)

D. 用户清理了电脑中的缓存网页文件

答案：A，B，C，D

170. 预防木马病毒，应该采取以下措施(　　)。

A. 安装杀毒软件和个人防火墙，并及时升级

B. 把个人防火墙设置好安全等级，防止未知程序向外传送数据

C. 使用安全性比较好的浏览器和电子邮件客户端工具

D. 不执行任何来历不明的软件

答案：A，B，C，D

171. 不属于班长交接班记录本内容的是(　　)。

A. 提醒接班班组处理和注意的问题以及领导有关要求等

B. 各区域可燃气体检测情况

C. 在码头前沿水域有无发现碍航物及污染物

D. 班组总人数、实到人数及人员姓名请假或缺勤的人员姓名

答案：B，C

172. 关于班长交接班记录本填写要求错误的是(　　)。

A. 班长交接班记录本可以随意涂改

B. 岗位巡检记录表可以使用铅笔填写

C. 班长交接班记录本填写时要求记录干净整洁，使用仿宋体填写

D. 班长交接班记录本填写时必须字迹清晰工整、及时、详细、完整，内容真实、准确

答案：A，B

173. 下列关于班组安全活动记录本填写要求正确的是(　　)。

A. 班组安全活动记录本由班组安全员填写

B. 班组安全活动不要求全员参加，只要在班组安全活动记录本签名即可

C. 安全工程师应当对班组安全活动记录本进行检查

D. 班组安全活动记录本填写时必须记录干净整洁，用仿宋体、黑色笔填写

答案：A，C，D

174. 下列属于班组安全活动记录本的主要内容的是(　　)。

A. 本班组日常开展的工作，主要操作流程、操作参数调整等

B. 分析讨论事故案例，汲取经验教训

C. 传达生产调度会有关安全生产要求

D. 岗位工作危险性分析，制定控制预防措施

答案：B，C，D

175. 关于内罐干燥置换的说法正确的是(　　)。

A. 氮气通过储罐氮气置换管线进入内罐，由罐底向上在罐顶放空

B. 氮气通过下进液管线进入内罐，由罐底向上在罐顶放空

C. 内罐干燥置换时可先向内罐注入热干空气干燥，再注入氮气干燥、置换

D. 置换内罐过程中可同时置换罐内泵

答案：A，C，D

176. 关于储罐干燥置换的说法正确的是(　　)。

A. 环形空间干燥置换的氮气来源于内罐

B. 二次底板与内罐底板间区域干燥置换用氮气由环形空间氮气渗透进入

C. 储罐附属管线干燥置换氮气可以利用内罐中氮气

D. 二次底板下部区域干燥置换用氮气由环形空间氮气渗透进入

答案：A，B，C

177. 干燥置换时如何控制环形空间压力(　　)。

A. 调节储罐注氮管线调节阀的开度　　B. 调节储罐穹顶放空管线阀门开度

C. 调节环形空间顶部放空管线阀门开度　D. 调节罐内泵出口管线阀门的开度

答案：A，B，C

178. 储罐干燥置换时保压一段时间储罐露点上升的原因可能有(　　)。

A. 储罐内存在明水　　B. 罐内温度升高

C. 储罐体积大置换不均匀　　D. 露点仪不准确

答案：A，C，D

179. SIS 系统联锁级别包括(　　)。

A. ESD1　　B. ESD2　　C. PSD3　　D. PSD4

答案：A，B，C，D

180. 下列属于 SIS 系统功能的是(　　)。

A. 由紧急按钮执行的紧急停车功能

B. 由于系统检测到的状况而触发的紧急停车功能

C. 启动时紧急停车系统的重新设定

D. 对工艺数据进行实时监视、控制

答案：A，B，C

181. 关于储罐设置液位联锁的作用说法正确的是(　　)。

A. 防止储罐液位过高溢出　　B. 防止罐内泵汽蚀

C. 防止卸料速度过快　　D. 防止储罐压力过高

答案：A，B

182. 为保护设备、避免事故进一步扩大设置工艺联锁。下列属于 LNG 接收站工艺联锁触发方式的是(　　)。

A. 广播触发联锁

B. 紧急停车按钮触发联锁

C. 工艺条件触发联锁

D. 重要区域单台可燃气体报警器报警触发停车联锁

答案：B，C

183. 仪表联锁保护系统投运后的(　　)，必须由申请单位填写《仪表联锁变更审批表》。

A. 修改　　B. 解除或取消　　C. 恢复　　D. 临时解除

答案：A，B，C

184. 关于工艺联锁投用描述正确的是(　　)

A. 工艺联锁触发后再次投用不会再次触发联锁，因此无须进行条件确认

B. 工艺联锁投用前，必须经两人及以上人员核实确认

C. 工艺联锁投用前，对于有保持记忆功能的回路必须进行复位

D. 工艺联锁投用时，若时间紧急，操作人员可自己反复检查、确认后投用

答案：B，C

185. 下列关于工艺联锁解除的说法正确的是(　　)。

A. 装置开车过程中，工艺参数处于异常状态，可按照开车方案解除部分工艺联锁

B. 工艺参数异常波动时，为防止装置联锁停车，可汇报上级临时解除工艺联锁

C. 操作人员发现联锁仪表故障时，立即汇报，在得到允许后临时解除联锁，并加强运行监控

D. 只有在开、停车情况下可以解除工艺联锁

答案：A，C

186. 某台高压泵液位计故障临时解除液位联锁后，需注意的事项包括(　　)。

A. 重点关注低压总管压力　　B. 重点关注此高压泵入口过滤器下游压力

C. 重点关注此高压泵泵筒温度　　D. 重点关注此高压泵振动值

答案：B，C，D

187. 在三取二联锁回路测试时，下列描述正确的是(　　)。

A. 通过 HART475 对每个单一联锁点逐个模拟联锁条件时，各输出执行元件应动作

B. 通过 HART475 对每个单一联锁点逐个模拟联锁条件时，各输出执行元件不应动作

C. 通过 HART475 对两个联锁点模拟联锁条件时，各输出执行元件应动作

D. 通过 HART475 对三个联锁点模拟联锁条件时，各输出执行元件应动作

答案：B，C，D

188. 下列关于联锁测试描述正确的是(　　)

A. 工艺人员密切关注现场阀门、机泵动作情况

B. 工艺人员需确认 DCS 系统显示的报警联锁画面信号变化是否与现场一致

C. 工艺人员负责在调试结束后，确认联锁仪表各一次元件和执行元件恢复到原来位置

D. 工艺人员需在“联锁保护回路试验确认单”上签字确认

答案：A，B，D

189. 下列属于气相返回臂备用臂投用程序的是(　　)。

A. 跨线盲板换位垫环

B. 气相臂立管根部垫环换为盲板

C. 打开气相返回线压力控制阀，导通返气流程

D. 打开备用臂放空线与 BOG 管线连通

答案：A，B，C

190. 备用臂作为气相返回臂使用时，氮气升压验漏时无法达到 0.1MPa 的原因可能是(　　)。

A. 原气相返回臂注氮阀未打开

B. 备用臂排凝阀未关闭

C. 备用臂高点放空阀未关闭

D. 备用臂至卸料总管切断阀 OB－02 至 BOG 流程导通

答案：B，C，D

191. 下列(　　)可能造成储罐预冷时内罐底板局部温降速度过快。

A. 进料立管 LNG 填充过高，LNG 通过下进液管线进入储罐

B. 卸料总管预冷时 BOG 通过下进液管线进入储罐

C. 吊顶下方喷淋管部分喷头堵塞或未喷淋

D. 储罐预冷前低压总管填充时 LNG 通过罐内泵出口管线回流线直接进入储罐

答案：A，C，D

192. 下列(　　)可能影响储罐预冷温降速度。

A. 储罐压力　　B. 卸料总管压力　　C. 喷淋阀开度　　D. 低压总管压力

答案：B，C

193. 储罐填充初期液位在下进液管线以下时主要通过(　　)管线填充 LNG。

A. 上进液主管线　　B. 上进液切断阀旁路

C. 预冷喷淋管线　　D. 进料管线排凝线

答案：B，C，D

194. 储罐预冷、填充时为避免内罐预冷不均造成破坏，除监控内罐底温度外还需监控(　　)等参数。

A. 热角保护温度　　B. 内罐壁板温度

C. 环形空间中部温度　　D. 环形空间底部温度

答案：A，B，D

195. 卸料总管管径大，为确保管道顶底温差在设计范围内，可通过(　　)方法预冷。

A. 控制低温氮气对管线充压、泄压(压胀法)

B. 液氮与低温氮气交替预冷

C. 船方提供不同温度 BOG 进行预冷

D. 低温 BOG 内注入 LNG 预冷

答案：A，C

196. 采用低温氮气对卸料总管预冷时，通过(　　)可控制预冷温降速度。

A. 调整低温氮气的温度　　B. 降低低温氮气的水露点

C. 调整放空口数量　　D. 调整放空口阀门开度

答案：A，C，D

197. 下列关于再冷凝器预冷时注意事项正确的是(　　)。

A. 监控再冷凝器液位，避免液位过高

B. 监控再冷凝器的温度，避免温降过快

C. 控制 BOG 压缩机负荷，避免再冷凝器压力过高

D. 检查人孔、管线连接法兰等有无泄漏

答案：A，B，D

198. 为避免投料时 LNG 管道变形破坏，管道设置了膨胀弯、滑动管托等补偿措施，但管道预冷过程中仍需(　　)。

A. 控制管道温降速度在设计允许范围内

B. 控制 LNG 管道预冷及填充过程微正压

C. 控制管道顶、底温差在设计允许范围内

D. 确认管道及支管在预冷过程位移路径上无障碍

答案：A，C，D

199. 低温离心泵运行测试时主要测试内容包括(　　)。

A. 泵流量、扬程曲线

B. 泵运行振动值是否在设计范围

C. 泵启动电流及运行电流是否在设计范围

D. 泵汽蚀余量是否在设计范围

答案：A，B，C

200. 下列(　　)是低温离心泵调试前需具备的条件。

A. 泵已完成预冷及静置

B. 低温泵上游、下游管道、设备已完成预冷、填充，具备投用条件

C. 低温泵接线箱氮封已投用

D. 低温泵已完成单机试运行

答案：A，B，C

201. BOG 压缩机投料试车重点关注的性能参数包括(　　)。

A. BOG 压缩机排气量　　B. BOG 压缩机出口温度

C. BOG 压缩机级间温度及压力　　D. BOG 压缩机入口过滤器压差

答案：A，B，C

202. BOG 压缩机投料试车需具备的条件(　　)。

A. BOG 压缩机完成预冷　　B. BOG 压缩机完成单机试车

C. BOG 再冷凝器完成预冷、填充　　D. BOG 减温器具备投用条件

答案：B，C，D

203. ORV 调试过程中现场主要检查(　　)。

A. 换热翅片板结冰情况　　B. 海水槽海水分布情况
C. 海水槽内有无海生物及异物　　D. 入口 LNG 温度及压力
答案：A，B，C
204. ORV 出口天然气温度降低可能的原因有(　　)。
A. LNG 流量增大　B. LNG 流量减小　C. 海水流量降低　D. LNG 压力增大
答案：A，C
205. 浸没燃烧式气化器(SCV)燃烧器系统调试的主要内容有(　　)。
A. 空燃比　　B. 点火系统调试
C. 加碱系统调试　　D. 烟气中污染物含量调试
答案：A，B，D
206. 影响浸没燃烧式气化器(SCV)出口天然气温度的是(　　)。
A. 水浴池液位　B. LNG 流量　C. 燃烧器负荷　D. LNG 压力
答案：B，C
207. IFV 调试前具备的条件是(　　)。
A. 中间介质丙烷已充装　　B. 海水系统已投用
C. 计量外输系统具备投用条件　　D. 燃料气系统已投用
答案：A，B，C
208. IFV 调试过程需重点关注的参数是(　　)。
A. 余氯　B. 丙烷压力　C. NG 中间温度　D. 海水出口温度
答案：B，C，D
209. 当运行中的螺杆压缩机有 1 台停机，仪表风管网压力下降时，应采取(　　)。
A. 停 PSA，关闭 PSA 进出口阀　　B. 启动备用螺杆压缩机
C. 打开净化压缩空气储罐出口 PV 阀　　D. 停现场氮气吹扫
答案：A，B，C
210. 发生晃电螺杆压缩机全部跳车，且仪表风管网压力降至 0.67MPa 时，应采取的措施是(　　)。
A. 中控应注意液氮储罐的液位和压力，确保液氮储罐的压力在 0.7MPa 以上
B. 启动备用螺杆压缩机
C. 打开净化压缩空气储罐出口 PV 阀，利用净化压缩空气储罐内的仪表风为管网补压
D. 将码头处仪表风管网和氮气管网之间的临时管连接
答案：A，B，C
211. 下列方式中螺杆式空气压缩机停机后不会自动重启的是(　　)。
A. 系统压力高于自动停机压力　　B. 系统压力高于立即停机压力
C. 由于报警停机　　D. 按下紧急停车按钮
答案：C，D
212. 螺杆式空气压缩机有两种停机顺序，下列选项会造成螺杆式空气压缩机停机的是(　　)。
A. 系统压力高于自动停机压力　　B. 系统压力高于立即停机压力

C. 警报　　　　　　　　　　　　　　　D. 按下紧急停车按钮

答案：A，B，C，D

213. 下列关于加药泵控制逻辑，说法正确的是(　　)。

A. 制氯系统启动后，当次氯酸钠储罐的液位达到一定液位时，连续加药泵自动启动

B. 当次氯酸钠储罐的液位达到高液位或冲击加药计时器时间到时，冲击加药泵启动

C. 加药泵的自动启停与次氯酸钠储罐的液位有关

D. 当次氯酸钠储罐的液位达到低低液位时，冲击加药泵自动停止

答案：A，B，C

214. 下列关于制氯系统控制逻辑，说法正确的是(　　)。

A. 制氯系统启动后，当次氯酸钠储罐的液位达到一定液位时，连续加药泵自动启动，液位达到低低液位时，连续加药泵停止

B. 当中和池溶液 pH 值在 6 ~9 之间时，排污泵出口电动阀才能打开

C. 当次氯酸钠储罐的液位达到高液位或冲击加药计时器时间到时，冲击加药泵启动

D. 当次氯酸钠储罐液位达到高高液位时，制氯系统会停车

答案：A，B，C，D

215. 下列操作可以增加海水余氯浓度的是(　　)。

A. 增大电解电流　　　　　　　　　　B. 手动启动冲击加药泵

C. 增加海水泵运行台数　　　　　　　D. 手动启动第二台连续加药泵

答案：A，B，D

216. 下列操作可以增加海水余氯浓度的是(　　)。

A. 降低电解电流　　　　　　　　　　B. 手动启动第二台海水升压泵

C. 手动启动冲击加药泵　　　　　　　D. 手动启动第二台连续加药泵

答案：C，D

217. 下列属于制氯装置运行参数的是(　　)。

A. 电解槽入口海水压力　　　　　　　B. 电解槽出口药液温度

C. 余氯浓度　　　　　　　　　　　　D. 酸洗罐液位

答案：A，B

218. 下列关于制氯装置运行参数，说法正确的是(　　)。

A. 当电解槽的流量低于低报值时，为避免电解槽因堵塞短路或温升而损坏，控制台自动报警，并切断整流器输出

B. 次氯酸钠储罐内液位设置高高报值和低低报值。当液位达到高高报值时，系统停机。当液位到达低低报值时，停止加药泵工作

C. 当电解槽海水压力大于高报值时，系统报警，并关闭系统

D. 为确保电解槽槽体材料不因电解液温升过高而导致损坏，需对电解槽出口溶液温度进行控制。当药液温度达到高报值时，电解槽停止供电

答案：A，B，C，D

219. 下列选项关于液氮系统自动控制逻辑说法正确的是(　　)。

A. 空浴式气化器出口压力达到低报值时，联锁打开空浴式气化器入口汇管上切断阀

B. 空浴式气化器出口压力达到高报值时，联锁关闭空浴式气化器入口汇管上切断阀
C. 通过调节每台空浴式气化器入口压力调节阀开度来调整液氮流量
D. 液氮出口压力控制阀设定为自动后仍需密切关注氮气管网压力
答案：A，B，C，D
220. 下列选项关于氮气系统说法正确的是(　　)。
A. 定期检测氮气管网露点
B. 密切关注液氮储罐液位及压力
C. 密切关注各区域氮气使用量，出现大幅度波动时需及时进行排查
D. 卸船前适当增大液氮出口压力设定值，加快卸料臂吹扫速度
答案：A，B，C，D
221. 下列关于PSA产品氮气纯度过低的可能原因正确的是(　　)。
A. 程控阀故障无法打开或关闭　　B. 管路堵塞
C. 装置进水或油　　D. 入口压力过低
答案：A，B，C，D
222. 下列关于PSA出口氮气缓冲罐压力过低的可能原因正确的是(　　)。
A. 入口空气流量过低　　B. 入口空气压力过小
C. 吸附器出口阀门开度过小　　D. 产品氮气端泄漏
答案：A，B，C，D
223. 下列关于液氮储罐压力持续下降的原因说法正确的是(　　)。
A. 安全阀泄漏　　B. 液位低
C. 爆破片破裂　　D. 泄压率过高
答案：A，C，D
224. 下列关于液氮储罐就地液位计测量不准确原因说法正确的是(　　)。
A. 引压管泄漏　　B. 指针卡住不动
C. 液位计故障损坏　　D. 指针未做零位调节
答案：A，B，C，D
225. 锅炉煮炉的目的是(　　)。
A. 除掉锅炉的污垢
B. 除去锅炉铁锈
C. 防止炉墙内水分急剧蒸发而产生裂纹
D. 锅炉内壁金属表面产生化学钝化，减缓运行中的腐蚀速度
答案：A，B，D
226. 引蒸汽时需要注意的事项是(　　)。
A. 排凝时，阀门不要开得太大以免有气喷出烫伤自己
B. 开蒸汽总阀时一定要缓慢地开，以防水锤现象
C. 控制蒸汽管线升温速度≤10℃/min
D. 若发现异响应打开蒸汽总阀
答案：A，B，C

227. 下列选项关于热水换热器故障与排除说法正确的是(　　)。
A. 热水换热器在运行过程中常出现的故障有渗漏、泄漏、串液
B. 产生渗漏的原因有夹紧尺寸不够，垫片黏接不好，垫片有异物颗粒或缺陷
C. 长期运行后出现渗漏或泄漏，尺寸夹紧后仍不能解决，证明法兰垫片老化，应重新更换法兰垫片
D. 设备出现串液现象，应打开设备检查情况，个别换热管出现问题应更换管束
答案：A，B，C，D
228. 下列选项关于锅炉点不着火的原因说法正确的是(　　)。
A. 燃气压力过低　　B. 燃气过滤器堵塞
C. 检漏不通过　　D. 点火电极之间距离不合理
答案：A，B，C，D
229. 海水流量降低可能会导致开架式海水气化器翅片结冰，下列会直接引起某台海水气化器海水流量降低的是(　　)。
A. 海水泵性能下降　　B. 海水流量计出现故障
C. 部分海水流到其他气化器　　D. 海水泵出口发生泄漏
答案：A，C，D
230. 下列选项中会导致海水离心泵跳车的是(　　)。
A. 推力轴承振动 HH　　B. 轴承温度 HH
C. 断电　　D. 海水前池液位低低
答案：A，B，C，D
231. 下列选项中是造成柴油消防泵 A 的启动条件的是(　　)。
A. 电动海水消防泵故障不能启动　　B. 减压阀前管网压力仍低于设定值
C. 减压阀后管网压力仍低于设定值　　D. 稳压泵故障不能启动
答案：A，B，C
232. 当消防管网压力下降至设定值并持续 10 ~ 15s 时，中控室辅操台发出报警声，中控室按下辅操台火灾“确认”按钮后，产生的动作是(　　)。
A. 停止消防稳压泵　　B. 停止电动海水消防泵
C. 启动电动海水消防泵　　D. 启动柴油海水消防泵
答案：A，C
233. 可能会导致卸料臂 ESD 原因包括(　　)。
A. 误触中控室 ESD 按钮　　B. 船舶缆绳松弛导致船舶移动
C. 船方触发 ESD　　D. 卸料臂发生泄漏
答案：A，B，C
234. 卸料臂成套包可能触发 ESD 的条件有(　　)。
A. 卸料臂位移过大　　B. 码头控制室 ESD 按钮按下
C. 船方触发 ESD　　D. 卸料臂就地控制盘 ESD 按钮按下
答案：A，D
235. 码头卸料总管排凝时通过(　　)判断 LNG 是否排净。

A. 卸料总管管底温度　　B. 卸料总管压力

C. 卸船管道排凝罐液位变化　　D. 卸料总管管顶温度

答案：A，C

236. 下列关于码头卸料总管排凝的说法正确的是(　　)。

A. 码头卸料总管完成隔离后方可打开排凝阀排凝

B. 排凝时需重点监控排凝罐液位，避免液位过高

C. 排凝时可在码头平台注入氮气，便于将码头平台处 LNG 吹至码头根部

D. 排凝过程中可保持卸料总管至 BOG 的放空管线打开状态，便于罐内产生的 BOG 及时排入 BOG 总管

答案：A，B，C

237. 关于罐内泵保冷循环的作用，说法错误的是(　　)。

A. 罐内泵保冷循环在泵停运期间保持管线冷态

B. 罐内泵的保冷循环流量应尽量大以达到保冷效果

C. 罐内泵检修期间需要维持泵出口管线保冷循环

D. 罐内泵运行期间维持保冷循环管线冷态

答案：B，C

238. 关于罐内泵保冷循环流量调节的说法正确的是(　　)。

A. 通过出口管线单向阀旁路调节回流线保冷 LNG 流量

B. 通过出口管线温度判断出口管线保冷 LNG 流量是否合适

C. 通过出口管线单向阀旁路和回流阀旁路的开度控制出口管线及回流线 LNG 流量的分配

D. 出口手动调节阀旁路调节总保冷 LNG 流量

答案：B，C，D

239. 卸料过程中，能够有效降低储罐压力的措施有(　　)。

A. 提高 BOG 压缩机负荷　　B. 放空至火炬

C. 增加 LNG 船舶返气量　　D. 采用上进液进行卸料作业

答案：A，B，C

240. 储罐设置的压力保护设施主要包括(　　)。

A. 真空安全阀(VSV)　　B. 压力安全阀(PSV)

C. 储罐顶部压力平衡管线　　D. 破真空补气

答案：A，B，D

241. 下列需进行保冷循环的是(　　)。

A. 罐内泵　　B. 高压泵　　C. ORV　　D. 卸料总管

答案：A，B，D

242. 设备、管线保冷循环流量过大的缺点是(　　)。

A. BOG 产生量大　　B. BOG 温度高

C. 罐内泵负荷增大，能耗增大　　D. 管线超压

答案：A，C

243. 罐内泵泵井置换时需要关注(　　)。

A. 储罐压力　　B. 底阀开关状态

C. 氮气管网压力　　D. 泵筒温度

答案：A，B，C

244. 下列关于罐内泵泵井、出口管线排凝、置换的说法正确的是(　　)。

A. 罐内泵提升底阀关闭后，通过出口管线 OB－03 注氮排净泵井中 LNG

B. 通过排凝线将出口管线内 LNG 排至储罐

C. 出口管线排凝结束后通过出口管线安全阀旁路放空对管线进行氮气置换

D. 泵井排净进行氮气置换时，泵井氮气压力应低于排净时底阀打开时的压力

答案：B，C，D

245. 罐内泵回装的注意事项有(　　)。

A. 底阀打开前通过泵井氮气线注氮对泵体进行干燥置换

B. 氮气吹扫压力低于泵井排净时底阀打开的压力

C. 泵井氮气置换合格后应缓慢放下打开底阀

D. 底阀打开前可先进行出口管线预冷

答案：A，B，C

246. 关于泵出口及回流管线预冷的说法正确的是(　　)。

A. 预冷过程保持泵筒放空线手阀关闭

B. 预冷过程出口管线根阀保持打开状态，回流线调节阀下游手阀保持关闭状态

C. 微开出口管线手动调节阀旁路引入 LNG 预冷

D. 通过出口管线温度计监控预冷速度

答案：C，D

247. 需要提高汽化外输负荷时，下列做法正确的是(　　)。

A. 提高负荷前要测算是否在计量撬最大测量范围内

B. 在启动高压泵前启动低压泵

C. 要提前测算是否需要增加气化器的运行台数

D. 通过开大计量外输阀门来调高外输负荷

答案：A，B，C

248. 下列选项中，属于外输量大小参考因素的是(　　)。

A. 储罐的压力　　B. 外输设备最大工作能力

C. 外输设备故障情况　　D. 库存量

答案：B，C，D

249. 建立零外输过程中，说法不正确的是(　　)。

A. 卸船作业必须停止　　B. 每个储罐保留一台低压泵运行

C. 不影响轻烃装置生产　　D. 停止 BOG 再冷凝系统

答案：A，B，C

250. 下列设备和管线可以通过建立零输出循环流程进行保冷的是(　　)。

A. 高压泵　　B. 低压输出总管

C. 高压输出总管　　D. C_2 装车换热器

答案：A，B，C

251. 在高压泵隔离排凝操作时，以下手动阀门需要关闭的有(　　)。

A. 泵筒放空线隔离阀门　　B. 入口切断阀门

C. 保冷循环线阀门　　D. 出口手动阀门

答案：A，B，C，D

252. 关于高压泵隔离置换作业，下列部位需要进行 CH_4 含量检测的是(　　)。

A. 高压泵入口压力表处　　B. 泵筒液位计处

C. 出口 OE－02 处　　D. 泵筒放空线安全阀处

答案：A，B，C，D

253. 高压泵检修回装后干燥置换时，下列属于干燥置换范围的是(　　)。

A. 高压泵泵筒　　B. 高压泵出口管线

C. 高压泵放空管线　　D. 高压泵回流线排凝管线

答案：A，B，C

254. 高压泵检修回装后干燥置换要求叙述正确的是(　　)。

A. 供应氮气露点低于－60℃　　B. 泵筒干燥置换露点低于－40℃

C. 干燥过程中排放至大气　　D. 干燥置换氧含量要求不高于 2%

答案：A，B，C，D

255. 高压泵预冷时需要严格预冷的部位有(　　)。

A. 泵进入口管线　　B. 泵筒放空管线　　C. 泵筒及泵体　　D. 泵筒排凝管线

答案：A，C

256. 以下关于高压泵预冷要求中，叙述正确的(　　)。

A. 泵筒温降速度一般控制在－10～－15℃

B. 预冷至泵体关键部件时要停止进料，静止一段时间

C. 泵筒预冷时，液位升高速度不要超过 25mm/min

D. 预冷结束后，一般要静置 3h 以上才允许启动泵

答案：A，B，C，D

257. 在对 SCV 换热管束泄漏点检修作业时，需要采取措施的是(　　)。

A. 进入水浴池内作业要办理受限空间作业票

B. 对换热管束进行泄压置换

C. 进出口所用阀门关闭锁定

D. 进出口接口处添加盲板隔离

答案：A，B，C，D

258. 在进行 SCV 检修作业后的干燥置换作业时，下列操作正确的是(　　)。

A. 可从入口 OE－02 处注氮吹扫　　B. 可经出口安全阀导淋排放至大气

C. 可经出口排气管线泄压至 BOG 系统　　D. 可根据需要接临时管线注氮吹扫

答案：A，B，D

259. 在对接收站外输计量撬隔离置换时，吹扫放空去向不包括(　　)。

A. 放至 BOG 系统
B. 就地排大气
C. 排放至火炬
D. 通过排污单元泄压

答案：A，B，D

260. 以下关于外输计量撬流量计拆检及回装作业，操作正确的是(　　)。

A. 流量计安装时要注意安装方向
B. 置换合格后，拆检前可利用撬内排污口泄压
C. 回装后要对计量撬注氮置换
D. 拆流量计前要检查管道内压力为常压

答案：A，C，D

261. 在对 ORV 进行泄压置换作业时，下列操作正确的是(　　)。

A. 可从入口 OE－02 处注氮或接临时管线注氮吹扫
B. CH_4 含量低于 10% LEL 时置换合格
C. 可经出口 BOG 放空排放至 BOG 系统
D. 可经入口排凝管线进行泄压

答案：A，B，C，D

262. ORV 入口流量计进行检修前进行流程隔离时，需要关闭(　　)。

A. 海水南北线隔离阀门
B. ORV 入口手动阀门
C. ORV 出口气动阀门
D. ORV 入口气动切断阀

答案：B，C，D

263. 再冷凝器液位低低联锁不会引起(　　)。

A. 高压泵停止
B. 高压泵出口紧急切断阀门关闭
C. ORV 出口汇管紧急切断阀门关闭
D. BOG 压缩机跳车

答案：A，B，C

264. 再冷凝器压力低低联锁会引起(　　)。

A. 减温器上游 BOG 入口紧急切断阀关闭
B. 再冷凝器 BOG 入口紧急切断阀关闭
C. 再冷凝器 LNG 入口紧急切断阀关闭
D. BOG 压缩机跳车

答案：A，C，D

265. 自动模式下，(　　)会降低 BOG 压缩机负荷。

A. 再冷凝器底部汇管饱和蒸汽压差较低
B. 再冷凝器液位较低
C. 再冷凝器压力较高
D. 再冷凝器温度较高

答案：A，B

266. 自动模式下，再冷凝器 LNG 流量控制与(　　)有关。

A. BOG 温度
B. 气液匹配系数
C. 再冷凝器 BOG 流量
D. 再冷凝器液位

答案：A，B，C

267. 在 BOG 压缩机年度检修后干燥置换操作时，下列说法不正确的是(　　)。

A. 油箱和隔离段不需要置换
B. 置换时油箱内压力不超过 2bar
C. 置换时不可排放至大气
D. 管道露点要降至低于－40℃以下

答案：A，C

268. 关于 BOG 压缩机隔离置换作业，下列需要进行 CH_4 含量检测的是(　　)。

A. 入口管线　　B. 气缸　　C. 出口管线　　D. 隔离段

答案：A，B，C，D

269. 以下可以引起 BOG 压缩机联锁停机的是(　　)。

A. 入口汇管温度高高　　B. 工艺区紧急停车

C. 再冷凝器液位低低　　D. 再冷凝器液位高高

答案：A，B，C，D

270. 以下可以引起 BOG 压缩机联锁跳车的是(　　)。

A. 压缩机振动值高高　　B. 润滑油液位低低

C. 冷却水压力低低　　D. 电机轴承温度高高

答案：A，C，D

271. 如果燃料气加热器 A 出口温度出现过低低联锁，以下结果正确的是(　　)。

A. 燃料气加热器 A 停机　　B. 燃料气加热器 A 出口阀关闭

C. 燃料气使用点相关设备停机　　D. 燃料气加热器 B 自动投用

答案：A，B，D

272. 关于燃料气系统压力的控制，下列说法正确的是(　　)。

A. 燃料气压力降低时先用 BOG 压缩机支路供应燃料气

B. BOG 压缩机支路与高压 NG 支路控制阀采用分程控制

C. 当燃料气压力过高联锁时，系统将先关断高压 NG 支路供应燃料气再关断 BOG 压缩机支路

D. 燃料气压力逐渐升高过程中，系统将先关闭高压 NG 支路供应阀门再关闭 BOG 压缩机支路供应阀门

答案：A，B，D

273. 以下操作中，可以调节轻烃回收装置轻烃罐区乙烷储罐压力的是(　　)。

A. 调整乙烷换热器乙烷出口温度　　B. 调整乙烷储罐液位

C. 调整乙烷过冷器乙烷出口温度　　D. 调整乙烷过冷器冷源流量

答案：A，C，D

274. 轻烃回收装置轻烃罐区混合轻烃储罐准备采样分析，球罐应具备的流程是(　　)。

A. 进料线阀关闭　　B. 外送线阀关闭

C. 倒罐线阀打开　　D. 倒罐线阀关闭

答案：A，B，D

275. 应用于轻烃回收装置的复杂控制回路类型包括(　　)。

A. 串级控制　　B. 均匀控制　　C. 选择控制　　D. 分程控制

答案：A，C，D

276. 轻烃回收装置以下参数中，属于选择控制回路的是(　　)。

A. 闪蒸罐液位和脱甲烷塔进料流量

B. 脱甲烷塔釜液位和塔釜外送流量

C. 脱甲烷塔灵敏板温度和重沸器入口蒸汽流量

D. 脱乙烷塔釜液位和塔釜外送流量

答案：A，B，D

277. 轻烃回收装置引气暖管前，需要检查的内容包括(　　)。
A. 管线残存的凝液已排空　　B. 各疏水器前阀关闭
C. 各疏水器蒸汽测导淋打开　　D. 蒸汽管线各导淋阀打开
答案：A，B，C，D
278. 轻烃回收装置引气暖管过程中管线发生“水锤”的可能原因有(　　)。
A. 蒸汽线中有凝结水　　B. 凝液线中有不凝气
C. 疏水器堵塞　　D. 疏水器失效
答案：A，B，C，D
279. 可能造成轻烃回收装置脱乙烷塔顶乙烷产品中丙烷含量升高的因素有(　　)。
A. 脱乙烷塔釜加热偏小　　B. 脱乙烷塔釜加热过大
C. 脱乙烷塔顶回流偏小　　D. 脱乙烷塔顶回流过大
答案：B，C
280. 可能造成轻烃回收装置脱乙烷塔顶乙烷产品中甲烷含量升高的因素有(　　)。
A. 脱甲烷塔釜加热偏小　　B. 脱甲烷塔釜加热过大
C. 脱甲烷塔顶回流偏小　　D. 脱甲烷塔顶回流过大
答案：A，D
281. 轻烃回收装置混合轻烃产品的组分包括(　　)。
A. 丙烷　　B. 正丁烷　　C. 异丁烷　　D. 少量的戊烷
答案：A，B，C，D
282. 造成轻烃回收装置混合轻烃产品中乙烷含量升高的因素有(　　)。
A. 脱乙烷塔釜加热偏小　　B. 脱乙烷塔釜加热过大
C. 脱乙烷塔顶回流偏小　　D. 脱乙烷塔顶回流过大
答案：A，D
283. 轻烃回收装置降负荷过程中，相关参数变化包括(　　)。
A. 脱甲烷塔进料流量下降　　B. 重沸器入口蒸汽流量下降
C. 脱甲烷塔顶回流流量下降　　D. 脱甲烷塔底外送流量下降
答案：A，B，C，D
284. 轻烃回收装置提负荷过程中若脱甲烷塔进料提升过快，将造成(　　)。
A. 闪蒸罐液位下降　　B. 脱甲烷塔灵敏板温度下降
C. 脱甲烷塔压力下降　　D. 脱乙烷塔进料中甲烷含量上升
答案：A，B，C，D
285. 轻烃回收装置闪蒸罐压力突然升高，可能的原因有(　　)。
A. 装置进料流量增加
B. 闪蒸罐压力控制阀关小
C. 脱甲烷塔釜重沸器蒸汽入口调节阀开大
D. 脱甲烷塔顶气相旁路流量调节阀打开
答案：B，C，D
286. 轻烃回收装置闪蒸罐压力短时间内快速升高，处理不及时，造成的后果包括(　　)。

A. 设备安全阀起跳　　B. 凝液泵联锁停车
C. 火炬罐带液　　D. BOG 系统带液
答案：A，B，C，D
287. 轻烃回收装置脱甲烷塔压力突然升高，可能的原因有(　　)。
A. 塔釜重沸器蒸汽入口阀开大　　B. 产品高压泵出口塔压控制阀关小
C. 脱甲烷塔顶回流阀故障关小　　D. 下游气化器入口阀联锁关闭
答案：A，B，C，D
288. 轻烃回收装置脱甲烷塔压力上升，若处理不及时，造成的后果包括(　　)。
A. 安全阀起跳　　B. BOG 带液
C. 火炬罐带液　　D. 轻烃装置联锁停车
答案：A，B，C，D
289. 下列关于设备、管线检修前工艺处置要点说法正确的是(　　)。
A. 严格按照预定的停车方案停车，关闭阀门完全切断设备内的物料来源
B. 进行排凝或放空泄压时要缓慢适中
C. 采用氮气置换设备或管道内有毒、有害气体
D. 氮气置换可燃气体检测合格后即可进行检修
答案：A，B，C
290. 设备在交出检修前必须完成的工艺处置操作是(　　)。
A. 关闭进出检修设备的工艺物料阀门
B. 倒空置换，加盲板
C. 采用氮气吹扫置换，直至可燃气检测合格
D. 空气吹扫至可燃物和氧含量合格
答案：A，B，C
291. 下列关于 SCV 测试过程中的注意事项说法正确的是(　　)。
A. 测试过程中发现的问题要及时处理，处理正常后需重新进行测试
B. 测试前要对水浴的 pH 值、Cl 离子、总 Fe 等 6 项指标进行化验
C. 循环测试结束后对本次循环测试发现的问题进行总结、分析和处理
D. 测试前联系各专业进行条件确认，并填写“SCV 运行测试现场检查记录”，每次测试前对烟气进行标定
答案：A，B，C，D
292. SCV 定期测试期间，关于 pH 计使用说法正确的是(　　)。
A. 测试前需联系仪表安装好 pH 计，并进行校准
B. 测试结束后需联系仪表将 pH 计拆走，以防 pH 计损坏
C. 分析化验测定数值与在线检测数值偏差超过 0.5，需联系相关专业进行处理
D. 冬季保供运行期间，pH 计无须拆走，确保 SCV 处于备用状态
答案：A，B，C
293. 泵检修完工后检修质量的验收标准包括(　　)。
A. 转子径向轴向跳动符合标准　　B. 配合零部件间隙符合标准

C. 压力表温度表齐全校验准确　　　　D. 控制和联锁系统验收合格

答案：A，B，C，D

294. 管道检修现场验收的主要标准有(　　)。

A. 检修记录准确齐全

B. 管道油漆完好无损，附件灵活好用，运行一周无泄漏

C. 提交检修过程技术资料

D. 管道耐压试验报告

答案：A，B，C

295. LNG 接收站挺杆起重机组成部分有(　　)。

A. 立柱　　B. 回转臂　　C. 驱动装置　　D. 电动葫芦

答案：A，B，C，D

296. LNG 接收站立柱式悬臂吊的作用不包括(　　)。

A. 吊装高压泵　　　　B. 吊装罐内泵

C. 吊装 BOG 压缩机　　　　D. 吊装海水泵

答案：A，C，D

297. 液体流动时，分子之间的内摩擦力阻碍分子的相对运动的性质称之为液体的黏性，大小用黏度表示，常用的黏度有(　　)。

A. 动力黏度　　B. 运动黏度　　C. 相对黏度　　D. 油液黏度

答案：A，B，C

298. 对液压油的要求是(　　)。

A. 黏度合适，黏温特性好

B. 有良好的润滑性，减少摩擦副的磨损

C. 质地要纯净，腐蚀性和堵塞性杂质少

D. 有良好的化学稳定性，包括热安定性、氧化安定性

答案：A，B，C，D

299. 冷却系统的维护作业重点应放在(　　)等方面。

A. 调整风扇皮带　　B. 检查节温器　　C. 清除冷却系水垢　D. 更换水泵

答案：A，B，C

300. 冷却系统由(　　)部件组成。

A. 水泵　　B. 水管　　C. 节温器　　D. 膨胀水箱

答案：A，B，C，D

301. 防止液压油污染的方法有(　　)。

A. 定期进行液压泵、液压缸和液压马达清洗

B. 检查密封有效性并及时更换，防止灰尘、水、杂物等污染物从外界侵入

C. 合理设置合适等级和数量的过滤器，并定期检查、清洗或更换

D. 合理选择系统元件，控制液压油的温度

答案：A，B，C，D

302. 下列关于更换液压油注意事项的描述正确的是(　　)。

A. 应使用同品牌同型号液压油　　　　B. 油箱排净后可直接加油

C. 加注新油时使用过滤装置　　D. 加油前清洗过滤器

答案：A，C，D

303. 卸料臂液压动力单元主要包括(　　)。

A. 液压油罐　　B. 电动泵　　C. 备用泵　　D. 相关管路和附件

答案：A，B，C，D

304. 卸料臂控制系统包括(　　)。

A. 就地控制盘　　B. 液压动力装置　　C. 选择切换阀　　D. 紧急释放系统蓄能器

答案：A，B，C，D

305. 有关液压系统维护，正确的是(　　)。

A. 液压油温度过高容易降低使用寿命

B. 注意油的过滤，定期清理油箱检查过滤网

C. 使用时注意给系统排气

D. 注意检查紧固件是否松动，要保持其有效状态

答案：A，B，C，D

306. 液压系统过滤方式有(　　)。

A. 回油过滤　　B. 循环过滤　　C. 泵出口高压过滤　　D. 控制阀入口高压过滤

答案：A，B，C，D

307. 黏度表示流体物质内部阻力的量度，是液体受外力作用而发生流动时，分子间内摩擦力作用的表现。其代表的意义是(　　)。

A. 大多数润滑油是根据黏度划分牌号的

B. 是润滑油的重要理化指标

C. 是润滑设计的主要参考数据之一

D. 是判断润滑油是否变质的重要依据

答案：A，B，C，D

308. 润滑油的选用原则是(　　)。

A. 载荷大、温度高的润滑部件，宜选用黏度大的油

B. 载荷小、转速高的润滑部件，宜选用黏度小的油

C. 载荷小、温度低的润滑部件，宜选用黏度大的油

D. 载荷大、转速低的润滑部件，宜选用黏度小的油

答案：A，B

309. 下列关于自动反冲洗过滤器维护说法正确的是(　　)。

A. 避免用金属或其他坚硬的工具压撬机械密封动环和静环

B. 减速机提升时要注意轴上键槽里的销键不要损坏和丢失

C. 采用垂直提升器缓慢提升过滤器的盖和滤网，放置时不要用滤网作为支撑，以免滤网变形

D. 清洗滤网时如发现过滤器滤网发生腐蚀破损，应更换滤网，为保证密封性，同时应更换滤网与过滤器间的密封圈

答案：A，B，C，D

310. 下列关于电解槽维护说法正确的是(　　)。
A. 电解槽长时间运行后，当能明显看到有白色结垢时应进行酸洗
B. 检查电解槽是否漏水，以及槽后铜排是否有局部温度过高处
C. 电解槽温度过高容易导致壳体变形
D. 电解槽通电时应检查是否有打火花或是红亮点等现象
答案：A，B，C，D
311. 下列选项关于柴油消防泵维护要点说法正确的是(　　)。
A. 泵出口压力表在泵停机后要把旋塞关闭，一般情况只在需要采集数据时才打开
B. 检查泵有无漏水现象，如有漏水应立即修理
C. 定期测定振动、噪声有无增加
D. 观察填料密封的泄漏量是否过量，温度是否正常
答案：A，B，C，D
312. 下列关于柴油消防泵机组维护保养说法正确的是(　　)。
A. 对机组应当定期检测其较直情况，因为基础下沉、老化，轴承磨损，热变形、建筑结构载荷变化等情况均有可能影响机组较直
B. 保持蓄电池、蓄电池端子、接线的清洁，接触良好
C. 检查消音器及排气管道，清除积炭，防止火花产生
D. 柴油箱应当尽可能始终保持充满，但是绝对不能少于油箱容量的50%
答案：A，B，C，D
313. 下列选项属于气动阀门完好标准的是(　　)。
A. 零部件完整，符合技术要求
B. 运行正常、符合使用要求
C. 设备及环境整洁、符合工作要求
D. 技术资料齐全、准确，符合管理要求
答案：A，B，C，D
314. 下列选项属于气动阀定期维护内容的是(　　)。
A. 定期进行执行机构外部清洁工作
B. 定期对过滤器排污
C. 定期压盘根，根据调节阀实际使用情况而定
D. 定期对调节阀各活动件进行加油
答案：A，B，C，D
315. 下列选项关于旋转滤网维护说法正确的是(　　)。
A. 喷嘴应定期检查，以防止被脏污堵塞后影响冲洗效果
B. 每2~3个月给套筒滚子链条、链轮上涂抹适量钙基润滑脂一次
C. 每3~6个月给减速器更换CC30柴油机油一次
D. 每3~6个月给主轴两端轴承座内的轴承加注钙基润滑脂一次
答案：A，B，C，D
316. 旋转滤网长时间运行后，由于链板轴孔磨损受力变形等，链条会伸长松动，可采取的措施有(　　)。
A. 可设置链条伸长报警装置

B. 如伸长到一定值则报警，应在停运时用拉近调节装置调节链条松紧
C. 如拉紧调节装置调至主轴最高位置时还未调紧链条，则可拆除两块网板及链条
D. 在网板链条调节好后还应调节传动链条，传动链条的调节应在张紧链轮控制范围内装拆传动链的节数来进行

答案：A，B，C，D

317. 锅炉停止后可采用(　　)保护锅炉，防止腐蚀。

A. 充氮法　　B. 联氨法　　C. 干燥剂法　　D. 缓蚀剂保护法

答案：A，B，C，D

318. 下列选项属于锅炉小修检查项目的是(　　)。

A. 检查燃烧器、机头有无烧损现象　　B. 检查修理锅炉本体受热面，修补炉门
C. 检查并清理炉筒的沉淀物　　D. 检查烟道有无漏风带水情况，并修补

答案：A，B，C，D

319. 往复式压缩机活塞环工作一段时间后，会磨成一边薄一边厚的原因可能有(　　)。

A. 活塞与气缸不在一个中心位置　　B. 气缸的椭圆度过大
C. 活塞在活塞槽内的侧面间隙过小　　D. 活塞环本身材质不好

答案：A，B，C，D

320. 活塞环异常磨损、烧损的原因包括(　　)。

A. 气缸镜面粗糙　　B. 因凝液或冷凝水，使油膜形成障碍
C. 润滑油不足，要适当增加润滑油　　D. 气体中混入夹杂物，要清洗吸气口及管线

答案：A，B，C，D

321. 低温 LNG 泄漏后可能造成(　　)。

A. 放射性损伤　　B. 爆炸　　C. 冻伤　　D. 窒息

答案：B，C，D

322. 发生低温 LNG 泄漏后，堵漏操作前应配备(　　)。

A. 防毒面具　　B. 防护手套　　C. 正压式空呼器　　D. 安全帽

答案：B，C，D

323. 以下按照泄漏时间划分为(　　)。

A. 经常性泄漏　　B. 间歇性泄漏　　C. 突发性泄漏　　D. 渗透泄漏

答案：A，B，C

324. 阀门填料失效的可能原因有(　　)。

A. 填料压盖未压紧　　B. 填料保存不妥
C. 填料超期服役，造成磨损、老化　　D. 填料制作质量差

答案：A，B，C，D

325. 按下高压泵 ESD 按钮后，结果包括(　　)。

A. 高压泵停车　　B. 高压泵出口阀门关闭
C. 高压泵入口阀门关闭　　D. 高压泵回流管线阀门关闭

答案：A，B，D

326. 以下情况不能直接联锁高压泵停车的是(　　)。

A. 气化器入口压力高高　　B. 高压泵出口阀门故障关闭
C. 高压泵入口阀门关闭　　D. 高压泵回流管线阀门故障关闭
答案：A，B，D
327. 启动卸料臂前需检查的内容包括(　　)。
A. 操纵蓄能器压力　　B. 液压油油压和油温
C. 氮气旋转净化露点　　D. PLC
答案：A，B，C，D
328. 正常卸料期间，卸料臂旋转接头氮气供应不足可能导致的现象或直接后果为(　　)。
A. 氮气流量报警　　B. 旋转接头动作受阻
C. 卸料臂船岸连接法兰泄漏　　D. 旋转接头内部结冰
答案：A，B，D
329. 下列液体的特性与饱和蒸汽压有关的是(　　)。
A. 黏度　　B. 沸点　　C. 熔点　　D. 相对挥发度
答案：B，D
330. 除了温度外，以下可能影响饱和蒸汽压的参数有(　　)。
A. 表面张力　　B. 重力　　C. 电磁场　　D. 离心力
答案：A，B，C
331. 关于气缚，下列说法错误的是(　　)。
A. 离心泵、齿轮泵等在启动时，若泵内有空气，都有可能发生气缚现象
B. 气缚现象只有离心泵才有可能发生
C. 气缚会损坏泵的叶片
D. 发生气缚后，泵还是一样能输送液体，只是输送能力略有下降
答案：A，C，D
332. 产生气缚的原因可能是(　　)。
A. 离心泵启动时，泵内存有空气
B. 离心泵启动前没有灌泵
C. 离心泵在运转时，泵内没有充满液体或者在运转中漏入空气
D. 离心泵内液体压力低于该温度下的饱和蒸汽压
答案：A，B，C
333. 下列选项中，(　　)是造成高压离心泵产生振动的原因。
A. 汽蚀　　B. 轴承与轴的间隙过大
C. 叶轮不平衡　　D. 电机和泵的联轴节未找正
答案：A，B，C
334. 下列关于离心泵出现反转的现象，说法正确的是(　　)。
A. 电机接线接反　　B. 出口液体倒流
C. 长时间反转叶轮会汽蚀　　D. 出口压力会超过额定压力
答案：A，C

335. 可能引起流量检测仪表故障的工艺原因有(　　)。
A. 流量实际工况偏离设计工况过大　　B. 工艺介质存在气液两相
C. 三阀组平衡阀内漏　　D. 管道内有堵塞现象，造成局部涡流
答案：A，B，D
336. 可能造成热电偶故障的工艺原因有(　　)。
A. 由于工艺、设备原因造成温度分布不均匀
B. 热电阻保护套管外结垢严重
C. 由于液面过低或热电偶测量段在气相，造成温度指示变化
D. 补充导线绝缘老化
答案：A，B，C
337. 一条 LNG 装车臂上有(　　)等阀门。
A. 隔离手阀　　B. 注氮阀　　C. 放空阀　　D. 止回阀
答案：A，B，C
338. 装车臂上安装的手动隔离阀、氮气吹扫阀和放空阀等手动阀门，最易发生的故障和危害是(　　)。
A. 长期频繁使用导致阀门限位销松动，阀门关闭不严内漏导致管线结霜影响使用寿命
B. 长期频繁使用导致阀门限位销松动，阀门关闭不严内漏超压导致撬位安全阀起跳
C. 长期频繁使用导致阀门密封不严，阀盖处介质泄漏有火灾爆炸危险
D. 长期频繁使用导致阀门密封不严，阀盖处介质泄漏与湿冷空气混合后在阀门根部凝结，导致阀门无法开关
答案：A，C，D
339. 下列 TMS 管理系统中出现(　　)情况为异常现象，无法正常装车。
A. 装车过程批控器状态突然出现暂停状态
B. 在点击制单后系统提示制单失败
C. IC 读卡器状态出现 BAD 状态
D. 装车压力在 1.1MPa 左右
答案：A，B，C
340. 制卡时根据(　　)来确定本车预制量。
A. 首先计算出本次充装车辆的最大量(最大量≤该车的最大毛重－该车本次皮重)
B. 计算的充装最大量≤挂车的核定载质量
C. 根据该车的罐容及所装介质的密度值
D. 参考司机要求本次充装量
答案：A，B，C，D
341. 装车臂旋转接头在日常使用及维护保养过程中导致卡涩的原因有(　　)。
A. 密封不严导致旋转接头有氮气泄漏
B. 氮气压力过低或含水导致旋转接头内部滚道结冰
C. 装车臂使用频繁度高，旋转接头的密封装置日常磨损降低了密封效果
D. 旋转接头的滚珠安装上滚道时未严格按照安装标准进行安装
答案：A，B，C，D

342. 充装操作人员以下(　　)操作会直接或间接造成装车臂旋转接头卡涩。
A. 推拉装车臂时快速有力
B. 槽车停止不到位时拉伸调节装车臂对接法兰口
C. 装车结束后将装车臂固定在定位销上并锁定
D. 装车时将防冻手套、扳手等无足轻重的物件摆挂在装车臂上
答案：A，B，D
343. 装车臂旋转接头发生卡涩故障时伴随的一般现象有(　　)。
A. 循环氮气出口排放管的氮气气量变小或者没有
B. 旋转接头处有氮气泄漏
C. 旋转接头处有 LNG 泄漏
D. 装车臂氮气出口排放管排出的氮气中伴随有低温“白雾”
答案：A，B，C，D
344. 关于多台罐内泵运行时一台罐内泵联锁停车影响的说法正确的是(　　)。
A. 低压总管压力下降
B. 再冷凝器(分液罐)液位上升
C. 其他罐内泵流量增大
D. 再冷凝器(分液罐)压力降低
答案：A，C，D
345. 多台罐内泵运行时一台罐内泵联锁停车应急处置措施正确的是(　　)。
A. 高压泵打回流
B. 关小气化器入口流量调节阀
C. 关小码头保冷循环流量调节阀
D. 调节其他罐内泵至回流阀关闭，开大出口阀
答案：B，C，D
346. 罐内泵联锁停车后下列应急处置措施正确的是(　　)。
A. 迅速查看高压泵入口压力
B. 迅速查看再冷凝器液位及压力
C. 迅速查看其他罐内泵运行状态
D. 迅速查看 LNG 储罐压力
答案：A，B，C
347. 3 台高压泵运行时，其中一台高压泵联锁停车的影响是(　　)。
A. 再冷凝器底部压力迅速上升
B. 再冷凝器液位上升
C. 气化器入口压力上升
D. 罐内泵的流量会变小
答案：A，B，D
348. 多台高压泵联锁停车可能会导致(　　)。
A. BOG 压缩机联锁停车
B. 再冷凝器联锁停车
C. 罐内泵联锁停车
D. ORV 联锁停车
答案：A，B，C
349. 多台高压泵运行时，其中一台高压泵联锁停车，以下应急处置方法正确的是(　　)。
A. 减少罐内泵的运行台数或运行负荷
B. 停 BOG 压缩机
C. 稳定再冷凝器压力
D. 降低气化器负荷
答案：A，C，D
350. 高压泵因出口管线泄漏紧急停车后应(　　)。

A. 疏散现场人员　　B. 关闭泄漏点上下游阀门
C. 立即联系维修人员紧固法兰　　D. 泄漏管段排凝泄压
答案：A，B，D

351. 多台气化器运行时，其中一台气化器联锁停车的影响是(　　)。
A. 再冷凝器底部压力迅速上升　　B. 再冷凝器液位上升
C. 高压泵出口压力变小　　D. 罐内泵的流量会变大
答案：A，B

352. 气化器联锁停车会对(　　)设备造成影响。
A. 高压泵　　B. 罐内泵　　C. 再冷凝器　　D. 运行的其他气化器
答案：A，B，C，D

353. 一台气化器联锁停车后为避免再冷凝系统停车需进行的应急处置为(　　)。
A. 高压泵打回流避免再冷凝器出口压力过高
B. 增大其他气化器入口调节阀开度
C. 增大罐内泵回流阀开度
D. 增大再冷凝器入口流量调节阀
答案：A，B，C

354. 下列关于分液罐液位持续上升的处置方法正确的是(　　)。
A. 排查电加热器是否送电或故障　　B. 排查 BOG 总管是否进液
C. 排查 BOG 温度计是否正常　　D. 排查液位计是否正常
答案：A，B，D

355. 正常生产过程中火炬突然燃烧应(　　)。
A. 检查 BOG 总管放空火炬阀门的状态　　B. 现场检查计量外输区放空阀状态
C. 检查火炬分液罐温度、液位　　D. 提高 BOG 压缩机负荷
答案：A，B，C

356. 火炬放空过程中出现火雨的处置方法是(　　)。
A. 检查火炬分液罐电加热器运行情况　　B. 密切关注 BOG 总管压力、温度
C. 提高火炬氮气吹扫流量　　D. 排查 BOG 总管进液位置并切断进液
答案：A，B，D

357. 下列热膨胀安全阀起跳处置措施正确的是(　　)。
A. 查看安全阀所在管线压力
B. 在管线不超压的情况下关闭安全阀上下游手阀
C. 通过导淋阀泄压后拆检安全阀
D. 隔离、置换安全阀所在主工艺管线，更换安全阀
答案：A，B，C

358. IFV 出口天然气温度低应重点排查(　　)。
A. 丙烷压力是否偏低　　B. 海水流量是否偏低
C. LNG 流量是否偏大　　D. 丙烷压力是否偏高
答案：A，B，C

359. 浸没燃烧式气化器出口温度偏低时处理方法合理的是(　　)。
A. 关小 LNG 流量调节阀
B. 检查控制燃烧器负荷的温度传感器测量值是否偏高
C. 检查控制燃烧器负荷的温度传感器测量值是否偏低
D. 开大 LNG 流量调节阀
答案：A，B
360. 高压泵入口饱和蒸汽压差过低，应采取的措施是(　　)。
A. 提高高压泵入口压力　　B. 降低入口 LNG 温度
C. 降低 BOG 压缩机负荷　　D. 降低气化器处理量
答案：A，B，C
361. 高压泵入口饱和蒸汽压差与(　　)参数有关。
A. 入口温度　　B. 入口压力
C. 高压泵泵筒液位　　D. LNG 组分
答案：A，B，D
362. 卸料臂快速接头(QCDC)卡爪无法抓紧船方法兰，可能的原因包括(　　)。
A. 液压油压力低　　B. 船方法兰厚度超过允许值
C. 旋转接头氮气吹扫压力偏低　　D. 外臂锁未打开
答案：A，B
363. 卸料臂旋转接头氮气吹扫系统报警应采取的措施是(　　)。
A. 检查氮气露点是否合格
B. 检查旋转接头有无氮气泄漏
C. 检查卸料臂旋转接头氮气吹扫管线有无泄漏
D. 检查旋转接头温度是否偏低
答案：A，B，C
364. 槽车出厂打印磅单时，若发现该磅单信息错误，操作员做法正确的是(　　)。
A. 首先向班长和有工程师权限的相关人员申请，同意后再做修改
B. 无须汇报，核对正确后，登录 ENG 直接修改
C. 操作员将修改的信息录入磅单修改台账中，以备后期问题倒查
D. 与销售人员共同核对，该车磅单重新打印，三方签字确认
答案：A，C，D
365. 若槽车需要再次进厂补装时，最后单据处理操作员做法正确的是(　　)。
A. 就地模式下补装时，装车完毕将原始单据重新称重即可
B. 就地模式下补装时，直接将毛重、净重修改即可
C. IC 卡模式下补装，将第二次补装单据转为异常，保留第一单据，核对完毕重新称重，确保数据正确，并将异常单据里的补装单据删掉即可
D. IC 卡模式下补装，将第二次补装单据转为异常，保留第一单据，核对完毕重新称重即可
答案：A，C

366. 装车臂旋转接头在日常使用过程中卡涩时的检查方法有(　　)。
A. 检查旋转接头密封处是否有氮气和可燃气体泄漏
B. 检查循环氮气管线末端出口氮气压力是否正常
C. 检查旋转接头内部密封圈是否有磨损状况
D. 检查旋转接头内部带孔滚珠及滚珠滑道是否有磨损现象
答案：A，B，C，D

367. 在对装车臂进行拆臂操作时，发现装车臂有旋转接头卡涩的情况，以下处理方法正确的有(　　)。
A. 快速将装车臂归位，以免影响后续装车生产
B. 视旋转接头卡涩状况而定，轻微卡涩可缓慢将装车臂归位，再判断卡涩原因，等待维修
C. 若旋转接头卡涩严重，则必须将装车臂使用氮气吹扫置换后方可拆卸检查
D. 检查循环氮气压力，若循环氮气管线末端出口氮气压力正常则不必处理，可继续使用
答案：B，C

368. 密封圈的破损是造成装车臂旋转接头卡涩的重要原因之一，一旦破损必须及时更换。正常使用的旋转接头内密封圈主要包括(　　)。
A. 主静、主动密封圈　　B. 端面密封圈
C. 次级密封圈　　D. 氮气密封圈
答案：A，B，C，D

369. LNG 装车臂易出现故障的部件有(　　)。
A. 批控器　　B. 隔离手阀　　C. 注氮阀　　D. 放空阀
答案：B，C，D

370. LNG 装车臂旋转接头内部的密封圈是旋转接头密封装置的关键部件，其中内圈与左、右法兰之间分别装有(　　)。
A. 主静密封圈　　B. 主动密封圈　　C. 次级密封圈　　D. 端面密封圈
答案：A，B

371. 根据密封形式划分，旋转接头的密封形式分为(　　)。
A. 接触式密封　　B. 非接触式密封　　C. 动密封　　D. 静密封
答案：A，B

372. 在储罐库存相同的情况下，下列(　　)会造成气态外输量与液态外输量的和小于 LNG 接卸量。
A. 火炬放空　　B. 燃料气消耗
C. 罐内泵打回流　　D. 高压泵排凝至排凝罐
答案：A，B

373. 计算月度最大气态外输计划时，需使用(　　)参数。
A. 月度接船计划　　B. 月度液体装车计划
C. BOG 再冷凝器处理量　　D. 现有库存较最低库存的富余量
答案：A，B，D

374. 关于 LNG 汽化率下列说法正确的是(　　)。
A. LNG 长时间储存后密度变大，汽化率减小
B. LNG 汽化率主要受 LNG 组分的影响
C. LNG 汽化率主要受 LNG 温度的影响
D. LNG 汽化率主要受 LNG 压力的影响
答案：A，B
375. 下列选项中，影响 ORV 换热量的因素是(　　)。
A. 海水流量　　B. 海水槽压力　　C. LNG 温度　　D. LNG 组分
答案：A，C，D
376. 影响 SCV 运行热负荷的因素主要有(　　)。
A. LNG 流量　　B. 管束换热面积
C. 出口天然气温度　　D. 烟气 NOx 含量
答案：A，B，C
377. 影响 IFV 热负荷的因素主要有(　　)。
A. LNG 流量　　B. LNG 管束换热面积
C. 丙烷压力　　D. 海水温度
答案：A，B，D
378. 利用伯努利方程计算罐内泵扬程时需要记录的参数有(　　)。
A. 罐内 LNG 的密度　　B. 泵出口流量
C. 泵出口管线压力　　D. 泵转速
答案：A，B，C
379. 在职工培训中，案例教学具有(　　)等优点。
A. 提供了一个系统的思考模式
B. 有利于使受培训者参与企业实际问题的解决
C. 可得到有关管理方面的知识与原则
D. 有利于获得感性知识，加深对所学内容的印象
答案：A，B，C
380. 在职工培训中，讲授法的缺点是(　　)。
A. 讲授内容具有强制性　　B. 学习效果易受教师讲授水平的影响
C. 适用的范围有限　　D. 没有反馈
答案：A，B，D
381. 培训方案应包括(　　)等内容。
A. 培训目标　　B. 培训内容　　C. 培训指导者　　D. 培训方法
答案：A，B，C，D
382. 编写培训教案的基本技巧是(　　)。
A. 确立培训的主题　　B. 构思培训提纲
C. 搜集素材　　D. 整理素材
答案：A，B，C，D

判断题

1. 职业道德是指从事一定职业的人们在长期的职业活动中所形成的技能操作。
答案：×
正确答案：职业道德是指从事一定职业的人们在长期的职业活动中所形成的行为规范。
2. 职业道德具有自愿性的特点。
答案：×
正确答案：职业道德是一种非强制性的约束机制。
3. 职业道德不倡导人们的牟利最大化的观念。
答案：×
正确答案：职业道德不是牟利，是一般的职业规范。
4. 在市场经济条件下，克服利益导向是职业道德社会功能的表现。
答案：×
正确答案：在市场经济条件下，克服利益导向不是职业道德社会功能的表现。
5. 企业文化所具有的功能包括娱乐功能。
答案：×
正确答案：企业文化的功能不包括娱乐功能。
6. 企业文化对企业具有整合的功能。
答案：√
7. 职业道德对企业起到增强竞争力的作用。
答案：√
8. 如果向企业员工灌输太多的职业道德，则容易使企业员工产生谨小慎微的观念。
答案：×
正确答案：向企业员工灌输太多的职业道德，不会使企业员工产生谨小慎微的观念。
9. 职业道德是人生事业成功的重要条件。
答案：√
10. 事业成功的人往往具有较高的职业道德。
答案：√
11. 员工在职业交往活动中，应尽力在服饰上突出个性是符合仪表端庄具体的要求。
答案：×
正确答案：员工在职业交往活动中，服饰上应符合仪表端庄具体的要求。
12. 员工在职业道德活动中，做到表情冷漠、严肃待客符合职业道德规范的要求。
答案：×
正确答案：员工在职业道德活动中，表情冷漠、严肃待客不符合职业道德规范的要求。
13. 爱岗敬业作为职业道德的内在要求，指的是员工要热爱自己喜欢的工作岗位。
答案：×
正确答案：爱岗敬业作为职业道德的内在要求，员工要强化职业责任。

14. 在市场经济条件下，应该树立多转行、多学知识、多长本领的择业观念。

答案：×

正确答案：在市场经济条件下，多转行不是正确的择业观念。

15. 在市场经济条件下，根据服务对象来决定是否遵守承诺并不违反职业道德规范中关于诚实守信的要求。

答案：×

正确答案：在市场经济条件下，根据服务对象来决定是否遵守承诺违反了职业道德规范中关于诚实守信的要求。

16. 如果在职业活动中，一贯地坚持诚实守信会损害企业的利益。

答案：×

正确答案：在职业活动中，坚持诚实守信不会损害企业的利益。

17. 要做到办事公道，则在处理公私关系时，要做到公私不分。

答案：×

正确答案：要做到办事公道，在处理公私关系时，要做到公平公正。

18. 办事公道是指从业人员在进行职业活动时，要做到助人为乐和有求必应。

答案：×

正确答案：办事公道是指从业人员在进行职业活动时，要做到追求真理、平等待人、公私分明、坚持原则。

19. 勤劳节俭虽然有利于节省资源，但是并不能促进企业的发展。

答案：×

正确答案：勤劳节俭是促进经济和社会发展的重要手段。

20. 在市场经济时代，勤劳是需要的，而节俭则不宜提倡。

答案：×

正确答案：在市场经济时代，勤劳节俭是提倡的。

21. 职业纪律是企业的行为规范，其具有随意性强的特点。

答案：×

正确答案：职业纪律是企业的行为规范，其具有明确的规定性的特点。

22. 职业纪律中包括群众纪律。

答案：√

23. 在企业活动中，师徒之间要做到平等和互相尊重。

答案：√

24. 在日常接待工作中，当对待不同的服务对象时，应做到一视同仁的服务态度。

答案：√

25. 创新既不能墨守成规，也不能标新立异。

答案：×

正确答案：创新是企业发展的动力，应鼓励员工大胆地试大胆地闯，敢于提出新问题。

26. 服务也需要创新。

答案：√

27. 在静止流体中，任何一点的[$z+p/(\rho g)$]总是不相等。

答案：×

正确答案：在静止流体中，任何一点的[$z+p/(\rho g)$]总是一个常数。

28. 流体静力学基本方程式适用于均质不可压缩的重力流体处于静止状态时流体内部的任意两点。

答案：√

29. 仅在重力作用下，静止流体中某一点的静水压强等于表面压强加上流体的容重与该点淹没深度的乘积。

答案：√

30. 当实际气体的压力趋于零时，范德华方程不能还原为理想气体状态方程。

答案：×

正确答案：当实际气体的压力趋于零时，范德华方程可以还原为理想气体状态方程。

31. 在理想气体状态方程式中引入气体压缩因子，可变为真实气体状态方程式。

答案：√

32. 临界温度以上，压力越高，气体越易被液化。

答案：×

正确答案：临界温度以上，无论压力有多高，气体都不能被液化。

33. 流体在等径直管段中流动时，其阻力主要是局部阻力。

答案：×

正确答案：流体在等径直管段中流动时，其阻力主要是沿程阻力。

34. 流体具有黏性，流动时存在内部摩擦力是流体阻力产生的根本原因。

答案：√

35. 固定的管壁或其他形状的固体壁面是流动阻力产生的条件。

答案：√

36. 发生纯导热现象时，单位时间内导过垂直于热流方向的热流量其数值与该处温度梯度的绝对值成正比。

答案：√

37. 热传导的基本定律是牛顿冷却定律。

答案：×

正确答案：热传导的基本定律是傅里叶定律。

38. 热传导基本定律表达的是热流通量和温度梯度之间的关系。

答案：√

39. 当流动液体和静止的固体壁面直接接触，而温度不同时，它们之间发生的热传递过程称为传导换热。

答案：×

正确答案：当流动液体和静止的固体壁面直接接触，而温度不同时，它们之间发生的热传递过程称为对流换热。

40. 对流传热是指流体固体壁面的传热过程，是依靠流体质点的移动进行热量传递的。

答案：√

41. 由于产生的原因不同，对流传热可分为层流传热和湍流传热。

答案：×

正确答案：由于产生的原因不同，有自然对流和强制对流两种。根据流动状态，又可分为层流传热和湍流传热。

42. 简单蒸馏的特点是间歇不稳定分离程度不高。

答案：√

43. 蒸馏操作依据是组分间浓度差异。

答案：×

正确答案：蒸馏操作依据是组分间挥发度的差异。

44. 对于组分挥发度相差较小、分离要求高的场合，可采用平衡蒸馏或简单蒸馏。

答案：×

正确答案：对于组分挥发度相差较大、分离要求不高的场合，可采用平衡蒸馏或简单蒸馏。

45. 双作用往复式压缩机在活塞完成一个工作行程的过程中，完成两次吸气一次排气。

答案：×

正确答案：双作用往复式压缩机在活塞完成一个工作行程的过程中，完成两次吸气两次排气。

46. 往复活塞式压缩机的排气温度较吸气温度高。

答案：√

47. 往复活塞式压缩机在活塞压缩过程中，气体体积减小，内能减小，温度升高。

答案：×

正确答案：往复活塞式压缩机在活塞压缩过程中，气体体积减小，内能增大，温度升高。

48. 通过吸气阀卸荷的方式可以实现无级调节往复式压缩机处理能力。

答案：×

正确答案：通过吸气阀卸荷的方式不能实现无级调节往复式压缩机处理能力。

49. 往复式压缩机活塞的直线往复运动是由于曲柄滑块机构的运动转换作用。

答案：√

50. 活塞环是迷宫式往复式压缩机的关键密封件。

答案：×

正确答案：活塞环不是迷宫式往复压缩机的关键密封件。

51. 正常情况下，由于气缸侧压力相对更高，所以靠近气缸侧的填料环更容易损坏。

答案：√

52. 往复式压缩机填料函由填料环组组成，主要作用为密封气体，防止气体沿活塞杆向气缸方向泄漏。

答案：×

正确答案：往复式压缩机填料函由填料环组组成，主要作用为密封气体，防止气体沿活塞杆从气缸向外泄漏。

53. 往复式压缩机填料函通常布置在压缩机气缸与中体之间，并根据需要可以设置润滑、冷却、保护气和漏气回收。

答案：√

54. 离心风机是根据势能转换为动能的原理，利用高速旋转的叶轮将气体加速，然后减速、改变流向，使势能转换成动能。

答案：×

正确答案：离心风机是根据动能转换为势能的原理，利用高速旋转的叶轮将气体加速，然后减速、改变流向，使动能转换成势能。

55. 离心风机与轴流风机的工作原理完全一样。

答案：×

正确答案：离心风机与轴流风机的工作原理不完全一样。

56. 轴流风机又叫通风机，是常用的一种风机，但不同于一般的风机它的电机和风叶都在一个圆筒里，外形就是一个筒形，用于局部通风，安装方便，通风换气效果明显，可以接风筒把风送到指定的区域。

答案：√

57. 离心风机中，对气体直接做功的部件为扩散器。

答案：×

正确答案：离心风机中，对气体直接做功的部件为叶轮。

58. 一般来讲，轴流风机相对于离心风机结构更为紧凑。

答案：√

59. 在风机运转时通过改变叶片间距或倾角，轴流式风机可以相应地改变流量或风压。

答案：√

60. 一般来讲，若使离心泵串联运行，选择的离心泵应该扬程相等。

答案：×

正确答案：一般来讲，若使离心泵串联运行，选择的离心泵应该流量相等。

61. 一般来讲，若使离心泵并联运行，选择的离心泵应该流量相等。

答案：×

正确答案：一般来讲，若使离心泵并联运行，选择的离心泵应该扬程相等。

62. 一般来讲，离心泵并联后单台泵的流量较并联之前会升高。

答案：×

正确答案：一般来讲，离心泵并联后单台泵的流量较并联之前会降低。

63. 理论上，吸入管的水头损失增加1m，则泵的允许最大安装高度应增加1m。

答案：×

正确答案：理论上，吸入管的水头损失增加1m，则泵的允许最大安装高度应减小1m。

64. 当两台泵的扬程一样时，则两台泵的最大允许安装高度一样。

答案：×

正确答案：当两台泵的扬程一样时，则两台泵的最大允许安装高度不一定一样。

65. 同一台泵应用于不同的输送介质时，泵的最大允许安装高度不同。

答案：√

66. 滑动轴承在液体润滑条件下，滑动表面被润滑油分开而不发生直接接触，还可以大大减小摩擦损失和表面磨损，但油膜厚度较薄，因此没有吸振能力。

答案：×

正确答案：滑动轴承在液体润滑条件下，滑动表面被润滑油分开而不发生直接接触，还可以大大减小摩擦损失和表面磨损，油膜还具有一定的吸振能力。

67. 滑动轴承由于滑动环有润滑油脂，所以相对于滚动轴承，滑动轴承的启动力矩更小。

答案：×

正确答案：滑动轴承由于为面接触摩擦，所以相对于滚动轴承，滑动轴承的启动力矩更大。

68. 滑动轴承正常工作情况下，轴瓦与轴径直接接触并提供对轴径的支撑力。

答案：×

正确答案：滑动轴承正常工作情况下，轴瓦与轴径靠润滑油隔开，非直接接触。

69. 滚动轴承中的游隙越大，轴承运转时越不精确，噪声越小。

答案：×

正确答案：滚动轴承中的游隙越大，轴承运转时越不精确，噪声越大。

70. 当载荷以径向为主，轴向载荷较小，转速较高而无其他特殊要求时，应优先采用向心球轴承系列。

答案：√

71. 推力滚动轴承主要承受径向力。

答案：×

正确答案：推力滚动轴承主要承受轴向力。

72. 法兰的公称压力等级选择应当根据设计压力(最大允许工作压力)、材料组别、工作温度、管道直径来选择。

答案：×

正确答案：管道直径与压力等级无关系。

73. 天然气管道介质工作压力为2.0MPa，对应的法兰压力等级最佳为PN2.5。

答案：×

正确答案：法兰压力等级最佳应是工作压力的1.5～2倍，并且法兰压力等级选用应参照设计压力。

74. 按照公称压力划分法兰压力等级，压力在10～100MPa范围内，属于高压管道。

答案：√

75. 管道组成件及管道支承件的材质、规格、型号、质量应符合设计文件的规定，并按国家现行标准进行外观检验，不合格者不得使用。

答案：√

76. 不锈钢管、有色金属管应采用机械或等离子方法切割，不锈钢管及钛管用砂轮切割或修磨时，无须用专用切割片。

答案：×

正确答案：不锈钢管及钛管用砂轮切割或修磨时，需用专用切割片。

77. 与管道连接的机械已找正合格，就可配管。

答案：×

正确答案：配管时还需检查位置与标高等。

78. 离心泵检修工序一般包括：拆卸、检查、测量、修理或更换以及组装。对上述工序的主要质量要求是保证泵转子动、静各部分的配合间隙。

答案：√

79. 离心泵检修要求轴表面光洁、无吹损，键槽和键不松动，两端螺纹无翻牙，轴径无损伤及变形。

答案：√

80. 泵新更换的叶轮可不用做静平衡试验。

答案：×

正确答案：需要做静平衡试验。

81. 金属防护的基本思路是防止金属与氧化性介质直接接触。

答案：×

正确答案：除了防止金属与氧化性介质直接接触以外，还有防止金属表面形成电解质溶液层。

82. 采用外加电流的方式保护海水中的钢闸门，主要是将被保护钢闸门作为阳极，用惰性电极作阴极，接上电源。

答案：×

正确答案：钢闸门应作为阴极，惰性电极作阳极。

83. 电解质导电是引起金属发生电化学腐蚀的主要原因。

答案：√

84. 一般来说金属的标准电极电位越高，化学稳定性越高，耐腐蚀性越强。

答案：√

85. 富锌防腐涂料不能直接作底漆使用。

答案：×

正确答案：可以直接作为底漆使用

86. 喷砂方法是防腐施工中表面处理质量最好的方法。

答案：√

87.《固定式压力容器安全技术监察规程》(简称“固定容规”)规定：固定式压力容器是指安装在固定位置使用的压力容器。

答案：×

正确答案：根据上述规程，对于为了某一特定用途、仅在装置或者场区内部搬动、使用的压力容器，以及移动式空气压缩机的储气罐按照固定式压力容器进行监督管理。

88. 按《压力容器定期检验规则》规定：压力容器年度检查应每年至少进行一次。

答案：√

89. 凡是承受压力载荷大于0.1MPa的密闭容器，均应办理使用登记证后，方可使用。

答案：×

正确答案：是否为压力容器评判标准包括：压力、体积、介质、工作温度等，如果属于压力容器则需要办理使用登记证，但是简单压力容器不需要注册登记。

90.《在用工业管道定期检验规程》规定在线检验一般以宏观检查和安全保护装置检验为主，必要时进行测厚检查和电阻值测量。

答案：√

91.《在用工业管道定期检验规程》规定压力管道的在线检验泄漏检查主要检查安全附件上阀门的泄漏情况。

答案：×

正确答案：还包括管道法兰、入口等静密封点检查。

92.《在用工业管道定期检验规程》规定检验单位应进行全面检验的现场准备工作，负责检验所必需的辅助工作（如拆除保温、搭脚手架、打磨除锈、配起重设置、提供检验用电、水、气等）。

答案：×

正确答案：上述工作应由使用单位完成。

93. 交流电动机可分为单相和三相两大类，目前使用最广泛的是单相电动机。

答案：×

正确答案：交流电动机可分为单相和三相两大类，目前使用最广泛的是三相电动机。

94. 电动机的定期维护包括小修和大修。

答案：×

正确答案：电动机的定期维护包括小修、中修和大修。

95. 电动机的工作电压过高或过低都会导致线圈过热而烧坏。

答案：√

96. 变压器工作时，原线圈和副线圈的匝数成反比。

答案：×

正确答案：变压器工作时，原线圈和副线圈的匝数成正比。

97. 不同型号的变压器油不可以混合使用。

答案：√

98. 变压器上层油温不宜超过 100℃。

答案：×

正确答案：变压器上层油温不宜超过 85℃。

99. 爆炸危险场所使用的防爆电气设备，在运行过程中，必须具备不引燃周围爆炸性混合物的性能。

答案：√

100. 隔爆电动机检修时，拆动的隔爆面要进行清理、涂防锈油，并检查隔爆面应完整无损伤。

答案：√

101. 防爆照明灯具分为隔爆型和正压型两种。

答案：×

正确答案：防爆照明灯具分为隔爆型和增安型两种。

102. 防爆正压型是向外壳内充入带正压的清洁空气、惰性气体或连续通入清洁空气以阻止爆炸性混合物进入外壳内的电气设备，其外壳防护不得低于 IP44。

答案：√

103. 各种防爆类型的电气设备，应有“Ex”标志和标明防爆电气设备的类型、级别、组别的标志的铭牌，并在铭牌上标明国家指定的检验单位发给的合格证号。

答案：√

104. 防爆增安型是在正常时不产生火花、电弧或高温的设备上采取措施以提高安全程度的电气设备，其裸露带电部件的外壳防护不得低于 IP31。

答案：×

正确答案：防爆增安型是在正常时不产生火花、电弧或高温的设备上采取措施以提高安全程度的电气设备，其裸露带电部件的外壳防护不得低于 IP54。

105. 在电阻分压电路中，电阻值越大，其两端分得的电压就越高。

答案：√

106. 电阻大的导体，电阻率就一定大。

答案：×

正确答案：电阻率由导体本身的材料决定，且与温度有关，电阻大的导体电阻率不一定大。

107. 三相正弦交流电的有效值与最大值之间的关系为 $U_m=\sqrt{2}U$。

答案：√

108. 绝缘材料受潮后，绝缘电阻没有变化。

答案：×

正确答案：绝缘材料受潮后，绝缘电阻会显著下降。

109. 电力电缆线路停电后，不能立即开展检修工作。

答案：√

110. 检测运行电缆的温度通常只需在电缆线路终端头测量即可。

答案：×

正确答案：检测运行电缆的温度通常在电缆线路终端头和中间头的附近测量。

111. 稳定性是现代仪表的重要性能指标之一，如果仪表发生故障越少，故障发生时间越短，表示该表稳定性越高。

答案：×

正确答案：如果故障越少，发生时间越短，表示该表可靠性越高。

112. 灵敏度是数字式仪表的重要性能指标之一。在数字式仪表中，用分辨率表示仪表灵敏度大小。

答案：√

113. 对在生产装置上使用的仪表进行校验，原来仪表精度是 1.0 级，校验后计算出 $\delta=\pm1.2\%$，则校验后该表精度应确定为 1.5 级。

答案：√

114. 如果将调节器的输入偏差信号定义为测量值减去给定值，那么当偏差增加时，其输出也增加的调节器称为“反作用”调节器。

答案：×

正确答案：如果将调节器的输入偏差信号定义为测量值减去给定值，那么当偏差增加时，其输出也增加的调节器称为“正作用”调节器。

115. 被控对象的正、反作用方向规定为：当操纵变量增加时，被控变量也增加的对象属于“反作用”。

答案：×

正确答案：被控对象的正、反作用方向规定为：当操纵变量增加时，被控变量也增加的对象属于“正作用”。

116. 选择调节器正、反作用的一般步骤是先由操纵变量对被控变量的影响方向来确定对象的作用方向，然后由工艺安全条件来确定调节阀的气开、气关形式，最后由对象、调节阀、调节器三个环节组合后为“负”来确定调节器的正、反作用。

答案：√

117. 过渡过程结束时，新稳定值与给定值之间的差值称为超调量。

答案：×

正确答案：过渡过程结束时，新稳定值与给定值之间的差值称为余差。

118. 从干扰作用发生时刻起，到系统重新建立平衡时，过渡过程经历的时间称为平衡时间。

答案：×

正确答案：从干扰作用发生时刻起，到系统重新建立平衡时，过渡过程经历的时间称为过渡时间。

119. 过渡过程同向相邻两波峰之间的间隔时间称为振荡周期。

答案：√

120. 积分调节依据“偏差的大小”来动作，它的输出与输入偏差的大小成比例，其调节及时，但有余差。

答案：×

正确答案：比例调节依据“偏差的大小”来动作，它的输出与输入偏差的大小成比例，其调节及时，但有余差。

121. 微分调节依据“偏差变化速度”来动作，它的输出与输入偏差变化的速度成比例，其效果是组织被控变量的一切变化，有超前调节的作用，对滞后大的对象有很好的效果。

答案：√

122. 比例调节依据“偏差是否存在”来动作，它的输出与偏差对时间的积分成比例，只有当余差消失时，积分作用才会停止，其作用是消除余差。

答案：×

正确答案：积分调节依据“偏差是否存在”来动作，它的输出与偏差对时间的积分成比例，只有当余差消失时，积分作用才会停止，其作用是消除余差。

123. 微分控制通常不单独使用的原因是假如偏差固定，即使数值很大，微分作用也没有输出，因而不能消除偏差。

答案：√

124. 由于微分作用可以实现超前调节，因此绝大多数系统加上微分作用后都可以减小控制时间和最大偏差。

答案：×

正确答案：微分作用可以实现超前调节，若设置过大会延长控制时间。

125. 通过对积分时间和微分时间的设置，可以使比例积分微分控制规律变成纯比例控制规律。

答案：√

126. 临界比例度法是在纯比例运行下通过试验，得到临界比例度 δ_k 和临界周期 T_k，然后根据经验总结出的关系，求得调节器各参数值。

答案：√

127. 临界比例度法是在纯比例运行下，通过使系统产生衰减振荡，得到衰减比例度和衰减周期，然后根据经验总结出来的关系求出调节器各参数值。

答案：×

正确答案：衰减曲线法是在纯比例运行下，通过使系统产生衰减振荡，得到衰减比例度和衰减周期，然后根据经验总结出来的关系求出调节器各参数值。

128. 经验凑试法是根据经验现将调节器参数置于一定数值，然后通过不断观察过渡过程曲线，逐渐凑试，直至获得满意调节器参数为止。

答案：√

129. 实现两个或两个以上的参数符合一定比例关系的控制系统，称为比值控制系统。

答案：√

130. 单闭环比值控制系统的优点是结构简单、成本低。缺点是无抗干扰能力。

答案：×

正确答案：开环比值控制系统的优点是结构简单、成本低。缺点是无抗干扰能力。

131. 比值控制系统生产中起主导作用的物料流量一般选为主流量，其余的物料流量跟随其变化，为副流量。

答案：√

132. 查看因果图时，“原因”在右边矩形框中，“结果”放在左边，作为“原因”框的输出。

答案：×

正确答案：“原因”在左边，“结果”在右边矩形框中，作为“原因”框的输出。

133. 因果图的作用是寻找影响质量的原因。

答案：√

134. 逻辑图是表达原因和结果之间关系的一种图表。

答案：×

正确答案：因果图是表达原因和结果之间关系的一种图表。

135. 逻辑运算的基本运算定律有交换律、结合律、分配率、反演律。

答案：√

136. IEC61131 标准规定了 5 种控制语言，包括语句表、逻辑图、功能方块图、顺控功能图、结构化文本。

答案：×

正确答案：IEC61131 标准规定了 5 种控制语言，包括语句表、梯形图、功能方块图、顺控功能图、结构化文本。

137. 逻辑图由许多逻辑图形符号构成，它与真值表及表达式一样，是描述逻辑函数的一种方法。

答案：√

138. 法定节假日期间无工作(公务)任务车辆，驾驶员将准驾证、车辆钥匙、行车证件上交单位统一封存，将车辆可以随意停放。

答案：×

正确答案：法定节假日期间无工作(公务)任务车辆，驾驶员将准驾证、车辆钥匙、行车证件上交单位统一封存，将车辆固定停放。

139. 交通事故当事人逃逸造成证据丢失，逃逸当事人承担事故全部责任。

答案：√

140. 生产经营单位应当重视从业人员进行安全生产教育和培训，但在生产任务重时，从业人员可以先上岗，后培训。

答案：×

正确答案：从业人员必须先培训，后上岗。

141. 在容器内施焊时，为防止焊工中毒，可向容器内通氧气。

答案：×

正确答案：在容器内施焊时，不能向容器内通氧气。

142. 在确认所有的电路无电之前，电路可以认为是不带电的。

答案：×

正确答案：在确认所有的电路无电之前，电路都要认为是带电的。

143. 特种作业人员必须取得特种作业资格证书后持证上岗作业，并按规定进行资格复审。

答案：√

144. 集团公司明确要求，所有施工作业都要在作业前运用 JSA 等方法进行危害识别及风险分析。

答案：√

145. 用火作业人无权拒绝用火。

答案：×

正确答案：在不符合用火条件的情况下，用火作业人有权拒绝用火。

146. 基于风险的油气管道完整性管理中，定义的风险评价的方法分为定性、定量两种，二者之间的称为半定量方法。

答案：√

147. 集团公司明确要求，所有施工作业都要在作业前运用 HAZOP 等方法进行危害识别及风险分析。

答案：×

正确答案：集团公司明确要求，所有施工作业都要在作业前运用 JSA 等方法进行危害识别及风险分析。

148. 危险化学品企业应树立泄漏就是事故的理念，全面加强泄漏管控与治理，从源头上预防和控制泄漏。

答案：√

149. 危害识别的结果和风险控制措施可以不告知所有参与作业的人员。

答案：×

正确答案：危害识别的结果和风险控制措施应由作业活动负责人告知所有参与作业的人员，并签字确认。

150. LNG 的分层会引起储罐内压力骤降。

答案：×

正确答案：LNG 的分层会引起储罐内压力增加。

151. 低温探测器布置在存储 LNG 的设备、设施附近，包括 LNG 液体泄漏区的低点收集处、收集沟和泄漏收集池。

答案：√

152. 消防栓内水带使用时，应一头连接在出水接扣上，另一端接上水枪，应快速开启球阀门。

答案：×

正确答案：消防栓内水带使用时，应一头连接在出水接扣上，另一端接上水枪，严禁快速开启，防止造成水锤现象。

153. 用人单位应当规定对从事接触职业病危害作业的劳动者，组织上岗前、在岗期间的职业健康检查，离岗时可以不做职业健康体检，并将检查结果如实告知劳动者。

答案：×

正确答案：用人单位应当规定对从事接触职业病危害作业的劳动者，组织上岗前、在岗期间、应急时和离岗时的职业健康检查，并将检查结果如实告知劳动者。

154. 职业健康检查和相关医学观察的费用应由劳动者自己承担。

答案：×

正确答案：职业健康检查和相关医学观察的费用由企业承担。

155. 在接收站码头口岸区域出入的人员，应当服从边检协管员的管理。

答案：√

156. 依据中国石化安全公示管理规定，重大变更情况公示主要包括：变更基本情况、管控措施、管控效果等。

答案：×

正确答案：依据中国石化安全公示管理规定，重大变更情况公示主要包括：变更基本情况、管控措施、管控责任人等。

157. 完善基层安全组织建设的主要内容包括强化基层 HSSE 领导小组、建立完善基层义务应急队(班)。

答案：√

158. 风险识别要单独识别、统一审查。

答案：×

正确答案：风险识别要统一识别、统一审查。

159. 公司制定的《环境保护管理规定》的相关要求不能高于天然气分公司有关规定。

答案：×

正确答案：公司制定的《环境保护管理规定》的相关要求应高于天然气分公司有关规定。

160. 公司优先采用资源、能源利用率高以及污染物产生量少的清洁生产技术和工艺，减少废水产生量。

答案：√

161. 正常运行时火炬及 SCV 燃烧产生的废气不能直接排入大气。

答案：×

正确答案：正常运行时火炬及 SCV 燃烧产生的废气可直接排入大气。

162. 企业应当不定期开展危险化工工艺和危险化学品安全管理专项检查，检查结果纳入企业绩效考核。

答案：×

正确答案：企业应当定期开展危险化工工艺和危险化学品安全管理专项检查，检查结果纳入企业绩效考核。

163. 大型机组、重要设施、电力、仪表系统未按期维护的，不属于集团公司重大生产安全事故隐患。

答案：×

正确答案：大型机组、重要设施、电力、仪表系统未按期维护的，是集团公司重大生产安全事故隐患。

164. 涉及重点监管危险化工工艺的装置，未实现自动化控制，系统未实现紧急停车功能，装备的自动化控制系统、紧急停车系统未投入使用的，属于重大生产安全事故隐患。

答案：√

165. 对于可能造成周边公众人身伤害、财产损失或社会不稳定状态的事件，企业应建立企地联动应急预案和应急机制。

答案：√

166. 企业应将应急培训作为安全培训的重要内容，纳入安全培训年度工作计划并组织实施。

答案：√

167. 对可能影响周边企业、公众的生产安全突发事件，可择机向地方政府、周边企业和社会公众发出预警信息。

答案：×

正确答案：对可能影响周边企业、公众的生产安全突发事件，为防止引起恐慌，及时向地方政府、周边企业和社会公众发出预警信息。

168. 超声波流量计和涡轮流量计均属速度式流量计。

答案：√

169. 气体超声波流量计中的超声换能器是把声能转换成电信号的元件。

答案：×

正确答案：超声波换能器的功能是将输入的电功率转换成机械功率(即超声波)再传递出去。

170. 超声波流量计和孔板流量计一样，压力损失较大。

答案：×

正确答案：超声波流量计压力损失较小。

171. 在涡轮流量计所规定的操作压力范围内，涡轮流量计的最大流量对于所有压力应该是相同的，即不管压力如何，其转子最大速度是相同的。

答案：√

172. 涡轮流量计的仪表特性和测量准确度不受被测介质黏度变化和流动状态变化的影响。

答案：×

正确答案：涡轮流量计的仪表特性和测量准确度受被测介质黏度变化和流动状态变化的影响较大。

173. 涡轮流量计清洗晾干后，先装上涡轮和前导流器，再将后导流器装入，并将压圈压紧。

答案：×

正确答案：清洗晾干后，先将后导流器装入，并将压圈压紧，再装上涡轮和前导流器。

174. 计量器具检定误差属于损耗输差。

答案：×

正确答案：计量器具检定误差属于计量误差输差。

175. 为了减少输差，整条管道系统，尽量采用统一的计量方式进行天然气的收销计量交接。

答案：√

176. 管道输送能力的利用率是指管道的实际输送量与管道设计输送能力比值的百分数。

答案：√

177. 热导检测器的英文缩写是 TCD。

答案：√

178. 热导池检测器惠斯通电桥原理为，载气中混有样品组分，载气的导热系数发生变化，从而改变了热丝向池壁传导的热量，引起了测量臂的热丝温度变化，进而又引起热丝阻值的变化，电桥的平衡被破坏。通过检测电流的变化可得出每种成分含量。

答案：√

179. 热导检测器是属于浓度型检测器。

答案：√

180. 调整载气、尾吹气种类和载气流速，可以提高 FID 检测限。

答案：√

181. 气相色谱法中，氢气和空气的流速对 FID 的灵敏度和线性没有影响。

答案：×

正确答案：气相色谱法中，氢气和空气的流速对 FID 的灵敏度和线性有影响。

182. 氢火焰离子化检测器的使用温度不应超过 100℃，温度高可能损坏离子头。

答案：×

正确答案：氢火焰离子化检测器的使用温度可超过 100℃。

183. 使用便捷式可燃气体检测仪，仪器显示传感器寿命到极限，采取的措施为用清洁空气吸引 10min 左右，按下“zero”约 2s，进行零位自动调整。

答案：×

正确答案：使用便捷式可燃气体检测仪，仪器显示传感器寿命到极限，采取的措施为直接委托厂家修理。

184. 便捷式可燃气体检测仪，蜂鸣器不鸣叫，首先应采取的措施为直接委托厂家修理。

答案：×

正确答案：便捷式可燃气体检测仪，蜂鸣器不鸣叫，首先应采取的措施为解除无声模式

185. 使用便捷式可燃气体检测仪，出现零位不能调整时，首先应采取的措施为用清洁空气吸引 10min 左右，按下“zero”约 2s，进行零位自动调整。

答案：√

186. 毛细管柱比填充柱的柱效高。

答案：√

187. 毛细管柱比填充柱的柱容量小，渗透率高。

答案：√

188. 毛细管柱涂渍的固定液用量比填充柱固定相涂渍的固定液用量多几十倍至几百倍，因此可将大量样品引入毛细管柱。

答案：×

正确答案：毛细管柱涂渍的固定液用量比填充柱固定相涂渍的固定液用量少几十倍至几百倍，因此可将微量样品引入毛细管柱。

189. LNG 船舶靠泊码头时，指挥人员业务熟练的话，靠泊速度越快越好，可提高作业效率。

答案：×

正确答案：为保证靠泊作业安全，大中型 LNG 船舶靠泊码头时速度不应超过 10cm/s。

190. 控制 LNG 船舶靠泊速度，是为了控制船舶靠泊时对码头护舷的冲击力，保障作业安全。

答案：√

191. 辅助靠泊系统，可实时提供船舶靠泊速度、角度、距离等参数，当靠泊速度或角度超限时可发出声光报警，以提示靠泊作业风险。

答案：√

192. 穿戴救生衣影响身体灵活性，不利于系缆作业，因此系缆人员作业时不应穿救生衣。

答案：×

正确答案：为防止系缆作业人员不慎坠海后发生溺水事故，系缆人员作业时必须穿救生衣。

193. 船舶收紧缆绳过程中存在缆绳断裂伤人风险，因此在缆绳收紧前，系缆人员应退至安全位置。

答案：√

194. 系缆人员作业时除按要求穿戴好日常劳保用品外，还应穿戴救生衣，防止人员坠海。

答案：×

正确答案：系缆人员作业时除按要求穿戴好日常劳保用品外，还必须穿戴救生衣，防止人员不慎坠海后发生溺水事故。

195. LNG 船舶和 LNG 码头设计建造时都有相关的规范，因此 LNG 船舶首次靠泊 LNG 码头前不需要进行船岸兼容研究。

答案：×

正确答案：LNG 船舶和 LNG 码头设计建造时都有相关的规范，同时 LNG 船舶首次靠泊 LNG 码头前还必须进行船岸兼容研究。

196. 船岸兼容研究结果为不匹配兼容时，LNG 码头应拒绝该 LNG 船舶靠泊。

答案：√

197. 船岸兼容研究结果是否匹配兼容，是 LNG 码头决定是否接受 LNG 船舶靠泊的依据之一。

答案：√

198. 为提高作业效率，卸料臂预冷时，预冷速度越快越好。

答案：×

正确答案：卸料臂预冷时，温降速度不是越快越好，速度太快容易损害卸料臂性能(通常不应大于 5℃/min)。

199. 码头卸料臂预冷时，预冷速度过快，容易造成卸料臂性能受损。

答案：√

200. 加速卸货阶段，加速操作过快，容易导致岸侧储罐 BOG 压力快速增加。

答案：√

201. 在卸料臂预冷期间，当其中一条卸料臂外臂与船方卸料汇管连接处发生泄漏时，应通知船方及时关闭该条管线上的预冷调节阀，并排查泄漏原因。

答案：√

202. 触发卸料臂紧急脱离信号(ESD2)，卸料臂双球阀动作后，两个球阀都保留在卸料臂上。

答案：×

正确答案：触发卸料臂紧急脱离信号(ESD2)，卸料臂双球阀动作后，卸料臂与船方连接从两个球阀中间脱开。

203. 码头卸料臂预冷时，温降速度主要受码头相关阀门开度影响，船方提供的预冷用 LNG 流量、压力是否稳定，对温降速度影响不大。

答案：×

正确答案：卸料臂预冷时，船方提供的预冷用 LNG 流量、压力不稳定也会造成温降速度波动。

204. 根据《液化天然气码头设计规范》(JTS 165－5—2016)，停泊在液化天然气泊位与工作船泊位的船舶间的净距不应小于 100m。

答案：×

正确答案：根据《液化天然气码头设计规范》(JTS 165－5—2016)，停泊在液化天然气泊位与工作船泊位的船舶间的净距不应小于 150m。

205. 根据《液化天然气码头设计规范》(JTS 165－5—2016)，液化天然气船舶停靠码头时船艏宜朝向有利于船舶紧急离开码头的方向。

答案：√

206. 根据《液化天然气码头设计规范》(JTS 165－5—2016)，对大、中型 LNG 船舶，控制靠泊法向速度应小于 10cm/s，靠泊角度应小于 10°。

答案：×

正确答案：根据《液化天然气码头设计规范》(JTS 165－5—2016)，对大、中型 LNG 船舶，控制靠泊法向速度应小于 10cm/s，靠泊角度应小于 5°。

207. 天然气的国际贸易价格主要有边境交货价格、合同价格、液化天然气离岸价格(FOB)和液化天然气到岸价格(DES)。

答案：√

208. 液化天然气到岸价格(DES)：卖方负责在出口港在规定的时间内将 LNG 装上买方指定的 LNG 船，缴纳出口税，承担 LNG 装上船以前的一切费用和风险，装上船后的一切费用则由买方承担。

答案：×

正确答案：液化天然气离岸价格(FOB)：卖方负责在出口港在规定的时间内将 LNG 装上买方指定的 LNG 船，缴纳出口税，承担 LNG 装上船以前的一切费用和风险，装上船后的一切费用则由买方承担。

209. 液化天然气离岸价格(FOB)：由卖方负责租船，将 LNG 装上船并支付由起运港到目的港的运费和保险费、出口税，承担买方收货前的一切风险为条件的价格。

答案：×

正确答案：液化天然气到岸价格(DES)：由卖方负责租船，将 LNG 装上船并支付由起运港到目的港的运费和保险费、出口税，承担买方收货前的一切风险为条件的价格。

210. 液化天然气储罐除配备分别用于工艺控制和安全联锁的压力检测仪表外，还应配备绝对压力检测仪表。三者应相互关联，并安装在储罐最高液位以上的位置。

答案：×

正确答案：液化天然气储罐除配备分别用于工艺控制和安全联锁的压力检测仪表外，还应配备绝对压力检测仪表。三者应相互独立，并安装在储罐最高液位以上的位置。

211. 储罐的紧急切断：通过每个储罐在 CCR 中的紧急停车按钮或自动联锁的触发，可以触发储罐紧急关断，低压泵、BOG 压缩机关停。

答案：√

212. 储罐基础沉降观测：前三年，对储罐桩基每年检测一次。三年以后，根据接收站实际情况适当调整检测时间间隔。

答案：×

正确答案：储罐基础沉降观测：前三年，对储罐桩基每半年检测一次。三年以后，根据接收站实际情况适当调整检测时间间隔。

213. BOG 压缩机是通过吸入储罐内的多余气体，来维持储罐压力并通过火炬排放。

答案：×

正确答案：BOG 压缩机是通过吸入储罐内的多余气体，来维持储罐压力，避免在正常运行中向火炬排放。

214. 应确保每台泵进行维修时都能够独立地隔离、排液和氮气吹扫。

答案：√

215. 再冷凝器也是液化天然气高压输送泵的入口缓冲容器。

答案：√

216. 利用氮气等惰性气体，对管内介质进行置换。

答案：√

217. 置换过程中混合气体应排至火炬或放空短管，残液应进液体回收系统。

答案：√

218. 正常操作条件下，应保证防控系统通畅。安全阀和真空阀上下游的隔离阀应锁定在开的位置，可随意解锁或关闭。

答案：×

正确答案：正常操作条件下，应保证防控系统通畅。安全阀和真空阀上下游的隔离阀应锁定在开的位置，未经授权不应解锁或关闭。

219. 防爆电气设备的选型应满足所处区域的防爆等级要求。

答案：√

220. 应急照明设施宜每年进行一次检查和维护。应急照明设施电池的备用时间应符合原设计的要求。

答案：×

正确答案：应急照明设施宜每半年进行一次检查和维护。应急照明设施电池的备用时间应符合原设计的要求。

221. 所有室内及室外电气设备的不带电金属外壳及工艺要求接地的非用电设备均应可靠接地。

答案：√

222. 码头卸料的吹扫排放，进入 BOG 压缩机、海水泵、ORV、SCV、IFV、空压机、海水电解装置、槽车充装站等高噪声区域的人员应佩戴耳塞或耳罩，并应根据当地政府主管部门的要求，对上述高噪声区域的噪声水平进行定期检测。

答案：√

223. 应编制专项应急预案。接收站的专项应急预案应包括天然气泄漏、火灾、爆炸、台风、恶劣天气、雷暴、地震、海啸、恐怖袭击等。对于专项预案应定期进行演练。

答案：×

正确答案：应编制专项应急预案。接收站的专项应急预案应包括天然气泄漏、火灾、爆炸、台风、恶劣天气、雷暴、地震、海啸、恐怖袭击等。对于专项预案应定期进行演练和更新。

224. 应编制与生产有关的专项应急处置方案，包括停电、外输中断、停仪表风、DCS故障、仪表故障、通信故障等事故。制定生产应急处置方案即可。

答案：×

正确答案：应编制与生产有关的专项应急处置方案，包括停电、外输中断、停仪表风、DCS故障、仪表故障、通信故障等事故。制定生产应急处置方案，并定期演练。

225. 场内电梯发生故障时，可由有维修经验的师傅自行维修。

答案：×

正确答案：场内电梯发生故障时，必须由有相应维修资质的单位进行维修。

226. 锅炉安装许可为3个级别，其中3级可安装的锅炉参数不限。

答案：×

正确答案：锅炉安装许可为3个级别，其中1级可安装的锅炉参数不限。

227. 锅炉安装的许可受理、审批由锅炉安装单位所在地的县级特种设备安全监督管理部门负责。

答案：×

正确答案：锅炉安装的许可受理、审批由锅炉安装单位所在地的省级特种设备安全监督管理部门负责。

228.《劳动法》中关于集体合同的规定，集体合同草案应当提交职工代表大会或者全体职工讨论通过。

答案：√

229.《劳动法》规定，劳动者在同一用人单位连续工作满十年以上，当事人双方同意延续劳动合同的，如果劳动者提出订立无固定期限的劳动合同，单位可以拒绝。

答案：×

正确答案：《劳动法》第二十条劳动合同的期限分为有固定期限、无固定期限和以完成一定的工作为期限。劳动者在同一用人单位连续工作满十年以上，当事人双方同意延续劳动合同的，如果劳动者提出订立无固定期限的劳动合同，应当订立无固定期限的劳动合同。

230.《劳动法》有关工时制度的规定，国家实行劳动者每日工作时间不超过八小时、平均每周工作时间不超过四十四小时的工时制度。

答案：√

231. 根据《劳动合同法》的有关规定，对劳动合同的无效或者部分无效有争议的，由劳动者和用人单位协商；经协商解决不成的，需向企业劳动争议调解委员会申请调解；调解不成的，可依法申请仲裁、提起诉讼。

答案：×

正确答案：根据《劳动合同法》的有关规定，对劳动合同的无效或者部分无效有争议的，由劳动争议仲裁机构或者人民法院确认。

232. 根据《劳动合同法》的有关规定，试用期内用人单位可根据劳动者工作表现，按比例支付劳动者报酬。

答案：×

正确答案：根据《劳动合同法》的有关规定，试用期内用人单位应及时足额支付劳动者报酬。

233. 根据《劳动合同法》的有关规定，用人单位发生合并或者分立等情况，原劳动合同失效，劳动合同需重新签订。

答案：×

正确答案：根据《劳动合同法》的有关规定，用人单位发生合并或者分立等情况，原劳动合同继续有效，劳动合同由承继其权利和义务的用人单位继续履行。

234. 在 Word 软件中，可以根据表格数据产生图表。

答案：√

235. 在 Word 中不可以插入 Excel 文件。

答案：×

正确答案：Word 中可插入 Excel 文件。

236. 恶性计算机病毒仅仅显示信息、奏乐、发出声响、自我复制。

答案：×

正确答案：恶性计算机病毒还会删除文件。

237. 计算机病毒具有隐蔽性、潜伏性、活动性、传染性和表现性。

答案：√

238. DOS 用户可用 C 盘启动机器，然后用“MEM”命令查看全部基本内存是否为 640K，如低于 640K，则表示感染了计算机病毒。

答案：√

239. 天融信杀毒软件的“日志文件”功能将准确记录每一次查、杀毒操作的详细情况，包括查毒日期、查毒目录、扫描文件数、扫描时间、发现病毒数、病毒存在的位置以及是否已清除等信息。

答案：√

240. 在使用 QQ 时，若忘记了登录密码，便没有办法查看到聊天记录。

答案：√

241. Word 文件损坏，不能打开，可通过尝试打开 Word，在菜单栏单击“文件”“打开”命令，弹出“打开”对话框来解决。

答案：×

正确答案：损坏的文件无法打开。

242. 因特网由数据传输系统和数据交换系统组成，因此只能提供信息传递功能。

答案：×

正确答案：因特网由数据传输系统和数据交换系统组成，可提供信息的传递、硬件的共享、控制等功能。

243. 以太网融信息传递、存储、开发、应用于一体，极大地提高了信息开发利用率，形成了信息资源生产和应用的正反馈环，实现了信息资源在开发、生产和应用过程中的高度倍增效应。

答案：√

244. 计算机网络是以相互独占资源方式连接起来的，为各自具备独立功能的计算机系统之集合。

答案：√

245. 计算机及传输媒介是构成计算机网络的全部物理硬件。

答案：×

正确答案：构成计算机网络的硬件还包括路由器、交换机等。

246. Internet 能够适应计算机、网络和服务的各种变化，能够提供多种信息服务。

答案：√

247. Internet 是当今世界上规模最大、信息资源最丰富、开放的，由成千上万个网络及上百万台计算机相互连接而成的计算机网络，它采用的是环形网络结构。

答案：×

正确答案：Internet 是当今世界上规模最大、信息资源最丰富、开放的，由成千上万个网络及上百万台计算机相互连接而成的计算机网络，它采用的是层级网络结构。

248. 网络安全所提及的木马是用木头做的，木马里面藏着病毒。

答案：×

正确答案：计算机木马是一段恶意程序，可以窃取个人信息，与木头无关。

249. 木马是指隐藏在正常程序中的一段特殊功能的恶意代码，具备破坏和删除文件、发送密码、记录键盘等功能。

答案：√

250. 本班未完成工作不属于班长交接班记录本记录的内容。

答案：×

正确答案：本班未完成工作属于班长交接班记录本记录的内容。

251. 班长交接班记录本由班长填写，填写时必须字迹清晰工整、及时、详细、完整，内容真实、准确。

答案：√

252. 班长交接班记录本应如实记录本班组当班期间进行的所有工作，包括设备启停、操作参数调整，存在的主要问题等。

答案：√

253. 开展班组安全活动时，由班组安全员记录班组安全活动记录本。

答案：√

254. 班组安全活动记录本内容包括本班组日常开展的工作，主要操作流程、操作参数调整等。

答案：×

正确答案：班长交接班记录本内容包括本班组日常开展的工作，主要操作流程、操作参数调整等。

255. 班组安全活动记录本内容包括近期发生的一些典型事故案例及经验教训。

答案：√

256. 在内罐干燥置换期间缓慢打开泵筒放空线导淋对罐内泵进行干燥置换。

答案：√

257. 储罐干燥置换时只有内罐底与二次底板间区域置换合格后才能进行二次底板下部区域的干燥置换。

答案：×

正确答案：内罐底与二次底板间区域及二次底板下部区域可同时开始置换。

258. 二次底板下部区域干燥置换时氮气通过环形空间上部平衡管线进入热角保护系统，渗透进入保冷材料等缝隙，由放空管线引至罐顶放空。

答案：√

259. 储罐干燥置换时应时刻保持内罐压力≥环形空间压力≥内罐底与二次底板区域压力，避免储罐变形。

答案：√

260. 通过氮气置换管线进入内罐的氮气温度越高越有利于干燥置换的效果。

答案：×

正确答案：内罐连续吹扫干燥置换通过氮气置换管线进入储罐底部，通过穹顶放空；氮气温度高时，氮气密度小于空气，不利于将储罐下部空气置换出内罐。

261. 储罐内罐底以下区域为非低温状态，也没有水露点的要求，因此可不进行干燥置换。

答案：×

正确答案：内罐底板下部区域对水露点无要求，但需对空间内的氧气进行置换，因此仍需氮气置换。

262. 在紧急情况下，操作员手动触发操作台紧急停车按钮，联锁触发后，紧急停车按钮自动复位。

答案：×

正确答案：紧急停车按钮按下后，需手动旋出复位。

263. 发生联锁后，中控需先确认联锁原因，待危险因素消除和联锁条件满足要求后，再次启动相关设备。

答案：√

264. 对于SIS系统，操作员可进行报警确认、复位按钮开关、修改联锁设定值等操作。

答案：×

正确答案：修改联锁设定值需由仪表工程师操作。

265. 工艺联锁保护系统是指生产装置中实现设备(尤其是机组)正常启停、安全运转的联锁保护系统。

答案：×

正确答案：工艺联锁保护系统是指生产过程中保证生产装置安全运行、防止事故发生、避免设备损坏的联锁保护系统。

266. 气化器出口设置温度低低联锁可防止 LNG 汽化不充分造成气化器出口管线因低温造成破坏。

答案：√

267. 在投入联锁保护前，必须经两人及以上仪表作业人员核实确认，有保持记忆功能的回路必须进行复位，在经技术人员确认后，在有监护人的情况下，由工艺人员将该回路联锁保护投用。

答案：√

268. 设备大检修时可不进行仪表联锁测试。

答案：×

正确答案：联锁保护系统所用检测元件、逻辑单元、执行元件，必须随工艺、机组大检修进行检修、校验。

269. 报警和联锁应 100% 投用，对未能投用的要组织有关人员分析原因，落实整改措施，并限期整改。

答案：√

270. 经过系统培训后，仪表人员可独自进行工艺联锁解除作业。

答案：×

正确答案：仪表人员进行联锁作业时，必须有 2 名或 2 名以上现场确认。

271. 在开、停工时需要临时解除的联锁，不属于联锁变更管理范围，但应严格按工艺操作规程执行。

答案：√

272. 仪表联锁回路统计方法为 1 个工艺条件统计为 1 个联锁回路。

答案：√

273. 在工艺、设备联锁测试前，需对仪表信号进行单回路校验，系统校验点分别为 0、100%。

答案：×

正确答案：在工艺、设备联锁测试前，需对仪表信号进行单回路校验，系统校验点不得少于 0、50%、100% 三点。

274. 备用臂作为气相返回臂使用时，船方气相管线应与备用臂对齐。

答案：√

275. 卸料过程中如气相返回臂故障无法使用，而气相返回臂备用臂未使用时，可将备用臂直接连至船方气相管线法兰，无须预冷即可投用。

答案：×

正确答案：需先导通备用臂跨线流程，要求船方移动位置使气相线法兰与备用臂对齐，然后可连接备用臂至船方气相线法兰。

276. 气相返回臂备用臂作为气相臂使用时应检查确认放空阀、排凝阀及卸料线切断阀保持关闭状态。

答案：√

277. 储罐预冷过程中只需罐底各测温点平均温降速度小于5℃/h即可，不用关注各测温点温度差。

答案：×

正确答案：预冷过程中罐底各测温点平均温降速度小于5℃/h，任意相邻两测温点温差不大于30℃，任意两不相邻测温点温差不大于50℃。

278. 储罐预冷时喷淋线压力的大小不影响预冷效果。

答案：×

正确答案：预冷时喷淋线压力影响喷淋器喷射范围，喷淋压力不足会造成喷淋范围小，造成罐底板温降不均匀。

279. 储罐通过罐顶喷淋系统喷淋LNG预冷，喷淋管线压力过低影响喷淋的范围，造成储罐温降不均匀。

答案：√

280. 内罐底温度降至－150℃以下且温度稳定后即可打开下进液阀进料填充。

答案：×

正确答案：内罐底温度预冷至－150℃以下且温度稳定时预冷完成，此时全开喷淋阀，打开下进液旁路进行填充。

281. 储罐填充阶段主要通过上进液管线。

答案：×

正确答案：填充阶段主要通过下进液管线。

282. 储罐填充阶段需重点关注罐底及环形空间温度、储罐液位等参数。

答案：√

283. 卸料总管液氮预冷时可通过在低温氮气中混入液氮控制管道顶底温度差。

答案：×

正确答案：卸料总管液氮预冷时可通过开关阀门控制低温氮气充压、泄压(压胀法)方法控制管道顶底温差在50℃以内。

284. 卸料总管预冷时控制管道顶、底温度差不超过60℃。

答案：×

正确答案：卸料总管预冷时控制管道顶、底温度差不超过50℃。

285. 公称直径大于或等于*DN*200且长度大于100m的LNG管线宜在管道水平段顶、底设置表面温度计，用于预冷时监控管道顶底温差。

答案：√

286. 管道预冷过程中法兰连接与管道同步收缩，因此法兰连接不会出现泄漏。

答案：×

正确答案：管道预冷过程中螺栓与管道收缩不一致可能会导致法兰连接不紧，造成法兰泄漏。

287. *DN*200以上管线管道顶、底部设置表面温度计用于监控预冷时的温度，而*DN*200以下管线未设置表面温度计，因此试车时*DN*200以下管线可直接打开阀门投用。

答案：×

正确答案：*DN*200 以下管线投用时需缓慢打开阀门，并关注管托位移、法兰是否泄漏等。

288. 管道预冷主要通过温度计监控预冷速度，通过管道调节阀、旁通阀、放空阀等控制冷源速率、管道压力，从而控制温降速率。

答案：√

289. 低温泵安装后需利用氮气对泵体、泵筒及附属管线进行干燥置换，避免泵投料试车时结冰造成阀门无法动作或泵损坏。

答案：√

290. 根据液化天然气接收站工程设计规范，液化天然气泵性能试验可以采用液化天然气和液氮，性能试验应连续进行 4h。

答案：×

正确答案：根据液化天然气接收站工程设计规范，液化天然气泵性能试验介质应采用液化天然气，试验用液化天然气密度和温度应与设计值一致。

291. 低温泵调试时如发现出口压力偏低、出口流量偏低、运行电流偏低情况，很可能的原因是泵反转。

答案：√

292. 立式迷宫式 BOG 压缩机与卧式 BOG 压缩机调试内容及关注的运行参数相同。

答案：×

正确答案：冷却形式不同，关注的冷却系统运行参数不同；卧式压缩机还要关注活塞杆下沉。

293. BOG 压缩机出口温度正常情况下温度较高，因此 BOG 压缩机出口管线干燥置换指标可降低要求。

答案：×

正确答案：BOG 压缩机出口管道虽然温度较高，但需进入再冷凝器再冷凝回收，如放宽干燥置换要求，水汽会进入再冷凝器，可能造成再冷凝器结冰，堵塞管道等。

294. BOG 压缩机排量受入口 BOG 温度、压力的影响，因此调试时需监控并记录 BOG 温度、压力等参数。

答案：√

295. ORV 海水入口与出口温度差应小于 5℃，避免影响海洋环境。

答案：√

296. ORV 调试时需要观察换热翅片管结冰平均高度，部分翅片结冰过高不影响使用。

答案：×

正确答案：需要观察翅片结冰高度及是否有不均匀结冰。

297. ORV 出口天然气的温度受 LNG 流量、海水流量影响，与海水温度无关。

答案：×

正确答案：ORV 出口天然气的温度受 LNG 流量、海水流量、海水温度等影响。

298. 浸没燃烧式气化器(SCV)是汽化 LNG 的设备，点火成功后无须预冷可直接进料。

答案：×

正确答案：SCV 点火成功后需缓慢预冷入口管线，预冷完成后方可进料。

299. 浸没燃烧式气化器(SCV)烟气中污染物含量只跟燃烧室空燃比有关系。

答案：×

正确答案：烟气中污染物含量与燃烧室空燃比、控制燃烧温度的冷却水量等有关系。

300. 浸没燃烧式气化器(SCV)燃烧过程中产生的 CO_2 等溶于水会造成水浴 pH 值降低，需通过加入氢氧化钠溶液进行酸碱平衡。

答案：√

301. IFV(中间介质气化器)只需对 LNG 管程进行干燥置换，壳程为中间介质，无须进行干燥置换。

答案：×

正确答案：壳程为中间介质，也需氮气干燥置换至露点低于 -40℃。

302. IFV 调试时需测试最大负荷时海水温降是否在设计范围内。

答案：√

303. IFV 中间介质丙烷在壳程，LNG 走管程，试车过程中如丙烷温度明显下降，压力明显上升，可能有 LNG 泄漏至壳程。

答案：√

304. 仪表风管网压力低低不会导致全场 ESD1。

答案：×

正确答案：仪表风管网压力低低会导致全场 ESD1。

305. 净化压缩空气储罐出口压力控制阀处于自动状态，因此仪表风管网压力降低时内操不必操作打开该阀门。

答案：×

正确答案：净化压缩空气储罐出口压力控制阀处于自动状态，仪表风管网压力降低紧急情况时内操必须手动操作打开该阀门。

306. 仪表风管网压力降低，净化压缩空气储罐内仪表风开始使用时，需让外操去码头将仪表风管网和氮气管网之间的临时管连接。

答案：√

307. 同一系列的螺杆式空气压缩机目标压力和自动停机压力均相同。

答案：×

正确答案：同一系列的螺杆式空气压缩机目标压力和自动停机压力不应相同。

308. 一旦系统压力升高到自动停机压力并且空压机以最低速度运行时，空压机将无负载运行。

答案：√

309. 螺杆式空气压缩机的冷凝水排放时间及排放间隔设定值一般为 10s、600s。

答案：×

正确答案：螺杆式空气压缩机的冷凝水排放时间及排放间隔设定值一般为 10s、60s。

310. 制氯系统启动后，当次氯酸钠储罐的液位达到一定液位时，连续加药泵自动启动开始连续加药，浓度为 3ppm。

答案：×

正确答案：制氯系统启动后，当次氯酸钠储罐的液位达到一定液位时，连续加药泵自动启动开始连续加药，浓度为1ppm。

311. 电解制氯药液流进次氯酸钠储罐的流量小于连续加药的流量，次氯酸钠储罐的液位将一直升高。

答案：×

正确答案：电解制氯药液流进次氯酸钠储罐的流量大于连续加药的流量，次氯酸钠储罐的液位将一直升高。

312. 当次氯酸钠储罐的液位达到高液位或冲击加药计时器时间到(一般为6h)时，冲击加药泵启动，开始冲击加药(一般为30min)，加药浓度为3ppm。

答案：√

313. 海水中的余氯浓度降低不满足工艺要求时，可通过降低电解电流来解决。

答案：×

正确答案：海水中的余氯浓度降低不满足工艺要求时，可通过增大电解电流来解决。

314. 电解槽结垢严重时，无论怎么调节电流，余氯的含量基本不变。

答案：√

315. 运行的海水泵台数增加，海水余氯浓度降低。

答案：√

316. 制氯装置运行参数包括对电解电流、电解槽内海水流量、电解槽海水入口压力、电解槽出口药液温度、次氯酸钠储罐液位及限制污水排放控制。

答案：√

317. 为确保电解槽槽体材料不因电解液温升过高而导致损坏，须对电解槽出口溶液温度进行控制。当药液温度达到高报值时，电解槽停止供电。

答案：√

318. 次氯酸钠储罐内液位设置高报值和低报值。当液位达到高报值时，系统停机。当液位到达低报值时，停止加药泵工作。

答案：×

正确答案：次氯酸钠储罐内液位设置高报值和低报值。当液位到达低报值时，连续加药泵启动。当液位达到高报值时，冲击加药泵启动。

319. 当PSA出口氮气缓冲罐压力高于设定值，PSA系统即自动停止运行；待压力低于设定值后，PSA系统即自动恢复运行。

答案：×

正确答案：当PSA出口氮气缓冲罐压力高于设定值，且当压力持续高于设定值的时间超过10分钟，PSA系统将自动停止运行；待压力低于设定值后，PSA系统将自动恢复运行。

320. 液氮出口压力控制阀设定为自动后无须关注，自动调节即可。

答案：×

正确答案：液氮出口压力控制阀设定为自动后仍需关注。

321. 正常情况下接收站内消耗的氮气由PSA提供，氮气用量增加氮气管网压力下降时液氮罐出口压力控制阀打开经气化器后进入氮气管网。

答案：√

322. PSA 过滤器排污阀打不开时应检查排污阀及其管线有无堵塞。

答案：√

323. PSA 装置中进水时应更换活性炭或过滤器滤芯，检查自动排水装置是否正常。

答案：√

324. PSA 入口压力过低时检查入口阀门是否全开、过滤器是否堵塞及排水阀是否故障。

答案：×

正确答案：PSA 入口压力过低时检查入口阀门是否全开、过滤器是否堵塞。

325. 空浴式气化器在工作时发生结霜现象是正常现象，无须关注。

答案：×

正确答案：空浴式气化器冬季发生结霜现象时应及时去除。

326. 液氮储罐外罐出现严重水珠或结霜时应立即对储罐做正常蒸发率测试，如不合格应及时查明原因。

答案：√

327. 液氮储罐压差液位计显示错误时先检查引压管是否泄漏，若无泄漏再检查表是否故障。

答案：√

328. 引送蒸汽以前必须首先排净管道内的积水，以防汽水相击，造成“水锤”效应，引起不必要的安全事故。

答案：√

329. 将锅炉、蒸汽热水换热器和凝结水热水换热器的进水阀和出水阀门打开，打开各采暖区域的进水阀和回水阀，然后打开软化水到采暖水补水的管线阀门对整个采暖水系统进行充水。

答案：√

330. 冬季温度低时启动锅炉投用采暖水系统，水温不够时再投用蒸汽热水换热器和凝结水热水换热器。

答案：×

正确答案：冬季温度低时投用蒸汽热水换热器和凝结水热水换热器，蒸汽停用后启动锅炉。

331. 热水换热器在运行过程中常出现的故障有渗漏、泄漏、串液。

答案：√

332. 热水换热器长期运行后出现渗漏或泄漏，证明法兰垫片老化，应重新更换法兰垫片。

答案：×

正确答案：热水换热器长期运行后出现渗漏或泄漏，应检查法兰垫片是否老化，老化后应重新更换法兰垫片。

333. 热水换热器在修理之前，必须悬挂“正在检修，禁止操作”等字样的警告标牌。

答案：√

334. 海水离心泵电极过电流会导致海水泵跳车。

答案：√

335. 海水离心泵跳车会直接导致高压泵跳车。

答案：×

正确答案：海水离心泵跳车可能会导致 ORV 跳车。

336. 海水泵液控阀 20s 内未全开会导致海水泵跳车。

答案：×

正确答案：海水泵液控阀在规定时间(一般 2min)内未全开会导致海水泵跳车。

337. 当消防管网压力下降至设定值并持续 15s 时，中控室辅操台发出报警声，中控室按下辅操台火灾“确认”按钮后，自动启动电动海水消防泵，不会联锁停止消防稳压泵。

答案：×

正确答案：当消防管网压力下降至设定值并持续 15s 时，中控室辅操台发出报警声，中控室按下辅操台火灾“确认”按钮后，联锁停止消防稳压泵，自动启动电动海水消防泵。

338. 电动海水消防泵因故障不能启动，消防管网压力继续下降，将自动启动柴油海水消防泵 A。

答案：√

339. 启动柴油海水消防泵 A 并达到预定延时后，减压阀前管网压力仍未达到设定值或减压阀后管网压力仍未达到设定值，自动启动柴油海水消防泵 B。

答案：√

340. 卸料臂就地控制盘不能触发 ESD。

答案：×

正确答案：卸料臂就地控制盘可以触发 ESD。

341. 卸料臂液压油压力低可触发卸料臂 ESD。

答案：×

正确答案：卸料臂液压油压力低不会触发卸料臂 ESD。

342. 船岸通讯 ESD 信号屏蔽时，船方触发 ESD 不会造成卸料臂 ESD。

答案：√

343. 码头卸料总管排凝只能通过排凝罐液位判断 LNG 是否排净。

答案：×

正确答案：通过排凝罐液位及卸料总管罐底温度共同判断 LNG 是否排净。

344. 码头卸料总管隔离完成后，可先通过管道自身压力排凝，然后注入氮气。

答案：√

345. 卸船管道排凝罐体积远小于码头卸料总管，因此需分多次排凝；排凝罐排凝时，卸料总管暂停排凝。

答案：√

346. 罐内泵不运行时，可以切断罐内泵保冷循环。

答案：×

正确答案：罐内泵不运行时，不可以切断罐内泵保冷循环，应保持开启为管道保持冷态。

347. 当启动罐内泵时，需关闭出口管线单向阀、手动调节阀、回流阀旁路，切断罐内泵保冷循环。

答案：×

正确答案：不需要关闭出口管线单向阀、手动调节阀、回流阀旁路，泵运行过程中回流阀旁路可用于回流线保冷。

348. 保冷循环流量越大罐内泵输送至下游 LNG 越少，因此可依据停泵时出口管线温度调节适当的泵保冷循环流量。

答案：√

349. 储罐的压力控制通常以表压为基准，压力泄放保护设施采用绝压为基准。

答案：×

正确答案：储罐的压力控制通常以绝压为基准，压力泄放保护设施采用表压为基准。

350. 当储罐压力低于设定值时，高压天然气管线内天然气通过减压后进入 BOG 总管为储罐补压。

答案：√

351. LNG 储罐触发压力高高联锁会导致码头单元停车。

答案：√

352. 管道保冷循环流量越大产生 BOG 量越大，因此在满足管道温升要求的情况下流量越小产生 BOG 量越小，且罐内泵负荷越小。

答案：√

353. 低温泵等设备保冷循环的目的是确保泵及进出口管线维持冷态，随时可以启动运行。

答案：√

354. 工艺区设备、管道保冷循环通过零输出循环回储罐，最好选择进密度最大的一台储罐。

答案：×

正确答案：零输出循环保冷仅可回储罐上进液，因此最好选择进密度最小的储罐。

355. 对罐内泵出口管线进行氮气置换时，通过出口管线安全阀旁路检测甲烷含量。

答案：√

356. 当泵井内液体排净时，底阀时开时关，压力会忽高忽低波动，也可用来判断泵井排净完成。

答案：√

357. 通过氮气将泵井内 LNG 排净后即可将罐内泵吊出。

答案：×

正确答案：通过氮气将泵井内 LNG 排净后，还需进行氮气置换，待甲烷含量合格后方可将罐内泵吊出。

358. 泵体回装至泵井中进行氮气置换时，通过放空线导淋放空至大气，并检测氧含量及露点是否合格。

答案：√

359. 在罐内泵检修过程中，泵井会出现温升，故罐内泵放置前需要对泵筒进行预冷，采用氮气顶开底阀，使少部分液体进入。

答案：×

正确答案：泵井安装在储罐内，泵井下部不会回温；罐内泵回装前不需要对泵井进行预冷。

360. 泵出口管线及回流线预冷时先通过泵井放空线引罐内 BOG 进行气相预冷，然后打开出口管线手动调节阀旁路引 LNG 预冷、填充。

答案：×

正确答案：泵出口管线及回流线通过微开出口管线手动调节阀旁路引 LNG 预冷、填充。

361. 汽化外输量的大小主要取决于下游客户的用气要求，还取决于接收站的库存和设备完整性等因素。

答案：√

362. 当外输管网压力降低的时候，接收站就应该及时提高汽化外输负荷给下游补气。

答案：×

正确答案：根据调度发出的外输计划执行操作。

363. BOG 再冷凝系统设备故障不会影响接收站的汽化外输能力。

答案：√

364. 当高压外输泵只有一台运行进行汽化外输时，此时高压 LNG 外输总管末端保冷零输出保冷循环调节阀上下游手阀应处于关闭状态。

答案：×

正确答案：设计规定，手阀应处于锁开状态。

365. 当轻烃装置停运，但外输高压泵正常外输，此时轻烃区高压 LNG 管线是不需要建立保冷流程的。

答案：×

正确答案：需要建立保冷流程。

366. 当接收站零外输时，如果库存和装车设备正常，是不会影响装车区 LNG、C_2 和 LPG 的装车任务。

答案：×

正确答案：会影响 C_2。

367. 在高压泵置换时，氮气经过泵体的流量不宜过大，避免氮气流过叶轮时带动叶轮反转。

答案：√

368. 在对高压泵筒排凝时，如果泵筒放空管线阀门未全关，会导致泵筒无法排净。

答案：√

369. 高压泵的置换只要 CH_4 含量低于 10% LEL，就可以进行泵体的吊装作业，泵筒温度的高低可以不考虑。

答案：×

正确答案：泵筒温度要接近常温。

370. 在对高压泵流程隔离时，可直接通过 BOG 管线泄压。

答案：×

正确答案：不可直接通过 BOG 管线泄压。

371. 在对高压泵进行干燥置换时，可以从入口 OB－03 注氮，从出口 OE－02 排放至 BOG 系统。

答案：×

正确答案：干燥置换时不可排放至 BOG 系统。

372. 在对高压泵进行干燥置换时，一般选择吹扫氮气从出口 OE－02 导淋阀和泵筒安全阀上游导淋阀排放至大气。

答案：√

373. 冬季环境温度低，在对高压泵进行干燥置换时，为防止系统内部结冰，要保持高压泵每个部件或附属设备的实测温度在 0℃以上，必要时要采取加热措施。

答案：√

374. 高压泵预冷过程中，泵筒液位上升速度控制在 0.5%/min 以下。

答案：√

375. 在高压泵预冷时，首先使 LNG 从泵筒底部的排凝管线进入系统，自下而上的从口环至电机缓慢冷却。

答案：√

376. 在对高压泵泵体预冷前可以先对高压泵的进口、出口、回流等管线进行预冷，管线预冷好之后再对泵体预冷。

答案：×

正确答案：要先预冷泵筒及泵体。

377. 如果 SCV 已排水，并且 LNG/NG 进出料流程、燃料气流程等流程均隔离置换完成后，进入水浴池内就不再需要办理受限空间作业票。

答案：×

正确答案：需要办理受限空间作业票。

378. 在对 SCV 出口管线泄压时，出口管线温度会出现降低现象。

答案：√

379. 在对 SCV 隔离检修过程时，SCV 的鼓风系统不需要流程隔离。

答案：√

380. 计量撬流量计上下游都需要双阀门进行隔离。

答案：√

381. 计量撬流量计是通径流量计，其安装方向不重要。

答案：×

正确答案：需要正确安装方向。

382. 计量撬隔离泄压时排放至 BOG 管网。

答案：×

正确答案：排放至火炬。

383. 在对 ORV 海水流程隔离时，所有的海水分布蝶阀都要关闭。

答案：×

正确答案：在对 ORV 海水流程隔离时，海水分布蝶阀无须关闭。

384. 因为 ORV 出口有单向阀，所以在对 ORV 进行泄压时不需要关闭出口 ESDV 切断阀门。

答案：×

正确答案：需要关闭出口 ESDV 切断阀。

385. 在 ORV 隔离泄压时，如果入口管线温度较低，最好是通过入口排凝管线进行泄压。

答案：√

386. 再冷凝器压力高高(HH)不会导致 BOG 压缩机跳车。

答案：×

正确答案：再冷凝器压力 HH 会导致低温 BOG 压缩机跳车。

387. 再冷凝器液位低低(LL)会联锁停止 BOG 压缩机。

答案：√

388. 再冷凝器液位高高会自动控制减少再冷凝器 LNG 的进量。

答案：×

正确答案：不会自动控制减少再冷凝器 LNG 的进量。

389. 自动模式下，再冷凝器 LNG 流量与 BOG 的流量有关，与压力无关。

答案：×

正确答案：与压力有关。

390. 自动模式下，再冷凝器 LNG 流量与 BOG 的温度有关。

答案：√

391. 自动模式下，再冷凝器液位较低，BOG 压缩机负荷会降。

答案：√

392. BOG 压缩机的隔离置换时，CH_4含量低于 10% LEL 就可以进行检修作业，气缸的温度可以不考虑。

答案：×

正确答案：气缸的温度恢复至常温。

393. 在对 BOG 压缩机隔离置换时，可以从入口 OB－02 注氮，从出口放空管线排放至 BOG 系统。

答案：√

394. 在对 BOG 压缩机隔离置换时，压缩机油箱不需要氮气置换。

答案：×

正确答案：压缩机油箱也需要氮气置换。

395. BOG 压缩机入口温度高高联锁结果不包括减温器入口 LNG 管线紧急切断阀关闭。

答案：×

正确答案：BOG 压缩机入口温度高高联锁结果包括减温器入口 LNG 管线紧急切断阀关闭。

396. 减温器入口手动阀门是 BOG 进入减温器流程中的重要阀门，并带有高低阀位回讯，当阀位高时触发 PSD4 级别的停车。

答案：×

正确答案：当阀位低时触发 PSD4 级别的停车。

397. BOG 压缩机润滑油压力低于一定值，压缩机将无法启动。

答案：√

398. 燃料气压力高高不会联锁燃料气加热器停车。

答案：√

399. 燃料气加热器出口温度低时，一般通过降低燃料气流量控制温度稳定。

答案：×

正确答案：燃料气加热器出口温度低时，加大加热器的功率。

400. 燃料气加热器内加热部件温度过高会联锁备用加热器自动启动。

答案：×

正确答案：燃料气加热器出口温度过低会联锁备用加热器自动启动。

401. 轻烃回收装置各液化烃球罐均设计有两台压力安全阀，且两台安全阀定压值相同。

答案：×

正确答案：两台安全阀定压值不同。

402. 当轻烃回收装置轻烃罐区乙烷存储系统压力升高时，轻烃罐区乙烷换热器的冷源 LNG 流量将减小。

答案：×

正确答案：冷源流量将增大。

403. 轻烃回收装置乙烷、混合轻烃球罐均设计有气相平衡线，目的是各罐通过气相平衡线连通，达到保持各罐之间压力平衡的目的。

答案：√

404. 脱甲烷塔灵敏板温度和塔釜重沸器入口蒸汽流量组成的复杂控制回路属于选择控制。

答案：×

正确答案：属于串级控制。

405. 应用于轻烃回收装置的复杂控制类型包括串级控制、选择控制和分程控制。

答案：√

406. 采用不止一个控制器，而且控制器间相互串接，一个控制器的输出作为另一个控制器的设定值的系统，称为选择控制系统。

答案：×

正确答案：属于串级控制类型。

407. “水锤”现象只发生在蒸汽管线中。

答案：×

正确答案：凝液管线也可能出现“水锤”现象。

408. 轻烃回收装置引蒸汽前，必须首先排净管道内的积水，以防汽、水相击，造成“水锤”效应，引起安全事故。

答案：√

409. 装置引气暖管时各疏水器前阀关闭，阀前导淋打开，暖管合格再投用疏水器。

答案：√

410. 轻烃回收装置乙烷产品由脱乙烷塔顶采出。

答案：√

411. 轻烃回收装置乙烷产品中甲烷含量超标，与脱甲烷塔塔釜加热过量有关。

答案：×

正确答案：轻烃回收装置乙烷产品中甲烷含量超标，与脱甲烷塔塔釜加热不足有关。

412. 轻烃回收装置乙烷产品的纯度与脱乙烷塔操作有关，与脱甲烷塔操作无关。

答案：×

正确答案：乙烷产品中的甲烷含量与脱甲烷塔操作有关。

413. 轻烃回收装置混合轻烃产品由脱乙烷塔底采出。

答案：√

414. 轻烃回收装置混合轻烃产品主要成分包括 C_3、C_4，此外还含有少量的 C_5 及以上烃类。

答案：√

415. 轻烃回收装置混合轻烃产品中不可能含有乙烷成分。

答案：×

正确答案：可能含有少量乙烷。

416. 轻烃回收装置负荷调整时，为防止系统波动触发联锁，可提前将脱甲烷塔重沸器挥发线温度低低联锁摘除。

答案：×

正确答案：联锁不能摘除。

417. 轻烃回收装置大幅度降负荷时，应及时检查、调整各机泵出口最小回流，防止出口压力过低。

答案：√

418. 轻烃回收装置提、降负荷操作均需严格控制脱甲烷塔进料流量与塔釜重沸器蒸汽加热流量相匹配，确保脱甲烷塔内热量平衡，防止系统超压。

答案：√

419. 轻烃回收装置闪蒸罐压力持续升高，应立即手动开大闪蒸罐压力控制调节阀开度并快速查找原因进行调整。

答案：√

420. 轻烃回收装置闪蒸罐压力升高，调整不及时，将导致脱甲烷塔进料泵出口压力高联锁跳车。

答案：√

421. 轻烃回收装置闪蒸罐压力升高，与进料组成变化无关。

答案：×

正确答案：进料中轻组分增加，闪蒸罐压力上升。

422. 轻烃回收装置脱甲烷塔压力持续上升，为避免安全阀起跳，发现安全阀起跳后应立即关闭安全阀上游阀，将安全阀切除。

答案：×

正确答案：先确认系统压力再检查安全阀有无故障。

423. 轻烃回收装置脱甲烷塔压力升高的影响因素较多，包括塔釜重沸器加热情况、产品高压泵是否正常外送、进料组分变化等。

答案：√

424. 轻烃回收装置脱甲烷塔压力升高，与进料组成突然变化无关。

答案：×

正确答案：进料中轻组分含量影响塔压变化。

425. 用氮气吹扫置换燃气管道时，可燃气体含量(体积分数)低于2%。

答案：√

426. 对于管道、设备的吹扫，不需要对过滤器进行隔离。

答案：×

正确答案：对于管道、设备的吹扫，需要对过滤器进行隔离。

427. 用氮气吹扫燃气管道时，应持续进行检测，直至可燃气体含量和露点降至标准以下为止。

答案：×

正确答案：用氮气吹扫燃气管道时，应断续进行检测，直至可燃气体含量和露点降至标准以下为止。

428. 当ORV完全满足外输要求时，SCV长期不运行，为保证SCV处于完好的备用状态，需对SCV进行定期测试及维护。

答案：√

429. 每年的9~10月为SCV检查阶段，检查期间SCV的所有设备停电，并将工艺系统隔离泄压，水浴中的水排净，由工艺进行检查。

答案：×

正确答案：每年的9~10月为SCV检查阶段，检查期间SCV的所有设备停电，并将工艺系统隔离泄压，水浴中的水排净，由工艺、设备、电气、仪表联合进行检查。

430. 每台SCV年度维护完成后要及时充装软化水，并对软化水的各项指标严格把控。

答案：√

431. 在检查中若发现设备存在缺陷，不能确保机组安全运行时，应及时向检修工作负责人提出，并记入设备缺陷单，该设备缺陷在投运之前必须消除。

答案：√

432. 设备检修验收技术资料包括检修质量与缺陷记录、主要零部件无损检验报告、更换零部件清单、设备原始设计资料。

答案：×

正确答案：设备检修验收技术资料包括检修质量与缺陷记录、主要零部件无损检验报告、更换零部件清单、试车记录等。

433. 设备检修后无须验收，直接试运行。

答案：×

正确答案：设备检修后需进行验收，验收合格后试运行。

434. 悬臂吊立柱下端通过地脚螺栓固定在储罐基础上。

答案：×

正确答案：悬臂吊立柱下端通过地脚螺栓固定在储罐外壁顶部。

435. 电动葫芦在回转臂工字钢上做上下直线运行，并起吊重物。

答案：×

正确答案：电动葫芦在回转臂工字钢上做水平直线运行，并起吊重物。

436. 悬臂吊在使用过程中如发现异常，将剩余吊物吊完后通知专业维修人员检查故障，等故障排除之后方可使用。

答案：×

正确答案：悬臂吊在使用过程中如发现异常，应停止使用，通知专业维修人员检查故障，等故障排除之后方可使用。

437. 液压传动是以液压油为传动介质，依靠液体的压力能来传递动力。

答案：√

438. 液压系统工作时外界负荷越大，所需油液的压力越小，反之亦然，负载为零，系统压力为零。

答案：×

正确答案：液压系统工作时外界负荷越大，所需油液的压力也越大，反之亦然，负载为零，系统压力为零。

439. 标号为 N56 的液压油是指这种油在温度为 0℃时，运动黏度的平均值为 $56mm^2/s$。

答案：×

正确答案：标号为 N56 的液压油是指这种油在温度为 40℃时，运动黏度的平均值为 $56mm^2/s$。

440. 采用具有空气－蒸汽阀的散热器盖后，冷却水的工作温度可以提高至 100℃以上而不“开锅”。

答案：√

441. 蜡式节温器失效后，发动机不会出现过热现象。

答案：×

正确答案：蜡式节温器失效后，发动机易出现过热现象。

442. 与 BOG 压缩机一级缸套相连的冷却水系统不能直接用蒸馏水作为冷却介质。

答案：√

443. 对液压油取样，将油滴到滤纸上，观察其形成的油晕，若油晕出现的分层、分圈现象比较明显(中间较脏，越靠边缘越清)，说明液压油变质，必须更换新油；若油晕均匀的摊开，说明液压油杂质含量太多，要及时检查滤油器，更换滤芯，必要时更换新的液压油。

答案：√

444. 如果判定是液压油中混有空气造成浑浊现象，不应检查液压系统管路是否漏气，应切断空气的混入源。

答案：×

正确答案：如果判定是液压油中混有空气造成浑浊现象，应检查液压系统管路是否漏气，并切断空气的混入源。

445. 液压油出现杂质主要有两种类型，即固态杂质(碎屑、固体颗粒、液压油变质形成的固体杂质等)、液态杂质(主要是水，其次是液压油变质形成的黏稠状杂质)。

答案：×

正确答案：液压油出现杂质主要有3种类型，即固态杂质(碎屑、固体颗粒、液压油变质形成的固体杂质等)、液态杂质(主要是水，其次是液压油变质形成的黏稠状杂质)和气态杂质(主要是空气)。

446. 液压油泵每次转动时将油推出。必须记住的一点是泵仅仅移动容量，容量决定液压动作的速度，泵形成压力。

答案：×

正确答案：液压油泵每次转动时将油推出。必须记住的一点是泵仅仅移动容量，容量决定液压动作的速度，负载形成压力。

447. 液压油泵与控制阀通过管道相连接。泵出的油流至控制阀，控制阀的任务是使油流向油缸或油箱。

答案：√

448. 卸料臂液压控制箱包含控制阀等液压系统元件，也包含液压蓄能器。

答案：√

449. 液压系统维护时要注意观察漏油。漏油说明密封坏了，若不及时更换不仅造成费油，还使出力下降，严重时不动作。

答案：√

450. 液压系统维护时按使用说明书规定的品牌号选用液压油。在加油之前，油液必须过滤。因此无须定期对油质进行取样化验。

答案：×

正确答案：液压系统维护时按使用说明书规定的品牌号选用液压油。在加油之前，油液必须过滤。同时要定期对油质进行取样化验，若发现油质不符合使用要求时必须更换。

451. 卸料臂液压油泵出口管线上安装压力变送器，目的是液压油泵自启后，可通过出口压力来检测，保证液压油泵不会长时间运行而造成液压油温度过高。

答案：√

452. 润滑脂按使用性能可分为减摩润滑脂、密封润滑脂和通用润滑脂3类。

答案：×

正确答案：润滑脂按使用性能可分为减摩润滑脂、密封润滑脂和防护润滑脂3类。

453. 润滑脂是根据相似黏度大小来分牌号的。

答案：×

正确答案：润滑脂是根据锥入度大小来分牌号的。

454. 润滑脂与润滑油相比，润滑脂的缺点是清除杂质难。

答案：√

455. 次氯酸钠储罐由于存在钙镁沉淀物，在连续运行的情况下，建议每年排污一次。

答案：×

正确答案：次氯酸钠储罐由于存在钙镁沉淀物，在连续运行的情况下，建议每周排污一次。

456. 巡检时需检查电解槽是否漏水，以及槽后铜排是否有局部温度过高处。若有需要及时处理。

答案：√

457. 电解制氯装置一般情况下不需要大修或设备更换。但正常运行期间，为确保装置安全可靠地运行，必须进行定期检查和试验。

答案：×

正确答案：电解槽故障率较高，需每 4 年进行更换。

458. 柴油机消防泵组必须每天启动一次，并且每次启动必须带载运行直至柴油机冷却水温达到正常运行温度，运行时间不小于 30min。

答案：×

正确答案：柴油机消防泵组必须每月启动一次，并且每次启动必须带载运行直至柴油机冷却水温达到正常运行温度，运行时间不小于 30min。

459. 泵在必要时要进行拆卸维修，在间断运行(非持续运行)的情况下，即使输送的水质比较干净，也需要进行拆卸维修。

答案：×

正确答案：泵在必要时要进行拆卸维修，在间断运行(非持续运行)的情况下，如果输送的水质比较干净，则无须进行拆卸维修。

460. 注意在寒冷季节对柴油机、水泵的保温，防止因水温低而冻坏设备。室温宜保持在 5℃以上。

答案：√

461. 气动阀门检修结束后，对被检修的调节阀必须填写检修记录，记载故障情况、更换的零部件、修理技术措施、调校数据及计算结果、检修人及技术员签名，作为检修资料存档。

答案：√

462. 为保证气动阀门完好，需定期对气动阀门进行校对和检修。

答案：√

463. 检修完成后要进行阀门的单独校验，包括基本误差校验、回差校验、始终点偏差校验。

答案：×

正确答案：检修完成后要进行阀门的单独校验，包括基本误差校验、回差校验、始终点偏差校验、死区校验、填料函及其他连接处密封试验等。

464. 旋转滤网在冬季使用时应考虑防冻措施，以防止滤网被冻封，影响正常运转。

答案：√

465. 旋转滤网投入运行后，应定期进行检查及加油，网板、链条等应每月涂刷防腐漆一次。

答案：×

正确答案：旋转滤网投入运行后，应定期进行检查及加油，网板、链条等应每年涂刷防腐漆一次。

466. 喷嘴应定期检查(一般1~2周内检查一次)，以防止被脏污堵塞后影响冲洗效果。

答案：√

467. 在锅炉水压试验的升压过程中，应停止锅炉本体内部的一切检修工作，锅炉本体外部在不影响水压的情况下可以继续进行。

答案：×

正确答案：在锅炉水压试验的升压过程中，应停止锅炉本体的一切检修工作。

468. 清扫烟道时，应有一人站在外边靠近人孔的地方，和烟道内工作人员保持联系。

答案：√

469. 安全阀应尽量靠近锅炉汽包或联箱安装，在安全阀与锅炉汽包或联箱之间不得安装任何其他阀门。

答案：√

470. 活塞环用以密封气缸内的高压气体，防止其从活塞和气缸之间的间隙中泄漏。

答案：√

471. 往复式压缩机的活塞环在安装时，注意同组相邻活塞环周向开口应对齐。

答案：×

正确答案：多个活塞环安装时，各环的切口必须相互错开。

472. 活塞环的切口安装间隙，是按设计工作温度下半径方向的伸长量来确定的。

答案：×

正确答案：活塞环的切口安装间隙，是按设计工作温度下圆周方向的伸长量来确定的。

473. 按介质流向划分，泄漏可分为向外泄漏、向内泄漏、内部泄漏，其中外部泄漏最难治理。

答案：×

正确答案：按介质流向划分，泄漏可分为向外泄漏、向内泄漏、内部泄漏，其中内部泄漏最难治理。

474. 堵漏人员应深入现场了解泄漏处工作压力、温度、介质性质等，分析泄漏的原因及泄漏部位的特征，然后制订堵漏方案。

答案：√

475. 旋塞阀的旋塞体与旋塞锥因密合不严产生泄漏时，适当旋松调节螺钉，拧紧螺母或压紧填料迫使旋塞体与旋塞锥密合不漏。

答案：√

476. 密封面的间隙及密封件两侧工作流体的压力差或温度差是造成泄漏的原因。

答案：×

正确答案：密封面的间隙及密封件两侧工作流体的压力差或浓度差是造成泄漏的原因。

477. 一般情况下，在常温、低压、普通介质时，宜选用金属垫片。

答案：×

正确答案：一般情况下，在常温、低压、普通介质时，宜选用橡胶或皮垫片。

478. 高压泵电缆的密封氮气压力低低会导致高压泵联锁停车。

答案：√

479. 高压泵入口压力过高会导致高压泵联锁停车。

答案：×

正确答案：高压泵入口压力过高不会导致高压泵联锁停车。

480. 如果高压泵出口流量计故障，DCS 显示其读数为零，会联锁高压泵延时停车。

答案：×

正确答案：如果高压泵出口流量计故障，DCS 显示其读数为零，不会联锁高压泵停车。

481. 接船期间，卸料臂旋转接头氮气吹扫是间歇吹扫。

答案：×

正确答案：卸料臂旋转接头氮气吹扫是连续性吹扫。

482. 正常工况下，卸料臂旋转接头低温密封圈唇形开口方向的朝向为高压侧。

答案：√

483. 同一物质在不同温度下有不同的饱和蒸汽压，并随着温度的降低而增大。

答案：×

正确答案：同一物质在不同温度下有不同的饱和蒸汽压，并随温度的升高而增大。

484. 在密闭条件中，在一定温度下，与固体或液体处于相平衡的蒸汽所具有的压力称为饱和蒸汽压。

答案：√

485. 离心泵抽空，管线发出异音，管线及泵体剧烈振动，严重时会造成密封泄漏。

答案：√

486. 当离心泵泵壳内存有空气时，离心泵容易发生汽蚀现象。

答案：×

正确答案：当离心泵泵壳内存有空气时，离心泵容易发生气缚现象。

487. LNG 罐内泵设置低液位报警的主要根据是罐内泵的气缚情况。

答案：×

正确答案：LNG 罐内泵设置低液位报警的主要根据是罐内泵的必须汽蚀余量。

488. 离心泵产生汽蚀现象时，氧气借助气泡凝结时的放热，对金属有化学腐蚀作用。

答案：√

489. 当 LNG 储罐内的液位发生低报警时，由于罐内仍有 LNG，因此启动罐内离心泵对泵无影响。

答案：×

正确答案：当 LNG 储罐内的液位发生低报警时，由于罐内 LNG 液位较低，会造成泵的启动电流较大，且易造成泵发生汽蚀。

490. 罐内泵导流器作用是改善水利特性，减小泵进口介质流体阻力，提高泵进口静压头要求，有效防止泵入口产生汽蚀，提高泵运行稳定性。

答案：×

正确答案：罐内泵导流器的作用为降低泵进口静压头要求。

491. 电阻检查法是在通电的情况下，用万用表电阻挡检查仪器仪表整机电路和部分电路的输入输出电阻是否正常。

答案：×

正确答案：电阻检查法是在不通电的情况下，用万用表电阻挡检查仪器仪表整机电路和部分电路的输入输出电阻是否正常。

492. 仪表空气中含尘导致节流件堵塞可能导致气动仪表故障。

答案：√

493. 超声波流量计测量时，介质黏度和温度对测量精度有较大影响。

答案：×

正确答案：超声波流量计测量时，介质黏度和温度对测量精度没有影响。

494. 带阀门回讯开关的手动隔离阀，阀门回讯开关可安装于角阀、隔膜阀、蝶阀等开关型阀门上，但不能安装在球阀阀门上。

答案：×

正确答案：可以安装在球阀阀门上。

495. LNG 装车臂设计氮气吹扫系统，在工作时空腔内通入循环干燥氮气，使滚道始终处在氮气保护中，提高滚道使用时的安全性。

答案：√

496. LNG 装车臂易出现故障的部件有隔离手阀、注氮阀、放空阀，原因为操作频繁。

答案：√

497. TMS 装车管理系统操作员权限下，可以将等待装车的单据转为异常单据或删除单据。

答案：√

498. 槽车出厂打印磅单时，若发现该磅单信息错误，必须与销售人员共同核对，该车磅单重新打印，同司押人员三方共同签字确认。

答案：√

499. 若槽车需要再次进厂补装时，就地模式下补装时，直接将毛重、净重修改即可。

答案：×

正确答案：毛重、净重等数据不可修改。

500. 装车臂在装车使用过程中发生旋转接头卡涩时，需逐步判断氮气循环、主动静密封圈、端面密封圈的好坏程度再进行处理。

答案：√

501. 装车臂旋转接头氮气压力不足或供应不畅是造成旋转接头卡涩的原因之一，主要表现为端面密封圈泄漏的氮气压力等于氮气管线末端出口氮气压力。

答案：×

正确答案：主要表现为氮气管线入口端氮气压力大于氮气管线末端出口氮气压力。

502. 旋转接头内部带孔滚珠是旋转接头能够得以转动的主要部件，带孔滚珠应处于氮气的保护之中。

答案：√

503. 罐内泵联锁停车不会影响再冷凝器的运行。

答案：×

正确答案：罐内泵停车使低压总管压力降低，影响进入再冷凝的 LNG 流量和再冷凝器的稳定。

504. 单台罐内泵联锁停车不影响其他罐内泵运行。

答案：×

正确答案：单台罐内泵联锁停车后其他罐内泵流量增大，出口压力降低。

505. 罐内泵联锁停车会影响到高压泵、槽车和再冷凝器等设备的稳定运行。

答案：√

506. 罐内泵联锁停车后不需要处置，其他罐内泵会自动调节保持下游设备稳定。

答案：×

正确答案：罐内泵联锁停车后，低压总管压力会降低，虽然其他罐内泵会调节开度，但是可能造成下游设备波动，需要尽快处置。

507. 罐内泵联锁停车后可以关小码头保冷或降低槽车装车量来调节低压总管压力。

答案：√

508. 罐内泵联锁停车后其他罐内泵的出口压力会降低但流量会增加。

答案：√

509. 高压泵突然停车后对再冷凝器底部的压力影响较大。

答案：√

510. 高压泵联锁停车后既影响开架式海水气化器的 LNG 量也影响海水的流量。

答案：×

正确答案：只影响 LNG 流量，与海水量无关。

511. 多台高压泵运行一台联锁停车时，会造成再冷凝器的底部压力迅速上升，要及时调整低压总管的压力。

答案：√

512. 高压泵联锁停车后应立即调节再冷凝器，稳定低压总管压力，然后迅速启动备用泵。

答案：√

513. 一台高压泵联锁停车后应立即重启该泵。

答案：×

正确答案：应立即调整罐内泵回流、气化器负荷，尽量减小对再冷凝系统及其他高压泵的影响，启动备泵，查找联锁停车原因。

514. 3 台高压泵运行时，单台高压泵联锁停车若处置不当有可能引起 BOG 压缩机联锁停车的后果。

答案：√

515. 多台气化器运行时，单台气化器联锁停车若处置不当会造成再冷凝器液位波动。

答案：√

516. ORV及IFV联锁停车会对海水泵造成影响。

答案：×

正确答案：非海水系统停车不会造成海水泵波动。

517. 气化器联锁停车会造成高压泵出口压力降低。

答案：×

正确答案：气化器联锁停车会造成高压泵出口压力升高。

518. 气化器联锁停车主要影响高压外输系统，因此罐内泵可不做任何操作。

答案：×

正确答案：气化器停车后会影响高压外输、低压系统及再冷凝系统，为避免低压总管压力过高需开大罐内泵回流。

519. 气化器联锁停车后外操只需做好现场人员疏散工作，应急处置及检查由内操在DCS系统进行。

答案：×

正确答案：气化器联锁停车后外操除做好现场人员疏散工作外，还应检查现场有无泄漏，安全阀有无起跳等。

520. 浸没燃烧式气化器联锁停车后对高压泵、再冷凝器等处理措施与海水气化器联锁停车基本相同；但还应关注其他在运行浸没燃烧式气化器出口天然气温度，避免入口LNG流量增加过快造成气化器联锁停车。

答案：√

521. 如火炬分液罐两台电加热器只有一台正常运行，分液罐液位持续上升，可能的原因是液位计故障。

答案：×

正确答案：可能的原因是另一台电加热器故障或未送电。

522. 如果分液罐一台液位计出现高报警，可通过其他液位计及分液罐温度等综合判断是否为液位计故障。

答案：√

523. 火炬出现燃烧时只需要检查BOG总管放空火炬的阀门状态并关闭该阀门，其他区域或阀门不会造成火炬燃烧。

答案：×

正确答案：计量外输区放空线也直接连接至火炬，阀门打开或内漏也会造成火炬燃烧。

524. 火炬出现火雨时应尽快确认分液罐电加热器运行状态，排查BOG进液的位置并切断进液来源。

答案：√

525. 热膨胀安全阀主要用于LNG管道因温度升高超压后放空。

答案：√

526. 热膨胀安全阀超过设定压力起跳后，超压气体直接排至火炬。

答案：×

正确答案：超压气体直接排至 BOG 总管。

527. 卡阻有助于安全阀的开启和回座。

答案：×

正确答案：卡阻会导致安全阀无法正常开启和回座。

528. 起跳安全阀回座后仍需要进行隔离、拆检或更换。

答案：√

529. 浸没燃烧式气化器 LNG 负荷调节过快可能造成出口温度波动较大，待 LNG 负荷稳定后出口温度会趋于稳定。

答案：√

530. 冬季 ORV 运行出口温度过低时应适当降低 ORV 入口 LNG 的流量。

答案：√

531. IFV 出口温度低时可适当降低 LNG 流量、增大海水流量，并检查丙烷压力是否过高。

答案：×

正确答案：还要检查丙烷压力是否过低。

532. 当高压泵入口饱和蒸汽压差过低时应立即降低压缩机负荷，减少由再冷凝器进入低压总管的高温 LNG 的流量。

答案：√

533. 高压泵入口饱和蒸汽压差只与 LNG 组分有关，与入口 LNG 温度、压力无关。

答案：×

正确答案：高压泵入口饱和蒸汽压差不只与 LNG 组分有关，与入口 LNG 温度、压力也有关。

534. 在一定压力下，高压泵入口温度越高饱和蒸汽压差越低。

答案：√

535. 卸料臂出现短暂无法动作重新选择或切换就地/远程模式即可恢复，属于设备正常现象。

答案：×

正确答案：出现短暂无法动作不是设备正常现象，需排查液压系统或控制系统是否存在问题。

536. 卸料臂快速接头(QCDC)卡爪如果无法抓紧法兰，应尽可能提高液压油压力以保证顺利抓紧。

答案：×

正确答案：如无法抓紧是液压油压力低的原因时可适当增大液压油压力；如液压油压力正常，需排查是否为法兰厚度超标或其他原因。

537. 卸料臂旋转接头氮气吹扫系统故障灯亮起时，应及时查找原因，避免旋转接头结冰或腐蚀。

答案：√

538. 制单时批控器状态应为远程控制，且阀门状态应为自动控制。

答案：√

539. 装车过程批控器状态突然出现暂停状态，将无法正常装车，只能通过重启批控器解决。

答案：×

正确答案：重启批控器仅是解决办法其中之一。

540. 制卡时主要参考司机要求本次充装量数据来确定本车预制量。

答案：×

正确答案：充装量数据通过核载量、最大充装量、司机要求充装量相比取最小值确定。

541. 密封不严导致旋转接头有氮气泄漏，氮气压力过低或含水导致旋转接头内部滚道结冰是导致装车臂旋转接头卡涩的主要原因。

答案：√

542. 装车时将防冻手套、扳手等无足轻重的物件摆挂在装车臂会直接或间接造成装车臂旋转接头卡涩。

答案：√

543. 装车臂旋转接头发生卡涩故障将导致循环氮气出口排放管的氮气气量变大。

答案：×

正确答案：装车臂旋转接头发生卡涩故障将导致循环氮气出口排放管的氮气气量变小。

544. 在 LNG 装车过程中，当槽车压力达到 0.4MPa 时要对槽车进行返气，返气过程中发现槽车的压力持续上涨，造成这种现象的原因可能是气相管线紧急切断阀未打开造成返气流程不畅。

答案：√

545. 装车臂的阀门数量众多，涉及需要操作且易发生内漏的阀门主要是球阀和截止阀。

答案：√

546. 装车撬安装有批量控制器的，用于监控非装车状态下的装车臂是否放回到停靠架上。

答案：×

正确答案：装车撬安装有接近开关回讯的，用于监控非装车状态下的装车臂是否放回到停靠架上。

547. PID 图中，调节阀选气开或者事故开，其作用是一样的。

答案：×

正确答案：PID 图中，调节阀选气开或者事故开，其作用是不一样的。

548. PID 图中，液位低低开关用 LSLL 表示。

答案：√

549. PID 图中，压力显示控制器用 PIC 表示。

答案：√

550. 在三视图中，中心线及轴线应绘制成细点划线。

答案：√

551. 点的三投影面体系中的位置，不能用坐标来表示。

答案：×

正确答案：点的三投影面体系中的位置，可以用坐标来表示。

552. 画线段的三面投影实质是作任意两点的三面投影，然后同面投影连线。

答案：×

正确答案：画线段的三面投影实质是作两端点的三面投影，然后同面投影连线。

553. 在船期确定后，如气态外输计划或液态外输计划发生较大变动，需进行库存平衡测算，根据测算结果调整外输计划或船期，避免库存超过安全范围。

答案：√

554. 高库存情况下船期延误对库存安全的影响较低库存情况大一些。

答案：×

正确答案：高库存情况下船期延误时库存余量大可供外输，因此对库存安全的影响比低库存情况小。

555. 接收站自耗气和火炬放空量不影响库存平衡测算。

答案：×

正确答案：接收站自耗气、火炬放空量需作为消耗参与库存平衡测算，如不记入会造成实际库存偏低。

556. LNG 的主要成分为甲烷，还含有少量的乙烷和丙烷，通常情况下，LNG 的汽化率要比液态甲烷高。

答案：×

正确答案：由于 LNG 中各组分摩尔质量均比甲烷大，所以 LNG 的汽化率必然比液态甲烷小。

557. LNG 中乙烷、丙烷的含量越高，LNG 的汽化率越小。

答案：√

558. LNG 汽化率计算公式为：LNG 汽化率 = 1000kg ÷ 气体密度，气体密度一般指的是相对密度。

答案：×

正确答案：这个气体密度要用绝对密度，不能用相对密度(相对密度 = 绝对密度/相同状态下的空气密度。

559. ORV 中单根管段的换热可以分为 3 个阶段：液相区、气液两相区、气相区。则单根管段总的换热量可通过$Q_{总}=Q_{液}+Q_{两区}+Q_{气}$来计算。

答案：×

正确答案：LNG 由两相流变为气相，存在汽化潜热，则单根管段总的换热量为$Q_{总}=Q_{液}+Q_{两区}+Q_{气}+Q_{潜}$。

560. ORV 翅片管外的空气与海水之间的热量传递方式为辐射换热。

答案：×

正确答案：翅片管外空气与海水之间的热量传递方式为对流换热。

561. ORV 中单根管段的换热可以分为 3 个阶段：液相区、气液两相区、气相区。其中气液两相区 ORV 翅片管内侧流体之间不仅存在对流换热，还存在沸腾换热。

答案：√

562. 浸没燃烧式气化器是一种水浴式气化器。在利用天然气燃烧产生的高温气体汽化LNG时，燃气的放热量基本相当于LNG汽化所需的热量，水浴的温度基本保持不变。

答案：√

563. 浸没燃烧式气化器产生的热烟气和水直接进行热量交换，即双组分、两相流传热。水的传热系数远比热烟气的传热系数大，并且热烟气基本和换热管束表面无长时间接触。因此，可以忽略热烟气与换热管束之间的换热，即热烟气与水直接换热，水与换热管束直接换热。

答案：√

564. 利用SCV将液化天然气汽化为天然气，整个过程中对流传热系数是不发生变化的。

答案：×

正确答案：SCV内的换热分为3个阶段：单相液区、单相气区以及气液两相区，由于气相、液相的热导率等一些基础参数不同，因此对流换热系数也会发生变化。

565. IFV通常采用丙烷等介质作中间传热流体，实际传热过程是由LNG与丙烷等中间介质传热和海水与中间介质流体传热两级换热组成的。

答案：√

566. IFV运行海水流量、LNG流量一定时，即使海水温度降低换热负荷也不变。

答案：×

正确答案：海水温度降低时，换热负荷减小。

567. 伯努利方程式表示了在同一条流线上，各点上的单位重量流体所具有的总机械能相等。在不同流线上，一般具有不同的总机械能的值。

答案：√

568. 同一流体中，所有流线的起始点处具有相同的P、V和z的值，或者对于那些从均匀流动区域出发或经过的无黏性不可压缩流体的无旋流动，不管是一维、二维或三维，对于不同的流线所具有的伯努利积分常数有所不同。

答案：×

正确答案：在同一流体中，所有流线的起始点处具有相同的P、V和z的值，所有流线上的总机械能相等，因此对于不同的流线所具有的伯努利积分常数相同。

569. 如果流体机械是一种工作机械，例如压缩机，流体将从中获取能量以提高速度、压力或位置高度，此时伯努利方程为$\frac{V_1^2}{2g}+\frac{P_1}{\rho g}+z_1+H=\frac{V_2^2}{2g}+\frac{P_2}{\rho g}+z_2$。

答案：√

570. 单个学员也可以采用游戏法完成教学。

答案：×

正确答案：游戏法是指两个或更多学员在一定规则的约束下，相互竞争，以达到某种目标的训练方法。

571. 暗示教学的途径有心理途径和教育途径。

答案：×

正确答案：暗示教学的途径有心理途径、教育途径和艺术途径。

572. 暗示教学法又称启发式教学法，它是利用暗示手段，激发学员心理潜力，加速学习进程的一种学习培训方法。

答案：√

573. 整个培训备课过程中最艰巨、最具创造性的工作是制作学员手册。

答案：×

正确答案：整个培训备课过程中最艰巨、最具创造性的工作是制作培训师手册。

574. 一般来说，课程简介包括培训目标、培训对象和培训师简介。

答案：×

正确答案：一般来说，课程简介包括培训目标、培训对象、培训师简介和培训时间。

575. 培训目标是指培训课程对学员在知识与技能、过程与方法、情感态度与价值观等方面的培养上期望达到的程度。

答案：√

简答题

1. 流体静压强的概念及其特性是什么？

答：流体不能承受拉力，静止时又不存在切应力，因此处于静止状态时的流体与流体之间以及流体与边界之间的相互作用，只有压应力，通常称之为流体静压强(50%)。流体静压强的特性是：同一点处不同方向上的流体静压强大小相等，且始终沿着作用面的内法向垂直指向作用面(50%)。

2. 热传导的基本定理是什么？

答：在导热现象中，单位时间内通过给定截面的热量，正比例于垂直于该界面方向上的温度变化率和截面面积，而热量传递的方向则与温度升高的方向相反(100%)。

3. 对流换热的影响因素有哪些？

答：(1)流体在传热过程中有无相变、汽化、冷凝(20%)。(2)流体的流动状态和起因(20%)。(3)流体流动的原因：强制对流、自然对流(20%)。(4)物体的物理性质：密度、比热容、黏度、体积膨胀系数等(20%)。(5)传热表面的形状、位置及大小等(20%)。

4. 流体在管路中流动时为什么会产生机械能损失？

答：流体的机械能损失或压头损失，是由于流体有黏性，流动时产生内摩擦使一部分机械能转化为热能而损失掉。通常把流体的机械能损失或压头损失称为摩擦阻力损失，简称为摩擦损失或阻力损失(100%)。

5. 简述往复式压缩机中间级吸气温度异常升高的原因及处理措施。

答：(1)原因 1 为该级吸气阀关闭不严产生逆流。处理措施应修复或更换气阀部件(50%)。(2)原因 2 为前一级冷却器冷却效果不好，应确保冷却水量充足并清洗冷却器(50%)。

6. 何为减压阀？使用减压阀的目的是什么？

答：(1)减压阀，即通过启闭件的节流将进口压力降至某一个需要的出口压力，并能在进口压力及流量变动时，利用本身介质能量保持出口压力基本不变的阀门(50%)。(2)使用减压阀的目的是使阀门出口压力降至某一适当值并保持基本稳定(50%)。

7. 请简述离心泵的工作原理。

答：(1)叶轮被泵轴带动旋转，对位于叶片间的流体做功，流体受离心力的作用，由叶轮中心被抛向外围。当流体到达叶轮外周时，流速非常高(30%)。(2)泵壳汇集从各叶片间被抛出的液体，这些液体在壳内顺着蜗壳形通道逐渐扩大的方向流动，使流体的动能转化为静压能，减小能量损失。所以泵壳的作用不仅在于汇集液体，它更是一个能量转换装置(30%)。(3)液体吸上原理：依靠叶轮高速旋转，迫使叶轮中心的液体以很高的速度被抛开，从而在叶轮中心形成低压，低位槽中的液体因此被源源不断地吸上(40%)。

8. 请解释电机防护等级 IP65 第二位数字的意思。

答：IP65 第二位数字的意思是设备防水的技术要求(50%)，“5”的意思是任何方向的喷水对电机无有害影响(50%)。

9. 在闭合电路中，负载电阻变化时，负载端电压将如何变化?

答：(1)当外电路电阻增大时，根据 $I=E/(R+r)$，可知，I 减小，再由 $U=E-Ir$ 可知端电压 U 增加(50%)。(2)当外电阻减小时，基于上述理由，可知端电压 U 减小(50%)。

10. 混联电路与串联、并联电路的电压、电流关系有什么不同?

答：混联电路与串联、并联电路负载电阻上的参数关系为：(1)串联电路负载电阻上的电压等于各串联电阻之和，并联电路的电压等于并联电阻端电压，而混联电路电压等于串联电阻和并联电阻端电压之和(50%)。(2)串联电路负载电阻上的总电流等于任一串联电阻的电流，并联电路的总电流等于各并联电阻电流之和，而混联电路电流等于混联电路中并联电阻电流之和(50%)。

11. 简述过渡过程的概念。

答：对于任何一个控制系统，扰动作用是不可避免的客观存在。系统受到扰动作用后，其平衡状态被破坏，被控变量就要发生波动，在自动控制作用下，经过一段时间，使被控变量回复到新的稳定状态。把系统从一个平衡状态进入另一个平衡状态之间的过程，称为系统的过渡过程(100%)。

12. 简述在阶跃扰动作用下过渡过程曲线的几种形式。

答：发散振荡过程(20%)、非振荡发散过程(20%)、等幅振荡过程(20%)、衰减振荡过程(20%)、非振荡衰减过程(20%)。

13. 在 PID 调节中，比例、积分、微分的作用是什么?

答：(1)比例作用是依据偏差的大小来动作的，在系统中起着稳定被控变量的作用(30%)。(2)积分作用是依据偏差是否存在来动作的，在系统中起着消除余差的作用(30%)。(3)微分作用是依据偏差的变化速度来动作的，在系统中起着超前调节的作用(40%)。

14. 在什么场合下选用比例(P)、比例积分(PI)、比例积分微分(PID)调节规律?

答：(1)比例调节规律适用于负荷变化较小、纯滞后不太大而工艺要求不高、又允许有余差的调节系统(30%)。(2)比例积分调节规律适用于对象调节通道时间常数较小、系统负荷变化较大、纯滞后不大而被调参数不允许与给定值有偏差的调节系统(40%)。(3)比例积分微分调节规律适用于容量滞后较大、纯滞后不太大、不允许有余差的对象(30%)。

15. 简述时差式超声波流量计的工作原理。

答：超声波流量计是利用超声脉冲在气流中传播的速度与气流的速度有对应的关系，即顺流时的超声脉冲传播速度比逆流时传播的速度要快，这两种超声波脉冲传播的时间差越大，则流量也越大的原理(100%)。

16. 什么是流量计的量程比？超声波流量计铭牌上的 Q_{min}、Q_{max} 与 Q_t 分别是什么意思？

答：量程比是指流量计的测量下限与测量上限的比值(40%)。超声波流量计铭牌上的 Q_{min} 是指该流量计的测量下限，Q_{max} 指测量上限，Q_t 指临界测量点，流量位于 Q_{min} 至 Q_t 时，测量误差相对较大(60%)。

17. 涡轮流量计工作原理是什么？

答：当被测流体流过传感器时，在流体作用下，叶轮受力旋转，其转速与管道平均流速成正比，叶轮的转动周期改变磁电转换器的磁阻值。检测线圈中磁通随之发生周期性变化，产生周期性的感应电势，即电脉冲信号，经放大器放大后，送至显示仪表显示(100%)。

18. 强制检定计量器具包括的范围是什么？

答：(1)社会公用计量标准器具(30%)。(2)部门和企业、事业单位使用的最高计量标准器具(30%)。(3)用于贸易结算、安全防护、医疗卫生、环境监测方面的列入强制检定目录的工作计量器具(40%)。

19. 简述气相色谱的分离原理。

答：气相色谱是一种物理的分离方法(20%)。利用被测物质各组分在不同两相间分配系数(溶解度)的微小差异，当时，这些物质在两相间进行反复多次的分配，使原来只有微小的性质差异产生很大的效果，而使不同组分得到分离(80%)。

20. 气相色谱法分析误差产生的原因主要有哪几方面？

答：取样进样技术、(20%)样品吸附分解、(20%)检测器性能、(20%)仪器的稳定性、(20%)数据处理与记录(20%)。

21. 若接收站码头设有排凝罐，请简述码头排凝罐的排凝步骤。

答：(1)关闭码头排凝罐气相管线切断阀(20%)。(2)打开码头排凝罐注氮阀门，为其升压(20%)。(3)观察码头排凝罐压力，当其读数高于卸料汇管压力时打开码头排凝罐排净管线切断阀，将码头排凝罐内的 LNG 排至卸料汇管(20%)。(4)当码头排凝罐内压力降至卸料汇管压力时，关闭码头排凝罐排净管线切断阀，继续为码头排凝罐注氮升压(20%)。(5)反复几次，直至码头排凝罐液位计读数为零(或留少量液位)，码头排凝罐排凝吹扫结束(20%)。

22. LNG 船舶靠妥码头，直至完成卸货后、卸料臂拆除收回前，共包括哪些作业环节？

答：(1)连接船岸通信线缆及船岸通道(10%)。(2)连接卸料臂(10%)。(3)卸料臂及船舶汇管法兰连接处进行气密测试(10%)。(4)卸料臂及相应卸料管线进行吹扫置换(10%)。(5)卸货前计量及热态 ESD 测试(10%)。(6)卸料臂及码头相应管线预冷(10%)。(7)冷态 ESD 测试(10%)。(8)卸货作业(10%)。(9)船侧和岸侧分别对卸料臂及相应管线进行排凝及吹扫置换(10%)。(10)卸货后计量(10%)。

23. 简述全容式 LNG 储罐干燥置换分区及干燥置换流程。

答：根据全容式 LNG 储罐结构特点，干燥置换时可将储罐可分为内罐及穹顶空间(A 区)、内外罐壁间环形空间(B 区)、二次底板与内罐底板间(C 区)、二次底板下部(D 区)等区域(40%)。氮气通过储罐氮气置换管线及分布管均匀进入内罐底部，通过穹顶放空口放空至大气(15%)；穹顶氮气可进入 B 区顶部，通过珍珠岩缝隙渗入底部，通过管道引至罐顶放空(15%)；B 区底部氮气可渗入 C 区，通过管道引至罐顶放空(15%)；B 区顶部氮气通过平衡线进入热角保护，通过保冷材料缝隙渗透至 D 区底部，通过管线引至罐顶放空(15%)。

24. 简述全容式 LNG 储罐干燥置换分区及各分区干燥置换指标。

答：根据全容式 LNG 储罐结构特点，干燥置换时可将储罐可分为内罐及穹顶空间(A 区)、内外罐壁间环形空间(B 区)、二次底板与内罐底板间(C 区)、二次底板下部(D 区)等区域(40%)。干燥置换指标：A 区露点低于 -20℃，氧含量≤4%(20%)；B 区露点低于 -10℃，氧含量≤4%(20%)；C 区露点无要求，氧含量≤4%(10%)；D 区露点无要求，氧含量≤4%(10%)。

25. LNG 储罐预冷速度监控手段及控制要求有哪些？

答：预冷速度主要通过均布在罐底温度传感器监控，同时通过内罐壁、环形空间底部、热角保护等部位设置的温度传感器监控储罐状态(40%)。整个预冷过程中，温降速度小于 5℃/h，内罐底任意临近两个温度传感器的最大温差不允许超过 20℃，并且任意两个温度传感器的最大温差在初始阶段不能超过 50℃(60%)。

26. 简述 LNG 储罐预冷方法。

答：储罐内罐预冷前完成进料管线预冷、填充(10%)；进料管线升压后 LNG 通过储罐预冷喷淋管线由内罐顶部均匀喷入储罐对储罐进行预冷，喷淋预冷过程中储罐上下进液阀及旁路始终保持关闭状态(50%)；通过内罐底均布的温度传感器监控预冷速度，通过喷淋管线调节阀控制喷淋 LNG 流量控制储罐预冷速度(40%)。

27. 当仪表风管网压力低于正常范围时，系统如何自动调节？

答：当压力变送器检测到仪表风管网压力低于正常值时，由压力控制器控制关闭工厂风管线压力控制阀，从而通过减少工厂风的供应来维持仪表风管网压力(40%)；若仪表风压力仍然低于正常值，则压力控制器控制打开仪表风管线压力控制阀，从而使经往复式压缩机压缩至 3.0MPa 并储存在净化压缩空气储罐中的气体经减压后进入仪表风管网，给仪表风管网补压。此时操作人员应迅速找出管网压力下降的原因，并及时采取措施(60%)。

28. 净化压缩空气储罐的作用是什么？

答：净化压缩空气通过往复式压缩机升压至 3.0MPa 后进入净化压缩空气储罐(50%)，当净化空气管网压力低于设定压力时，通过调节净化压缩空气储罐出口的压力调节阀的开度来将净化空气管网的压力提升至 0.7MPa(50%)。

29. 简述电解海水制氯装置的运行参数控制。

答：(1)电解电流：电流范围需在允许范围内运行(5%)。(2)电解槽内海水流量：电解槽内海水的流量的检测和控制是由流量计实现的。当电解槽的流量低于设定值，为避免电解槽因堵塞短路或温升而损坏，控制台自动报警，并切断整流器输出(15%)。(3)电解槽海水入口压力：海水入口压力的控制是通过安装在电解槽入口的压力变送器来控制的，当水压力大于设定值时，系统报警，并关闭系统(20%)。(4)电解槽出口药液温度：海水电解时，必然产生温升。为确保电解槽槽体材料不因电解液温升过高而导致损坏，须对电解槽出口溶液温度进行控制。当药液温度高于设定值时，电解槽停止供电(20%)。(5)次氯酸钠储罐液位：次氯酸钠储罐内液位设置高高限点和低低限点。当液位达到高高限时，系统停机，当液位到达低低限点时，停止加药泵工作(20%)。(6)限制污水排放控制：监测中和池子中污水 pH 值情况，如果 pH 值不在 6～9 之间，出口电动阀关闭。只有在 pH 值为中性时，出口电动阀才可打开(20%)。

30. 简述电解制氯系统流程。

答：电解制氯装置在正常运行状态下工作时，海水经过海水升压泵送至自动反冲洗过滤器，自动清洗过滤器除去海水中小颗粒物质后，进入电解槽组件(30%)。电解槽组件在电路上通过导电母排串联连接。整流装置将系统提供的交流电转化为直流电，供给电解制氯装置，将流经电解槽组件的海水电解，产生次氯酸钠溶液及副产物氢气进入次氯酸钠储罐(40%)。氢气在储罐顶部通过排氢风机稀释并排到大气中。钙、镁沉淀物在次氯酸钠储罐底部，经排污口定期排出。次氯酸钠溶液通过连续加药泵、冲击加药泵经次氯酸钠储罐出口注入取水口加药点完成系统加药(30%)。

31. 简述液氮系统自动控制逻辑。

答：当压变 1 监测到压力为空浴式气化器出口压力达到低报值时，压变 1 发出低报信号，并联锁空浴式气化器入口汇管上切断阀打开，液氮流入空浴式气化器(40%)。通过压变 2 监测空浴式气化器出口汇管上压力，并通过压变 2 来调节每台空浴式气化器入口压力调节阀开度，来调整液氮流量。当氮气管网压力恢复，压变 1 监测到压力达到高报值时，联锁关闭气化器入口汇管上切断阀(60%)。

32. 简述氮气系统主要流程。

答：原料空气进入 PSA 制氮装置，生产出纯度≥98% 的氮气，一路直接送至低压氮气管网(30%)；另一路经往复式氮气压缩机压缩升压后送至高压氮气管网(30%)；自槽车来的液氮卸入真空液氮储罐中，可进入空浴式气化器汽化后，产生氮气送至低压氮气总管(40%)。

33. 简述接收站内消防稳压泵的启停逻辑。

答：正常工况下接收站及码头消防管网依靠两台消防稳压泵稳定压力在设定值，若管网压力低于设定值，消防稳压泵自动启动，若管网压力高于或等于设定值，消防稳压泵停车(50%)；如果管网压力低于设定值持续 10～15s，触发电动海水消防泵启动联锁，中控室按下确认按钮后，电动海水消防泵启动，将接收站及码头消防管网压力分别维持在设定值，同时联锁停两台消防稳压泵(50%)。

34. 简述接收站内海水消防系统系统的启动顺序。

答：如果消防管网压力低于设定值持续 10～15s，触发电动海水消防泵启动联锁，中控室按下确认按钮后，电动海水消防泵启动，将接收站及码头消防管网压力分别维持在设定值，同时联锁停两台消防稳压泵(50%)。柴油海水消防泵自动联锁逻辑如下：电动海水消防泵自动启动失败或者电动海水消防泵启动后，管网压力低于设定值(减压阀前)或设定值(减压阀后)持续 10～15s，联锁启动第一台柴油海水消防泵(25%)；若第一台柴油海水消防泵启动失败或者启动后管网压力低于设定值(减压阀前)或设定值(减压阀后)持续 10～15s，联锁启动第二台柴油海水消防泵；依次类推启动第三台柴油海水消防泵(25%)。

35. 如何实现气化器入口 LNG 流量的自动控制?

答:(1)当气化器出口温度高于其设定值时,入口 LNG 流量根据外输计量控制,通过调节气化器入口 LNG 管线上的流量调节阀来实现(50%)。(2)当气化器出口温度小于等于其设定值时,入口 LNG 流量根据出口温度来控制,同样,通过调节气化器入口 LNG 管线上的流量调节阀实现(50%)。

36. 外输停止后,建立零外输保冷循环主要对哪些管线和设备保冷?

答:(1)LNG 低压输出总管(20%)。(2)LNG 装车总管线(20%)。(3)低压泵出口及回流管线(20%)。(4)高压泵(10%)。(5)LNG 高压输出总管(10%)。(6)高压泵出口及回流管线(10%)。(7)再冷凝器(10%)。

37. 高压泵预冷期间,泵筒已形成液位,为避免 BOG 管网进液,需要注意哪些操作?

答:密切监控液位的变化,严格控制液位的上涨速度,并且要避免泵筒 LNG 通过放空线安全阀旁路进入 BOG 汇管,当泵筒液位较高时关闭放空线安全阀旁路,出口管线温度较低时关闭出口至 BOG 系统的放空阀门,此时可通过打开回流流程继续进行预冷作业(100%)。

38. 简述设备在检修前工艺处置的主要步骤。

答:(1)确认设备已经停止运行并停电(20%)。(2)关闭工艺阀门隔离工艺流程(20%)。(3)对系统进行排凝泄压(20%)。(4)对系统进行氮气置换,检测甲烷含量低于10% LEL(20%)。(5)确认系统内无压力后,对相关工艺流程添加盲板隔离(20%)。

39. 低压输送总管压力对再冷凝器有什么影响?

答:低压输送总管压力波动主要影响进入再冷凝器的 LNG 流量和再冷凝器旁路 LNG 流量(20%),而这两个流量的波动直接造成气液比的失调以及物料平衡的破坏(20%);当低压输送总管压力增加时,进入再冷凝器的 LNG 量增加,气液比减小,再冷凝器液位上升,旁路通过的 LNG 增加,再冷凝器出口流量减小,造成再冷凝器出口压力升高(30%);当低压输送总管压力减小时,进入再冷凝器的 LNG 量减小,气液比增加,再冷凝器液位下降,旁路通过的 LNG 减少,再冷凝器出口流量增加,造成再冷凝器出口压力降低(30%)。

40. 乙烷产品中甲烷含量超标,有哪些原因,如何调整?

答:(1)脱甲烷塔顶回流偏大——关小脱甲烷塔顶回流阀开度(30%)。(2)脱甲烷塔釜加热不足——开大脱甲烷塔重沸器蒸汽调节阀开度(30%)。(3)脱甲烷塔灵敏板温度控制偏低——适当提高脱甲烷塔灵敏板温度控制(20%)。(4)色谱指示不准——及时联系校准在线色谱(20%)。

41. 轻烃回收装置闪蒸罐压力突然升高,有哪些原因,如何调整?

答:(1)闪蒸罐压力控制阀故障关小——现场及时手动开大,并联系校阀(30%)。(2)脱甲烷塔顶气的流量或温度增加——检查脱甲烷塔操作,稳定塔顶气流量和温度(30%)。(3)闪蒸罐进料温度升高或轻组分增加——手动打开闪蒸冷凝器冷源进料旁路阀降低闪蒸罐进料温度(20%)。(4)闪蒸汽凝液泵晃电停泵——立即启动备用泵(20%)。

42. 操作人员对 SCV 日常检查有哪些?

答:(1)整个系统没有关键的漏点(20%)。(2)燃烧空气吸入通道顺畅,无障碍(20%)。(3)没有任何关键部位被破坏的征兆,燃烧器顶部托盘安全可靠(20%)。(4)在设备的任何地方没有易燃物(20%)。(5)所有的 ESD 按钮状态完好，复位钥匙被摘除(20%)。

43. 当 ORV 已经完全满足外输要求时，SCV 可长期不运行。为保证 SCV 处于完好的备用状态，规定 SCV 停运期间需定期进行测试及维护，请简述 SCV 的测试周期。

答：(1)每年 4～9 月份的测试要求：每年 4、6、8 月份(1～10 日)对 SCV 进行运行测试，每台 SCV 进料测试时间为 4 个小时(25%)。(2)每年 10 月份至次年 3 月份为冬季运行时间，9～10 月份为 SCV 全年检查阶段(排水→检查→充水)，9～10 月份完成 SCV 进入冬季生产前的运行测试，即 SCV 年度检查结束后的运行测试。每台 SCV 进料测试时间不少于 24h。通过全年检查以及之后的运行测试，尽早排查问题，确保 SCV 进入冬季生产时处于完好备用状态(50%)。(3)冬季生产期间，根据外输量、海水温降以及 SCV 实际运行情况，对备用 SCV 定期进行切换测试，测试安排根据具体生产情况确定(25%)。

44. 低温气动阀门开关动作缓慢甚至不动作，试分析其中的原因？

答：(1)干燥不彻底：在装置投用前管道的干燥处理可能有局部不彻底，阀门出现冰堵而造成无法开关(20%)。(2)阀腔球面清洁问题：阀腔球面过脏导致阀芯转动不顺畅(20%)。(3)过滤器堵塞：常见原因可能是由于仪表空气过滤减压阀的设置偏低，或者是因为长期未清理等原因造成气孔结垢堵塞，或者是气路自身因外部原因压力不够。可调节至适宜供气压力或清洗过滤器污物解决(30%)。(4)气缸密封性能不好：要认真巡检，当发现有异常或听到有漏气声音，要及时用肥皂泡确认，并根据实际问题，通过换密封圈等手段解决(30%)。

45. 低温气动阀门定期维护的内容包括哪些？

答：(1)定期进行执行机构外部清洁工作，一般为每周一次(10%)。(2)定期对过滤器排污，一般 3 个月一次。冬季可每月一次(10%)。(3)定期对需注油的调节阀注油，一般 3 个月一次(20%)。(4)定期压盘根，根据调节阀实际使用情况而定(20%)。(5)定期对调节阀刷油漆，根据调节阀实际使用情况而定。刷漆前应预先对铭牌、阀杆、活动件及各螺纹处做防护措施(20%)。(6)定期对调节阀各活动件进行加油(20%)。

46. 工艺管线某 LNG 低温阀门出现内漏，试分析可能会导致什么结果？

答：(1)用于 NG 气体和 LNG 隔离的低温阀门内漏时将造成气相管线压力上升(20%)。(2)LNG 低温阀门内漏将造成阀门下游段管道压力无法 100% 泄压(20%)。(3)LNG 低温阀门内漏，在开阀门时可能对工艺参数无影响(20%)。(4)LNG 低温阀门内漏，会导致相连管道或设备检修时无法恢复常温(20%)。(5)LNG 低温阀门内漏，会导致相连管道或设备检修后无法彻底干燥置换(20%)。

47. 名词解释：饱和蒸汽压什么意思？

答：在一定的温度下，与同种物质的液态(或固态)处于平衡状态的蒸汽所产生的压强叫饱和蒸汽压，简称蒸汽压(100%)。

48. 低压泵突然发生跳车，原因可能有哪些？

答：(1)设备故障原因：①电气问题，电网晃电、断电或电压偏压产生的电气保护；②设备问题，振动值升高联锁；③仪表问题，通信故障或相关故障(50%)。

(2)联锁导致停车：全场工艺 ESD1、储罐工艺 ESD2；全场火气 ESD；储罐火气 ESD；储罐 ESD；储罐压力低低；储罐液位低低；仪表空气压力低低；中控全场、储罐 ESD 按钮触发(50%)。

49. 导致高压泵跳车的工艺联锁有哪些?

答:(1)LNG输出区域紧急停车按钮(10%)。(2)中控室高压泵紧急停车按钮(10%)。(3)外输高压泵氮气密封压力低低/高高联锁(10%)。(4)高压泵出口压力高高报(10%)。(5)高压泵入口HV阀未全开(10%)。(6)高压泵入口压力低低报(10%)。(7)高压泵泵筒液位低低报(10%)。(8)高压泵振动高高报(10%)。(9)高压泵入口总管压力低低报(10%)。(10)高压泵入口总管饱和蒸汽压差低低报(10%)。

50. 分别说明造成就地压力表指针不动、压力表指示不正确两种故障的原因。

答:(1)压力表指针不动,原因分析:旋塞未开;旋塞、压力表连管或存水弯管堵塞;指针与中心轴松动或指针卡住(50%)。(2)压力表指示不正确,原因分析:弹簧管因高温或过载而产生过量变形;齿轮磨损松动;游丝紊乱;旋塞泄漏等原因(50%)。

51. 分别说明造成就地压力表指针抖动、压力表指针在无压时回不到零位两种故障的原因。

答:(1)压力表指针抖动,原因分析:游丝损坏;旋塞或存水弯管通道局部被堵塞;中心轴两端弯曲,轴两端转动不同心(50%)。(2)压力表指针在无压时回不到零位,原因分析:弹簧弯管产生永久变形失去弹性;指针与中心轴松动,或指针卡住;旋塞、压力表连管或存水弯管的通道堵塞(50%)。

52. 简述在对LNG槽车充装过程中,槽车出现返气过程中压力表压力仍持续上涨的应急处置步骤。

答:(1)查看槽车返气流程上气动阀及手阀是否打开(25%)。(2)查看气相臂及气相管线的手动隔离阀、根部阀及XV是否打开(25%)。(3)流程全部导通后通过听、摸、看等方式,判断气相管线是否有气流通过,并观察槽车压力表判断槽车压力是否下降(25%)。(4)若槽车压力持续上涨,微开气相BOG管线去放空管线的跨线阀,待压力下降后恢复流程(25%)。

53. LNG装车臂旋转接头出现卡涩现象的原因一般有哪些?

答:(1)装车臂使用频繁度高,旋转接头的密封装置日常磨损降低了密封效果,导致水汽在旋转接头表面聚集,造成旋转接头卡涩(25%)。(2)旋转接头起吹扫密封作用的氮气压力过低或含水导致旋转接头内部滚道结冰,造成旋转接头卡涩(25%)。(3)充装工在推拉使用装车臂时,不按照操作规程进行操作,存在野蛮操作行为(25%)。(4)较低温度的液化天然气通过装车臂输送时,使得积聚在旋转接头中水汽易结冰,从而使接头内部滚道损坏,造成旋转接头卡涩(25%)。

54. 简述海水开架式气化器出口温度低于1℃时的可能原因及处理方法。

答:原因:(1)海水流量偏低。(2)ORV入口LNG的FV阀开度过大(40%)。

处理方法:(1)调节海水的FV阀开度,或者加开海水泵以增大海水量。(2)减小ORV入口LNG的FV阀开度,以减小LNG的量(60%)。

55. 简述冬季一台浸没燃烧式气化器出口温度低低联锁停车后的应急处置方法。

答:浸没燃烧式气化器联锁停车会造成高压总管、低压总管压力升高,再冷凝器液位、压力升高(40%)。

处置方法：(1)立即将在运高压泵打回流，增加在运 SCV 运行负荷，稳定高压总管压力；调整罐内泵回流，根据再冷凝器压力调整再冷凝器入口 LNG 流量。(2)启动备用气化器，调整罐内泵、高压泵、再冷凝器，恢复外输(60%)。

56. 解释离心泵汽蚀现象。

答：当泵内液体压力低于或等于该温度下的饱和蒸汽压时，液体发生汽化，产生气泡，这些气泡随液体流到较高压力处受压迅速凝结，周围液体快速集中，产生水力冲击(50%)。由于水力冲击，产生很高的局部压力，连续打击在叶片表面上，这种高速、高压和高频的水力冲击，使叶片表面产生疲劳而剥蚀成麻点、蜂窝。这种汽化和凝结产生的冲击、剥蚀、振动和性能下降的现象称为汽蚀现象(50%)。

57. 简述高压泵入口饱和蒸汽压差及提高饱和蒸汽压差的措施。

答：在一定的温度下，与 LNG 的液态处于平衡状态的蒸汽所产生的压强叫饱和蒸汽压；高压泵入口饱和蒸汽压差指的是高压泵入口压力与饱和蒸汽压的差值，差值越大泵越不容易汽蚀(50%)。在 LNG 组分一定的情况下可通过提高高压泵入口压力、降低高压泵入口温度的方法提高饱和蒸汽压差(50%)。

58. 内操人员因失误将其他正常单据转为了异常单据，想让此单据能完成出厂打印操作，内操人员如何处理?

答：内操人员必须经班长同意，登陆 ENG，在异常单据中，选中需要还原的单据，对此单据不做任何变动，只点击修改单据，选中将单据状态转换到完成装车状态，此单据跳转到完成装车状态，重新称重，完成打印，并对于此单据做好记录(100%)。

59. 简述 LNG 旋转接头的密封形式。

答：旋转接头密封装置采用双密封圈结构，次密封圈能在主密封圈发生泄漏时起密封作用，保证了接头的安全运行(25%)。密封圈是旋转接头密封装置的关键部件，采用耐低温填充聚四氟乙烯材料(25%)。内圈与左、右法兰之间分别装有主静密封圈和主动密封圈，内、外圈与右法兰之间分别装有次级密封圈和端面密封圈Ⅰ，次级密封圈和端面密封圈Ⅰ位于氮气吹扫通道与右法兰连接处。内、外圈与左法兰之间分别装有端面密封圈Ⅱ和氮气密封圈，端面密封圈Ⅱ和氮气密封圈位于氮气吹扫通道与左法兰连接处(50%)。

60. LNG 装车臂旋转接头出现卡涩现象后的处理步骤是什么?

答：(1)检查循环氮气管线末端出口氮气压力是否正常，同时检查旋转接头密封处是否有氮气和可燃气体泄漏(25%)。(2)拆卸旋转接头检查内部密封圈是否有磨损状况(25%)。(3)检查旋转接头内部带孔滚珠及滚珠滑道是否有水汽凝结和磨损现象(25%)。(4)对出现上述现象的部件进行清洗、更换(25%)。

61. 应该如何准备培训教案?

答：准备培训教案要从以下几个方面着手：(1)做好培训需求分析(40%)。(2)教案的编写：确定教案的核心内容与结构，选择合适的教案模式(40%)。(3)培训方式的选择与应用(20%)。

62. 在编写课程大纲的时候，要遵循哪几个步骤?

答：(1)确定培训主题、目的(25%)。(2)为培训的提纲设计一个框架(25%)。(3)列出每项所涉及的具体内容(25%)。(4)修改、调整内容(25%)。

计算题

1. 已知某 LNG 中各组分甲烷、乙烷、丙烷的摩尔比为 =96：4：2，则甲烷、乙烷、丙烷的质量比为多少？

解：已知甲烷、乙烷、丙烷的相对分子质量分别为 16、30、44，甲烷、乙烷、丙烷的摩尔比为 96：4：2，则甲烷、乙烷、丙烷的质量比为(16×96)：(30×4)：(44×2)=384：30：22。

答：甲烷、乙烷、丙烷的质量比为 384：30：22。

2. 如图所示，已知 ρ，P_0，h_A，和 P_C，h_{BC}，求 A 点和 B 点的压强。

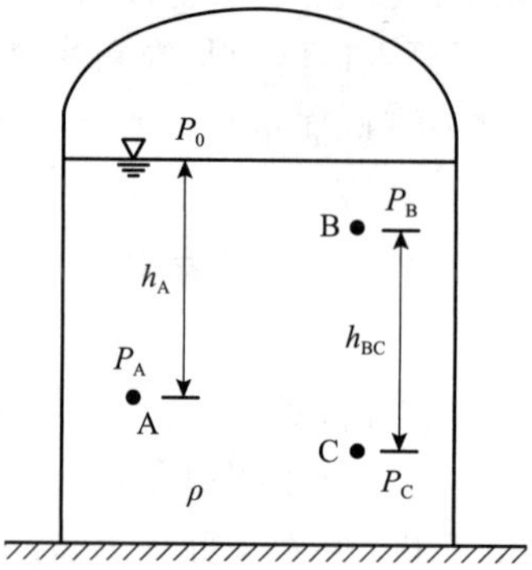

解：利用流体静力学基本方程式 $P=P_0+\rho gh$，求得：

$$P_A=P_0+\rho gh_A(P_A>P_0)$$

$$P_B=P_C-\rho gh_{BC}(P_B<P_C)$$

3. 如图所示，常温水在管路中流过。为测定 a、b 两点的压力差，安装一 U 形压差计，指示液为汞。已知压差计读数 $R=100\text{mmHg}$，试计算 a、b 两点的压力差。已知水与汞的密度分别为 1000kg/m^3 及 13600kg/m^3。

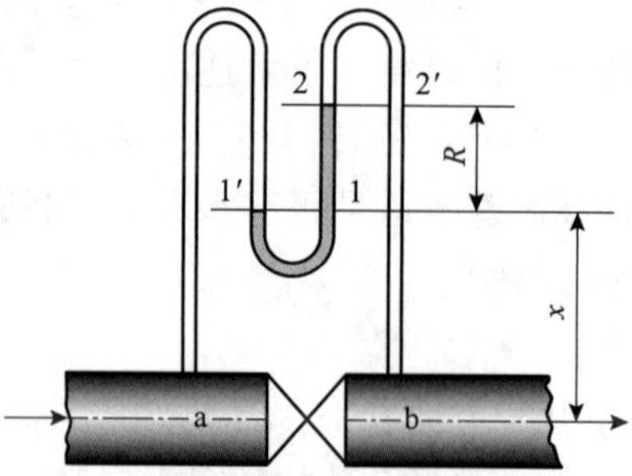

解：取管路截面 a、b 处压力分别为 P_a 与 P_b。根据连续、静止的同一液体内同一水平面上各点压力相等的原理，则 $P_1=P_1'$，$P_2=P_2'$

因

$$P_1'=P_a-x\rho_{H_2O}g$$

$$P_1=R\rho_{H_2O}g+P_2=R\rho_{Hg}g+P_2'=R\rho_{Hg}g+P_b-(R+x)\rho_{H_2O}g$$

根据 $P_1 = P_1'$，则

$$P_a - P_b = x\rho_{H_2O}g + R\rho_{Hg}g - (R + x)\rho_{H_2O}g$$
$$= R(\rho_{Hg} - \rho_{H_2O})g$$
$$= 0.1 \times (13600 - 1000) \times 9.81$$
$$= 12.4(\text{kPa})$$

答：a、b 两点的压力差为 12.4kPa。

4. 要为某容器底部设计一个带水封的疏水管，结构如下图所示。容器内部的压强值，最高时是表压强 $p = 1500\text{Pa}$，最低时是真空值 $p_v = 1200\text{Pa}$，要求疏水管最高水位应低于容器底部连接法兰下 $a = 0.1\text{m}$，最低水位应在疏水管口上 $b = 0.2\text{m}$。求疏水管的长度 L。

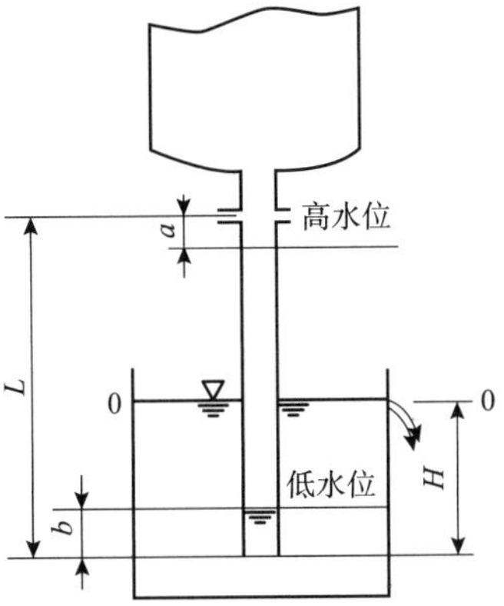

解：根据流体静力学方程表压强 $p = \rho gh$ 得出 $h = p/(\rho g)$

在最高压强时，管内水面应低于 0 - 0 面

$h_1 = p/(\rho g) = 1500/(1000 \times 9.8) = 0.153(\text{m})$

在最低压强时，管内水面应高于 0 - 0 面

$h_2 = p_v/(\rho g) = 1200/(1000 \times 9.8) = 0.122(\text{m})$

故疏水管长度 $L = a + h_2 + h_1 + b = 0.1 + 0.122 + 0.153 + 0.2 = 0.575(\text{m})$

答：疏水管的长度 L 为 0.575m。

5. 有一套管换热器，内管中苯被加热，苯进口温度为 50℃，出口温度为 80℃，流量为 4000kg/h。环隙为 133.3℃的饱和水蒸气冷凝，其汽化热为 2168.1kJ/kg，冷凝传热系数为 11630W/(m^2·K)。试求加热蒸汽的消耗量(苯的比热容为 1.86kJ/kg·℃)。

解：$Q = D_r = g_m C_p(t_2 - t_1) = 4000 \times 1.86 \times (80 - 50) = 223200(\text{kJ/h})$

$D = 223200/2168.1 = 103(\text{kg/h})$

6. 已知某单级双吸式离心泵的额定参数为 $Q = 731\text{m}^3/\text{h}$，$H = 10\text{m}$，$n = 1450\text{r/min}$，试计算其比转数。

解：$n_s = \dfrac{3.65n\sqrt{Q}}{H^{3/4}} = 3.65\dfrac{1450\sqrt{\dfrac{731}{2} \times \dfrac{1}{3600}}}{10^{3/4}} = 300$

答：比转数为 300r/min。

7. 某离心泵扬程为 50m，流量为 $26.5m^3/h$，介质密度为 $833.3kg/m^3$，求泵的有效功率。

解：泵的有效功率 $N_{有效} = QH\rho g = (26.5/3600) \times 20.8 \times 833.3 \times 9.81 = 3008.70(W)$

答：泵的有效功率为 3008.70W。

8. 实测一活塞式空压机，其 $P_s = 0.1MPa$(绝压)，$P_d = 0.45MPa$(绝压)，排气温度为 130℃，当地大气压为 760mmHg，气温 15℃。问：此时压缩过程是多变过程还是绝热过程，为什么(取空气绝热指数 $K = 1.4$)？

解：

$$\frac{T_2}{T_1} = \varepsilon^{\frac{m-1}{m}} = \left(\frac{p_2}{p_1}\right)^{\frac{m-1}{m}}$$

$$\left(\frac{0.45}{0.1}\right)^{\frac{m-1}{m}} = \frac{403}{288} \Rightarrow \frac{m-1}{m}\ln 4.356 = \ln 1.399$$

$$\frac{m-1}{m} \times 1.47 = 0.336$$

$$\Rightarrow m = 1.296 \approx 1.3$$

是多变过程，因为压缩过程 $m < k$。

9. 已知一简单交流电路，$u = 311\sin 314t$，$R = 11\Omega$，求电路中电流瞬时值？

解：电压的有效值：$U = U_m/\sqrt{2} = 311/\sqrt{2} = 220(V)$

电流的有效值：$I = U/R = 220/11 = 20(A)$

电流的瞬时值：$i = \sqrt{2}I\sin 314t = 28.3\sin 314t$

10. 某 LNG 接收站一台高压外输泵，功率为 1200kW，电机效率 η 为 93%，现运行电压为 6000V，运行电流 90A，功率因数 0.8，每天运行 10h，求该外输泵的有功功率 P 及每天耗电量。

解：有功功率 $P = \sqrt{3} \times U \times I \times \cos\varphi \times \eta = \sqrt{3} \times 6000 \times 90 \times 0.8 \times 0.93 \approx 695.9(kW)$

$$耗电量 = P \times T = 695.9 \times 10 = 6959(kW \cdot h)$$

11. 一台异步电动机，频率 $f = 50Hz$，电机额定转速 $n = 960r/min$，问这台电机是几级的？额定转差率 S 为多少？

解：异步电动机的额定转速是接近而又小于旋转磁场转速的，而接近于 $n = 960r/min$ 的旋转磁场转速是 1000r/min

根据公式 $n_1 = 60f/p$，得：$p = 60 \times 50/1000 = 3$(对级)

$$S = (n_1 - n)/n_1 = (1000 - 960)/1000 = 0.04$$

12. 有一个变化范围为 320～360kPa 的压力。若用下列 A、B 两台压力变送器进行测量，那么在正常情况下哪一台的测量准确度高些？压力变送器 A：1 级，0～600kPa；压力变送器 B：1 级，250～500kPa。

解：用变送器 A 时，测量结果的最大误差：

$$\delta_{max} = \pm 1\% \times (600 - 0) = \pm 6\text{kPa}$$

用变送器 B 时，测量结果的最大误差：

$$\delta_{max} = \pm 1\% \times (500 - 250) = \pm 2.5\text{kPa}$$

因此，使用变送器 B 测量准确度高。

13. 有两台测温仪表，其测量范围分别是 0～800℃和 600～1100℃，已知其最大绝对误差均为 ±6℃，试分别确定它们的精度等级。

解：根据基本误差 $\delta_m = \Delta max/(A_{上} - A_{下}) \times 100\%$ 可得：

$$\delta_{m1} = 6/(800 - 0) \times 100\% = 0.75\%$$

$$\delta_{m2} = 6/(1100 - 600) \times 100\% = 1.2\%$$

根据常用工业仪表的精度等级系列，测量范围为 0～800℃的测温仪表应定为 1 级精度；测量范围为 600～1100℃的测温仪表应定为 1.5 级精度。

14. 某控制系统用 4：1 衰减曲线法整定调节器的参数。已测得 $\delta_s = 40\%$，$T_s = 6\text{min}$。试分别确定 P、PI、PID 作用时调节器的参数。

解：根据 4：1 衰减曲线法调节器参数计算表可得

P：$\delta = \delta_s = 40\%$

PI：$\delta = 1.2\delta_s = 48\%$；$T_I = 0.5T_s = 3\text{min}$

PID：$\delta = 0.8\delta_s = 32\%$；$T_I = 0.3T_s = 1.8\text{min}$；$T_D = 0.1T_s = 0.6\text{min}$

15. 用临界比例度法整定单回路压力控制系统 PI 参数，已知 $T_k = 0.75\text{min}$，$\delta_k = 28\%$，求控制器整定参数。

解：根据临界比例度法调节器参数计算表可得

$$\text{PI}: \delta = 2.2\delta_k = 2.2 \times 28\% = 61.6\%;$$

$$T_I = 0.85T_k = 0.85 \times 0.75 = 0.64(\text{min})$$

16. 国内某气体超声波流量计的工况流量为 432.2m^3/h，工作压力(绝压)为 2MPa，工作温度为 15℃，标准参比条件下的压缩因子为 0.998，工作条件下的压缩因子为 0.980，求天然气标况流量。

解：根据公式

$$Q_{vn} = P/P_0 \times T_0/T \times Z_0/Z \times Q$$

$$= 2/0.101325 \times 293.15/(273.15 + 15) \times 0.998/0.980 \times 432.23$$

$$= 8839.02(\text{Nm}^3/\text{h})$$

答：天然气标况流量为 8839.02Nm^3/h。

17. 输气绝对压力为6.5MPa，温度为15℃，工况下瞬时流量为3000m³/h时，标况瞬时流量为多少？假设此时压缩因子为0.9，假设工况下压缩因子为1。

解：根据公式$\frac{P_b V_b}{Z_b T_b}=\frac{P_f V_f}{Z_f T_f}$

得 $$Q_b=\frac{P_f Q_f Z_b T_b}{Z_f T_f P_b}=\frac{6.5\times(20+273.15)\times 3000}{0.9\times(15+273.15)\times 0.101325}=2.18\times 10^5(\mathrm{Nm^3/h})$$

答：标况瞬时流量为$2.18\times 10^5\mathrm{Nm^3/h}$。

18. 为了测定一根3m长的填充柱的柱效，我们在一定的操作条件下进入空气与甲烷的混合样品，分析结束后，测得空气峰的保留距离为2.5mm，甲烷峰的保留距离为14.0mm，并测得甲烷的峰宽为2.0mm，请计算该柱的有效塔板高度。

解：先求有效塔板数：$n_{\mathrm{eff}}=16\times[(t_r-t_m)/y]^2=16\times[(14.0-2.5)/2.0]^2=16\times 33.06=529$

则有效塔板高度为：$H_{\mathrm{eff}}=L/n_{\mathrm{eff}}=3000/529=5.67(\mathrm{mm})$

答：柱的有效塔板高度为5.67mm。

19. 已知组分1和2的峰顶点距离为1.08cm，而$W_1=0.65\mathrm{cm}$，$W_2=0.76\mathrm{cm}$，求分离度R，说明1和2能否分离完全。

解：分离度表示两个色谱峰的分离程度，以两个组分保留值之差与其平均峰宽值之比表示。即

$$R=\frac{2(t_{R2}-t_{R1})}{W_1+W_2}=\frac{2\times 1.08}{0.65+0.76}=1.53$$

答：分离度为1.53，两组分可以分离完全。

20. 假设储罐内罐体积160000m³，使用氮气对内罐连续吹扫进行干燥置换，储罐压力10kPa，计算将内罐水露点降至-20℃所需的氮气质量。为简化计算，只考虑内罐体积(干燥置换用氮气纯度为99.9%，氮气流量为2000m³/h，密度1.25kg/m³；内罐气相空间水体积分数φ随时间变化的函数为$\varphi=0.0505\cdot e^{(-0.01096t)}$，其中，$t$为干燥时间；水露点$\theta$计算公式为$\theta=\frac{3816.44}{23.1963-\ln(P_0\varphi)}-227.02$，其中，$P_0$为储罐绝对压力；大气压取101.3kPa)。

解：(1)干燥用氮气量：

$$-20=\frac{3816.44}{23.1963-\ln(\varphi\times 101300)}-227.02$$

$$\varphi=0.00105$$

$$0.00105=0.0505\cdot e^{(-0.01096t)}$$

$$\text{干燥时间 } t=353.4(\mathrm{h})$$

(2)用氮质量：

$$\text{用氮质量}=353.4\times 2000\times 1.25=883500(\mathrm{kg})$$

21. 假设储罐内罐体积 $160000m^3$，罐内压力为大气压，储罐干燥置换过程中先使用干空气将储罐内罐压力升压至 10kPa，然后连续吹扫，计算将内罐压力升至 10kPa 所需的空气质量。为简化计算，只考虑内罐体积。(空气密度 $1.29kg/m^3$，大气压取 101.3kPa)

解：罐内初始压力为 P_1，体积 V_1，空气质量为 m_1，充压后的压力为 P_2，体积 V_2，空气质量为 m_2；

$$m_1 = V_1\rho$$

根据气体状态方程，$PV = \frac{m}{M}RT$

$$m_2 = \frac{P_2V_2}{P_1V_1}m_1 = \frac{P_2}{P_1}m_1$$

充入的空气质量 $= m_2 - m_1 = \left(\frac{P_2}{P_1} - 1\right)m_1 = \left(\frac{101.3 + 10}{101.3} - 1\right) \times 1.29 \times 160000 = 20375(\text{kg})$

22. 某低温泵测试时，其吸入口径为 0.6m，排出管口径为 0.2m，流量为 $0.039m^3/s$，出口压力表读数为 1.13MPa，进口压力表读数为 0.016MPa，两表位差为 33m，输送介质为 LNG，LNG 的密度为 $420kg/m^3$，则此泵的扬程为多少？

解：根据伯努利方程得：

$$H = \Delta Z + \frac{(P_d - P_s)}{\rho g} + \frac{(C_d^2 - C_s^2)}{2g}$$

$$= 33 + \frac{(1.13 \times 10^6 - 0.016 \times 10^6)}{(420 \times 9.81)} + \frac{\left[\left(\frac{0.039 \times 4}{3.14 \times 0.2^2}\right)^2 - \left(\frac{0.039 \times 4}{3.14 \times 0.6^2}\right)^2\right]}{2 \times 9.81} = 303.45(\text{m})$$

则该离心泵的扬程为 303.45m。

23. 低温泵测试过程出现故障，需将出口 LNG 管道内 LNG 排凝；LNG 管道内压力为 0.2MPa 恒定，求管道内温度升至多少时管内刚好没有 LNG 液体(为简化计算，LNG 可按纯甲烷考虑，用 Antoine 方程：$\ln P_s = A - B/(C + T)$，其中系数 $A = 15.2243$，$B = 897.84$，$C = -7.16$)？

解：用 Antoine 方程：$\ln P_s = A - B/(C + T)$

可知 $P_s = 0.02\text{MPa} = 200000/133.3 = 1500.375$mmHg 柱；$A = 15.2243$，$B = 897.84$，$C = -7.16$

$$\ln 1500.375 = 15.2243 - 897.84/(T - 7.16)$$

则 $T = 120.665\text{K} = -152.5℃$。

24. 成品次氯酸钠加药系统作为电解制氯系统的紧急备用，当电解制氯装置发生故障短时间不能恢复时启动。具体工艺流程为：外购 10% 成品次氯酸钠溶液经卸药泵进入次氯酸钠储罐，通过变频控制调节连续加药泵出口流量，使加药浓度达到 1ppm，现接收站运行 4 台海水泵，每台流量按 $7000m^3/h$ 计算，问连续加药泵出口流量应调至多少？

解：$4 \times 7000 \div 10^6 \div 10\% \times 1000 = 280(\text{L/h})$

答：连续加药泵出口流量应调至 280L/h。

25. 成品次氯酸钠加药系统作为电解制氯系统的紧急备用，当电解制氯装置发生故障短时间不能恢复时启动。具体工艺流程为：外购10%成品次氯酸钠溶液经卸药泵进入次氯酸钠储罐，通过变频控制调节连续加药泵出口流量，目前连续加药泵出口流量应调至210L/h。为了使加药浓度达到1ppm，海水泵运行多少台(每台流量按7000m^3/h计算)?

解：$210 \div 1000 \times 10\% \div 7000 \times 10^6 = 3$(台)

答：海水泵运行3台。

26. 某台离心泵其吸入管内径为200mm，入口管内流体的流速为2m/s，出口流速为8m/s。求该泵出口管内径。

解：根据：$\frac{U_2}{U_1} = \left(\frac{d_1}{d_2}\right)^2$

得到：$d_2 = \frac{d_1}{\sqrt{\frac{U_2}{U_1}}} = \frac{200}{\sqrt{\frac{8}{2}}} = 100(\text{mm})$

答：该泵出口管内流体的流速为100mm。

27. 某台离心泵其吸入管内径为100mm，出口管内径为50mm，入口管内流体的流速为1m/s，求该泵出口管内流体的流速。

解：$U_2 = (d_1/d_2)^2 \times U_1 = (100/50)^2 \times 1 = 4(\text{m/s})$

答：该泵出口管内流体的流速为4m/s。

28. 某离心水泵流量$Q = 8.64 \times 10^4 \text{m}^3/\text{h}$，扬程$H = 30\text{m}$，水泵和电机的效率均为80%，试计算该泵工作10h的电耗值。

解：$W = \frac{\rho g Q H}{1000 \times \eta_1 \times \eta_2} \times t = \frac{1000 \times 9.8 \times 8.64 \times 10^4 \times 30}{0.8 \times 0.8 \times 24 \times 3600} \times 10 = 459375(\text{kW} \cdot \text{h})$

答：该泵工作10h的电耗值为459375kW·h。

29. 再冷凝器在正常运行时，从DCS中监控到再冷凝器顶部的压力为$P = 0.7$MP，进再冷凝器BOG的流量$Q_{\text{BOG}} = 10000$kg/h、温度$t = -83$℃，试计算进入再冷凝器的LNG流量Q_{LNG}(kg/h)大约需要多少(注：LNG的温度和压力正常；参考公式：$Q_{\text{LNG}} = Q_{\text{BOG}} \cdot \frac{t + 273.15}{273.15} \cdot \frac{P}{K \cdot P_1}$；其中，$P$(atm)为大气压；$P_1$为再冷凝器顶部绝压；$K = 1.43 \times 10^{-2}$)。

解：$Q_{\text{LNG}} = 10000 \cdot \frac{-83 + 273.15}{273.15} \cdot \frac{0.101325}{0.0143 \times (0.7 + 0.101325)} \approx 61555.5(\text{kg/h})$

答：进入再冷凝器的LNG流量大约需要多少61555.5kg/h。

30. 已知某12SH型离心泵的额定参数为$Q = 684\text{m}^3/\text{h}$，$H = 10\text{m}$，$n = 1450\text{r/min}$，试计算其比转速$n_s$。

解：$n_s=\frac{3.65n\sqrt{Q}}{H^{\frac{3}{4}}}=\frac{3.65\times1450\times\sqrt{\frac{684}{2}\times\frac{1}{3600}}}{10^{\frac{3}{4}}}=292$

答：该泵的比转速为292。

31. 已知某多级离心泵的额定参数为 $Q=45m^3/h$，$H=33.5m$，$n=2900r/min$，级数为8，试计算其比转速 n_s。

解：$n_s=\frac{3.65n\sqrt{Q}}{H^{\frac{3}{4}}}=\frac{3.65\times2900\times\sqrt{\frac{45}{3600}}}{\left(\frac{33.5}{8}\right)^{\frac{3}{4}}}=404$

答：该泵的比转速为404。

32. 有一离心泵，当转速 $n=2900r/min$ 时，流量 $Q=9.5m^3/h$，扬程 $H=120m$；另有一台和此泵相似的离心泵，流量为 $Q=38m^3/h$，扬程 $H=80m$，问此泵的转速应为多少？

解：两泵相似，则其比转速 n_s 相同

第一台泵：$n_{s1}=\frac{3.65n_1\sqrt{Q}}{H^{\frac{3}{4}}}=\frac{3.65\times2900\times\sqrt{\frac{9.65}{60}}}{120^{\frac{3}{4}}}=116.2$

第二台泵：$n_{s2}=\frac{3.65n_2\sqrt{Q}}{H^{\frac{3}{4}}}=\frac{3.65\times n_2\times\sqrt{\frac{35}{60}}}{80^{\frac{3}{4}}}=0.1086n_2$

$n_{s1}=n_{s2}$

$116.2=0.1086n_2$

$n_2=1070r/min$

答：第二台泵的转速应为1070r/min。

33. ORV汽化LNG时，可知LNG入口操作温度为111K，气化器LNG出口温度为278K（为气态天然气），LNG管道升温到163.7K时，LNG开始由两相流变为气相。已知ORV管束单根管子的流量 M 为300kg/h，单根管段的换热量分为三个阶段：液相区、气液两相区、气相区。其中温度为111K时，$h_1=-10.594h/(kJ/kg)$，温度为163.7K时，$h_2=173.95h/(kJ/kg)$，则液相段的换热量为多少？

解：液相段的换热量为：$Q_{液}=M\times(h_2-h_1)=300\times[173.95-(-10.594)]=55.36(kW)$

答：液相段的换热量为55.36kW。

34. 在由80根 $\phi25.4mm\times2mm$，长为5m的钢管组成的列管式换热器中，用饱和水蒸气加热空气，空气走管程。已知加热蒸汽的温度为129.6℃，空气的质量流量为6480kg/h，空气的进、出口温度分别为20℃和60℃，操作条件下的空气比热容为1.005kg/(kg·℃)，假

定换热器热损失可忽略不计。试求：加热空气需要的热量 Q 为多少？

解：$Q = w_2 C_{p2}(t_2 - t_1) = \frac{6480}{3600} \times 1.005 \times (60 - 20) = 72.36(\text{kJ/s})$

答：加热空气需要的热量 Q 为 72.36kJ/s。

35. 某加热炉燃料用量 $B = 1084.5\text{kg/h}$，燃料气低发热值 $\theta_L = 37.4\text{MJ/kg}$，试求燃料的低发热量 Q。

解：$Q = B \times \theta_L = 1084.5 \times 37.4 = 40560.3(\text{MJ/h})$

答：燃料的低发热量 Q 为 40560.3MJ/h。

36. 已知某一换热器的总传热系数 $K = 295\text{W/(m}^2 \cdot ℃)$，传热面积 $A = 50\text{m}^2$，逆流时的对数平均温差 $\Delta t_m = 100℃$，试求该换热器的热负荷 Q。

解：$Q = KA\Delta t_m = 295 \times 50 \times 100 = 1475000(\text{W})$

答：该换热器的热负荷 Q 为 1475000W。

四、技能操作鉴定要素细目表

鉴定范围				鉴定点	重要程度	备注
一级	二级	三级	鉴定比重			
A 操作技能 100%	A 工艺操作 60%	A 开车准备	6%	001 LNG 储罐氮气干燥、置换操作	X	实操
				002 切换备用气相返回臂(备用臂未卸料)	X	实操
		B 开车操作	8%	001 调试高压外输泵	X	实操
				002 预冷 LNG 储罐	X	实操
		C 公用工程与辅助设施	8%	001 组织采暖水系统投用、停用	X	实操
				002 电解制氯装置电解槽酸洗操作	X	实操
		D 卸料、储存与槽车充装	8%	001 低压总管保冷循环投用及停用	X	实操
				002 罐内泵检修吊出前后倒空、置换工艺操作	X	实操
		E 高压汽化外输	14%	001 高压泵及泵筒隔离置换	X	实操
				002 SCV 隔离置换操作	X	实操
				003 计量撬隔离置换操作	X	实操
		F BOG 处理	10%	001 备用火炬的切换及火炬隔离置换(高空火炬)	Y	实操
				002 BOG 压缩机隔离置换操作(立式)	X	实操
		G 轻烃回收	6%	001 轻烃回收装置调整负荷操作	Y	实操
				002 装置停车后建立产品高压泵出口外送总管保冷循环操作	Z	实操
	B 设备维护与保养 8%	A 设备维护与保养	8%	001 设备交出前检查工作	X	实操
				002 离心泵检修后的验收	Y	实操
	C 事故判断与处理 26%	A 事故判断	8%	001 查找火炬非计划放空燃烧原因	X	实操
				002 判断高压泵停车原因	X	实操
		B 事故处理	18%	001 处理两台高压泵中一台联锁停车事故	X	实操
				002 处理两台 BOG 压缩机中一台联锁停车事故	X	实操
				003 处理安全阀起跳事故	X	实操
				004 处理码头 ESD1 联锁停车事故	X	实操
	D 绘图与计算 6%	A 绘图	6%	001 绘制气相返回臂、码头排凝罐 PID	Y	实操
				002 绘制开架式海水气化器(ORV)PID	X	实操

五、技能操作考试试题及评分记录表

技能操作考试试题 1

试题名称：LNG 储罐氮气干燥、置换操作

一、准备要求

1. 设备准备

序号	名称	规格	数量	备注
1	LNG 储罐		1 台	

2. 材料准备

序号	名称	规格	数量	备注
1	记录纸		1 张	
2	记录笔		1 支	

3. 工具、量具、刃具准备

名称	规格	精度	数量	名称	规格	精度	数量
F 扳手			1 把	防爆对讲机			1 台
氧含量检测仪			1 台	露点仪			1 台

二、操作程序规定及说明

(1)准备工作；
(2)储罐干燥置换分区及指标；
(3)干燥置换条件；
(4)干燥置换作业方法；
(5)汇报、记录。

三、考核要求

(1)准备时间：5min；
(2)正式操作时间：30min；
(3)计时从正式操作开始，至操作完毕；
(4)规定时间内全部完成，每超 1min，从总分中扣 5 分；总超时 8min，停止作业。

四、配分与评分标准

见技能考核评分记录表 1。

技能考核评分记录表 1

试题名称：LNG 储罐氮气干燥、置换操作　　　　考核时间：30min

序号	考试内容	评分要素	配分	评分标准	最大扣分	步长	扣分	得分	备注
1	工具准备	工器具、量具准备	4	每少一样扣 1 分	4	1			
2	储罐干燥置换分区及指标	根据储罐结构干燥置换分 A 区（内罐及穹顶空间）、B 区（环形空间）、C 区（二次底板与内罐底板间）、D 区（二次底板下部空间）	4	每个分区错误扣 1 分	4	1			
		干燥置换指标：A 区露点 ≤ -20℃，氧含量≤4%；B 区露点≤ -10℃，氧含量≤4%；C 区氧含量≤4%；D 区氧含量≤4%	6	每个区干燥置换指标错误扣 2 分	6	2			
3	干燥置换条件	储罐安装、试验完成，已完成封罐，附属管线已安装完成，试压吹扫完成	6	每少确认一项扣 2 分	6	2			
		C 区与 A/B 区及 A 区与 B 区间已安装压差计	5	未安装压差计扣 5 分	5	5			
		氮气气化器及注氮临时管线已安装，氮气置换相关阀门状态已按方案设置	5	氮气气化器及注氮临时管线未安装扣 2 分	2	2			
				未按方案设置氮气置换相关阀门的扣 3 分	3	3			
		储罐安全阀已投用	5	安全阀未投用扣 5 分	5	5			
4	干燥置换作业方法	通过储罐注氮管线将氮气引至储罐底部	5	未打开注氮管线阀门对储罐升压扣 5 分	5	5			
		对储罐缓慢升压至 10～15kPa	5	未控制储罐压力缓慢升至 10～15kPa 扣 5 分	5	5			
		缓慢打开穹顶放空口进行放空，调节注氮管线阀门及放空口阀门，使储罐压力稳定，对 A 区进行干燥置换，并通过放空口检测露点和氧含量	10	A 区干燥置换压力调整不当扣 3 分	3	3			
				放空口选择错误扣 3 分	3	3			
				检测口错误扣 2 分	2	2			
				检测参数错误扣 2 分	2	2			

续表

序号	考试内容	评分要素	配分	评分标准	最大扣分	步长	扣分	得分	备注
4	干燥置换作业方法	待A区指标达到B区合格指标后，缓慢打开环形空间两个放空口阀门，对B区进行置换；通过控制放空阀门开度控制B区吹扫氮气流量，避免将膨胀珍珠岩吹出储罐，通过放空口检测露点、氧含量	10	A区指标未达到B区合格指标开始置换B区的扣3分	3	3			
				B区放空阀开关未控制将珍珠岩吹出扣3分	3	3			
				检测口错误扣2分	2	2			
				检测参数错误扣2分	2	2			
		缓慢打开C区放空口阀门，对C区进行置换，通过放空口检测氧含量	5	C区置换流程错误扣2分	2	2			
				检测口错误扣2分	2	2			
				检测参数错误扣2分	2	2			
		缓慢打开顶角平衡口和压力平衡口阀门，由B区顶部引氮气进入D区置换，打开D区放空口放空，通过放空口检测氧含量	10	未打开顶角平衡、压力平衡口阀门扣3分	3	3			
				未打开D区放空口阀门扣3分	3	3			
				检测口错误扣2分	2	2			
				检测参数错误扣2分	2	2			
		监控C区、A区、B区压差，避免储罐压力下降过快，确保各区压力A区≥B区≥C区	5	未控制各区压力满足A区≥B区≥C区的扣5分	5	5			
		检测合格后关闭注氮及放空口，储罐保压10～15kPa	10	合格后未关闭注氮及放空口扣5分	5	5			
				未保压扣5分	5	5			
5	汇报记录	记录、汇报储罐干燥置换进度及检测结果	5	未汇报储罐干燥置换进度及检测结果扣2分	2	2			
		记录操作中出现的问题		未记录储罐干燥置换进度及检测结果扣1分	1	1			
		整理工具，清理现场		未整理工具、清理现场扣2分	2	2			
6	安全生产及其他	劳保用品穿戴齐全、正确	从总分中扣除	劳保穿戴不齐整不得进入现场	100	100			
		严格按操作规程操作		每违反一项操作规定扣5分，严重的停止操作	100	5			
		在规定时间内完成操作		每超时1min扣5分，超过8min停止操作	40	5			
		合　计	100						

考评员：　　　　　　　　　　　　　　　　　　　　　　年　　月　　日

技能操作考试试题 2

试题名称：切换备用气相返回臂(备用臂未卸料)

一、准备要求

1. 设备准备

序号	名称	规格	数量	备注
1	气相臂		1 台	
2	气相臂备用臂		1 套	

2. 材料准备

序号	名称	规格	数量	备注
1	记录纸		1 张	
2	记录笔		1 支	

3. 工具、量具、刃具准备

名称	规格	精度	数量	名称	规格	精度	数量
F 扳手			1 把	露点仪			1 台
氧含量检测仪			1 台	防爆对讲机			1 台
可燃气体检测仪	CH_4		1 台	验漏液			1 瓶

二、操作程序规定及说明

(1)切换前准备工作；
(2)切换备用臂；
(3)汇报、记录。

三、考核要求

(1)准备时间：5min；
(2)正式操作时间：15min；
(3)计时从正式操作开始，至操作完毕；
(4)规定时间内全部完成，每超 1min，从总分中扣 5 分；总超时 3min，停止作业。

四、配分与评分标准

见技能考核评分记录表 2。

技能考核评分记录表 2

试题名称：切换备用气相返回臂(备用臂未卸料)　　　　考核时间：15min

序号	考试内容	评分要素	配分	评分标准	最大扣分	步长	扣分	得分	备注
1	工具准备	工具、量具准备	6	少一样扣 1 分	6	1			
2	准备工作	确认气相臂备用臂无报警	40	未确认无报警扣 5 分	5	5			
		确认气相臂备用臂上球阀关闭		未确认上球阀关闭扣 5 分	5	5			
		确认气相臂备用臂切断阀、排凝阀及放空线阀门关闭		切断阀、排凝阀及放空线阀门状态每少确认一个扣 5 分	15	5			
		确认气相臂压力控制阀关闭		未确认压力控制阀关闭扣 5 分	5	5			
		确认气相臂上球阀关闭		未确认上球阀关闭扣 5 分	5	5			
		将气相臂与备用臂间跨线盲板更换为垫环		跨线盲板未更换为垫环扣 5 分	5	5			
3	切换备用臂	确认气相臂与备用臂跨线流程导通	5	未打开跨线切断阀扣 5 分	5	5			
		确认是否需要调整 LNG 船位置，防止备用臂角度偏移过大	5	未确认是否需要调整 LNG 船位置扣 5 分	5	5			
		操作备用臂与船方气相线法兰连接	5	未操作备用臂与船方气相线法兰连接扣 5 分	5	5			
		打开备用臂上球阀，通过注氮管线注氮使备用臂升压至 1bar，用验漏液对 QCDC 法兰连接进行验漏	15	未打开备用臂上球阀扣 5 分	5	5			
				注氮升压目标压力错误扣 5 分	5	5			
				未验漏扣 5 分	5	5			
		验漏合格后放空至大气，通过放空口检测氧含量及露点，直至氧含量小于1%，露点低于 -40℃ 合格	6	置换氧含量、露点指标每错一项扣 3 分	6	3			
		关闭氮气注入阀，泄压后关闭船方放空阀	5	未关闭注氮阀扣 5 分	5	5			
		打开压力控制阀，备用臂投用	5	未打开压力控制阀扣 5 分	5	5			

续表

序号	考试内容	评分要素	配分	评分标准	最大扣分	步长	扣分	得分	备注
4	汇报、记录	汇报并记录气相臂备用臂条件检查及切换情况	8	未汇报气相臂备用臂条件检查及切换情况扣3分	3	3			
				未记录气相臂备用臂条件检查及切换情况扣3分	3	3			
		清点工具，清理现场		未清理工具、现场扣2分	2	2			
5	安全生产及其他	劳保用品穿戴齐全、正确	从总分中扣除	劳保穿戴不齐整不得进入现场	100	100			
		严格按操作规程操作		每违反一项操作规定扣5分，严重的停止操作	100	5			
		在规定时间内完成操作		每超时1min扣5分，超过3min停止操作	15	5			
合计			100						

考评员：　　　　　　　　　　　　　　　　年　　月　　日

技能操作考试试题 3

试题名称：调试高压外输泵

一、准备要求

1. 设备准备

序号	名称	规格	数量	备注
1	高压泵		1 台	
2	DCS 系统		1 套	

2. 材料准备

序号	名称	规格	数量	备注
1	记录纸		1 张	
2	记录笔		1 支	

3. 工具、量具、刃具准备

名称	规格	精度	数量	名称	规格	精度	数量
F 扳手			1 把	防爆对讲机			1 台
可燃气体检测仪			1 台				

二、操作程序规定及说明

(1)准备工作；
(2)测试条件确认；
(3)高压泵测试；
(4)汇报、记录。

三、考核要求

(1)准备时间：5min；
(2)正式操作时间：30min；
(3)计时从正式操作开始，至操作完毕；
(4)规定时间内全部完成，每超 1min，从总分中扣 5 分；总超时 8min，停止作业。

四、配分与评分标准

见技能考核评分记录表 3。

技能考核评分记录表 3

试题名称：调试高压外输泵　　　　考核时间：30min

序号	考试内容	评分要素	配分	评分标准	最大扣分	步长	扣分	得分	备注
1	准备工作	准备工器具、量具	6	每少一样扣 2 分	6	2			
2	条件确认	高压泵已预冷、静置完成	35	未检查确认扣 5 分	5	5			
		泵进出口管线、高压总管等预冷完成，气化器具备投用条件		未检查确认扣 5 分	5	5			
		高压泵入口、管线、出口管线、排凝管线、放空管线、回流管线手阀已完成设置		未检查确认扣 5 分	5	5			
		仪表示数正常、报警及联锁已投用		未检查确认扣 5 分	5	5			
		电气及仪表接线箱氮封正常投用		未检查确认扣 5 分	5	5			
		管线无泄漏		未检查确认扣 5 分	5	5			
		泵已送电		未检查确认扣 5 分	5	5			
3	高压泵测试	关闭保冷循环切断阀	54	未关闭扣 4 分	4	4			
		打开回流阀至开度大于规定值		未打开回流阀至开度大于规定值扣 4 分	4	4			
		确认低压总管压力稳定情况下启动高压泵		未确认扣 4 分	4	4			
		监控启动电流、运行电流、出口流量、压力等参数是否正常		监控参数漏一个扣 2 分	8	2			
		如流量、压力、电流偏低可能相序接反，泵反转		不会判断泵反转扣 5 分	5	5			
		调节回流阀、气化器调节阀测试高压泵最小流量、50%、75%、100%、110%负荷时压力、流量、电流、振动值等参数		测试负荷每漏一个扣 2 分	10	2			
		打开出口切断阀前先通过切断阀旁路对出口总管升压至泵出口压力		出口阀打开前未均压扣 5 分	5	5			
		出口阀打开后关闭旁路		未关闭旁路扣 4 分	4	4			

续表

序号	考试内容	评分要素	配分	评分标准	最大扣分	步长	扣分	得分	备注
3	高压泵测试	检查高压泵及管线有无泄漏、有无异常声音等	54	未检查扣4分	4	4			
		测试完成后缓慢打开回流阀，关闭泵出口切断阀，停泵，打开保冷循环线切断阀		停泵步骤每漏一项扣2分	6	2			
4	汇报记录	汇报条件确认情况及现场检查情况	5	未汇报条件确认情况及现场检查情况的扣2分	2	2			
		记录性能测试各项参数及出现的问题		未记录性能测试各项参数及出现的问题的扣1分	1	1			
		整理工具，清理现场		未整理工具、清理现场扣2分	2	2			
5	安全生产及其他	劳保用品穿戴齐全、正确	从总分中扣除	劳保穿戴不齐整不得进入现场	100	100			
		严格按操作规程操作		每违反一项操作规定扣5分，严重的停止操作	100	5			
		在规定时间内完成操作		每超时1min扣5分，超过8min停止操作	40	5			
合　计			100						

考评员：　　　　　　　　　　　　　　　　　　　　年　　月　　日

技能操作考试试题 4

试题名称：预冷 LNG 储罐

一、准备要求

1. 设备准备

序号	名称	规格	数量	备注
1	LNG 储罐		1 台	
2	DCS 系统		1 套	

2. 材料准备

序号	名称	规格	数量	备注
1	记录纸		1 张	
2	记录笔		1 支	

3. 工具、量具、刃具准备

名称	规格	精度	数量	名称	规格	精度	数量
F 扳手			1 把	防爆对讲机			1 台
氧含量检测仪			1 台				

二、操作程序规定及说明

(1)准备工作；
(2)条件确认；
(3)储罐喷淋预冷；
(4)汇报、记录。

三、考核要求

(1)准备时间：5min；
(2)正式操作时间：30min；
(3)计时从正式操作开始，至操作完毕；
(4)规定时间内全部完成，每超 1min，从总分中扣 5 分；总超时 8min，停止作业。

四、配分与评分标准

见技能考核评分记录表 4。

技能考核评分记录表 4

试题名称：预冷 LNG 储罐　　　　考核时间：30min

序号	考试内容	评分要素	配分	评分标准	最大扣分	步长	扣分	得分	备注
1	准备工作	准备工器具、量具	6	每少一样扣 2 分	6	2			
2	条件确认	储罐进料管线已预冷填充完成	30	未确认进料管线预冷填充扣 5 分	5	5			
		储罐上下进液阀及旁路阀、预冷喷淋管线阀门、罐内泵出口管线阀门、进料管线排凝线切断阀等均处于关闭状态；BOG 管线阀门打开		流程检查每漏一个阀门扣 2 分	16	2			
		储罐温度、压力等仪表示数正常		储罐温度仪表未检查扣 3 分	3	3			
				储罐压力仪表未检查扣 3 分	3	3			
		储罐安全阀已正常投用		未检查确认扣 3 分	3	3			
3	储罐喷淋预冷	进料总管压力升高至 0.5MPa	55	未升至目标压力扣 5 分	5	5			
				预冷过程未监控进料总管压力扣 4 分	4	4			
		微开预冷喷淋管线手动调节阀开始对储罐喷淋预冷		未微开手阀扣 5 分	5	5			
		通过罐底温度传感器监控储罐预冷速度，预冷速度不超过 5℃/h		未实时监控罐底温度扣 3 分	3	3			
				测温点监控错误扣 5 分	5	5			
		通过预冷喷淋管线手动调节阀的开度调节预冷喷淋速度；如温降速度过快可关闭阀门暂停预冷		不知道如何控制预冷速度扣 5 分	5	5			
				温降过快未关闭阀门扣 5 分	5	5			
		任意相邻两个温度测点的最大温差不允许超过 20℃		温差指标控制错误扣 4 分	4	4			
		任意两个温度测点的最大温差不允许超过 50℃		温差指标控制错误扣 4 分	4	4			
		控制储罐压力低于高报警值		储罐压力控制不当扣 5 分	5	5			

续表

序号	考试内容	评分要素	配分	评分标准	最大扣分	步长	扣分	得分	备注
3	储罐喷淋预冷	当罐底各温度测点温度均低于－150℃时预冷完成	55	预冷完成指标错误扣5分	5	5			
		用可燃气体检测仪检查法兰处有无泄漏		未检测有无泄漏扣5分	5	5			
4	汇报记录	汇报储罐预冷情况	9	未汇报条件确认情况扣4分	4	4			
		记录储罐预冷期间各测温点温度、温差及出现的问题		未记录储罐各测温点温度及温差的扣2分	2	2			
		整理工具，清理现场		未整理工具、清理现场扣3分	3	3			
5	安全生产及其他	劳保用品穿戴齐全、正确	从总分中扣除	劳保穿戴不齐整不得进入现场	100	100			
		严格按操作规程操作		每违反一项操作规定扣5分，严重的停止操作	100	5			
		在规定时间内完成操作		每超时1min扣5分，超过8min停止操作	40	5			
合计			100						

考评员：　　　　　　　　　　　　　　　　　　　　　年　　月　　日

技能操作考试试题 5

试题名称：组织采暖水系统投用、停用

一、准备要求

1. 设备准备

序号	名称	规格	数量	备注
1	软化水泵		1 台	
2	采暖水泵		1 台	
3	蒸汽凝结水换热器		1 台	
4	蒸汽换热器		1 台	

2. 工具、量具、刃具准备

名称	规格	精度	数量	名称	规格	精度	数量
纸、笔			各 1	防爆对讲机			1 台
常用工具			1 套				

二、操作程序规定及说明

(1)按要求做好设备运行前各项检查；
(2)按设备操作规程进行采暖水系统启、停操作；
(3)按要求进行关键参数监控及现场巡检；
(4)各项检查问题及设备运行参数做好记录；
(5)发现问题及时上报。

三、考核要求

(1)准备时间：5min；
(2)正式操作时间：20min；
(3)计时从正式操作开始，至操作完毕；
(4)规定时间内全部完成，每超 1min，从总分中扣 5 分；总超时 5min，停止作业。

四、配分与评分标准

见技能考核评分记录表 5。

技能考核评分记录表 5

试题名称：采暖水系统投用、停用　　　　考核时间：20min

序号	考试内容	评分要素	配分	评分标准	最大扣分	步长	扣分	得分	备注
1	准备工作	工具、用具准备	5	未准备工具及材料或少准备一件扣 1 分	5	1			
2	启动前检查	确认各部件无松动、脱落现象，接地完好	15	未确认扣 1 分	1	1			
		确认泵润滑油油位及油质合格		未检查扣 1 分	1	1			
		确认电气、仪表、阀门完好，具备了投用条件		未确认扣 2 分	2	2			
		启泵前手动盘车 2 ~ 3 圈，确保盘车灵活		未盘车扣 1 分	1	1			
		确认设备已送电		未确认扣 2 分	2	2			
		换热器和凝结水罐取得压力容器使用登记证，安全附件经校验合格		未检查扣 2 分	2	2			
		确认报警、联锁已投用		未确认扣 2 分	2	2			
		确认就地、在线仪表投用正常		未确认扣 2 分	2	2			
		确认锅炉具备投用条件		未确认扣 2 分	2	2			
3	采暖水系统投用	打开采暖水管线阀门，导通采暖水流程：采暖水泵进出口阀、蒸汽换热器采暖水管线进出口阀、蒸汽凝结水换热器采暖水管线进出口阀、锅炉进出口阀	55	未打开采暖水泵进出口阀，少一项扣 2 分	4	2			
				未打开蒸汽换热器采暖水管线进出口阀，少一项扣 2 分	4	2			
				未打开蒸汽凝结水换热器采暖水管线进出口阀，少一项扣 2 分	4	2			
				未打开锅炉进出口阀，少一项扣 2 分	4	2			
		启动软化水泵，将采暖水管线补水阀门设为自动，缓慢为采暖水管网补压，同时打开制氯间采暖水高点放空进行排气，直至没有气体排出时关闭放空阀		未启动软化水泵扣 2 分	2	2			
				未将采暖水管线补水阀门设为自动扣 2 分	2	2			
				未打开制氯间放空阀进行排气扣 2 分	2	2			

续表

序号	考试内容	评分要素	配分	评分标准	最大扣分	步长	扣分	得分	备注
3	采暖水系统投用	启动采暖水泵，将出口压力调节至规定值，采暖水开始循环	55	未启动采暖水泵扣3分	3	3			
				未将出口压力调节至规定值扣3分	3	3			
		导通蒸汽凝结水流程，通过采暖水管线上温度控制器调节TV阀开度，调节采暖水温度，换热后的蒸汽凝结水进入凝结水罐，如果温度仍未达到设定值，投用蒸汽换热器		未导通蒸汽凝结水流程扣3分	3	3			
				未通过采暖水管线上温度控制器调节TV阀开度来调节采暖水温度扣3分	3	3			
		微开蒸汽管线界区阀对蒸汽管线进行吹扫，打开进入蒸汽换热器前的导淋阀，排出管道内积存水和凝结水，观察导淋阀处凝结水减少、蒸汽增大的过程中逐步关小导淋阀，导淋阀处全部为蒸汽时吹扫完成，此时微开导淋阀，吹扫完成后缓慢全开蒸汽管线界区阀		未微开蒸汽管线界区阀对蒸汽管线进行吹扫扣3分	3	3			
				未打开导淋阀排水扣3分	3	3			
				暖管完成后未全开蒸汽管线界区阀扣3分	3	3			
		导通蒸汽流程，投用蒸汽热水换热器，将蒸汽管线上的TV阀投自动，通过采暖水管线上温变控制蒸汽流量		未导通蒸汽流程扣3分	3	3			
				未将蒸汽管线上的TV阀投自动扣3分	3	3			
		关闭导淋阀		未关闭导淋阀扣3分	3	3			
		蒸汽系统停用时，启动热水锅炉		蒸汽系统未投用时，未启动热水锅炉扣3分	3	3			
4	采暖水系统停用	停用蒸汽换热器：缓慢关闭蒸汽界区阀，至蒸汽管网降至常温；打开蒸汽管线导淋阀，使管内压力为常压；排净冷凝水后关闭全部阀门	20	未缓慢关闭蒸汽界区阀扣3分	3	3			
				未打开蒸汽管线导淋阀扣3分	3	3			
				排净冷凝水后未关闭全部阀门扣3分	3	3			

续表

序号	考试内容	评分要素	配分	评分标准	最大扣分	步长	扣分	得分	备注
4	采暖水系统停用	停用蒸汽凝结水换热器：缓慢关闭凝结水界区阀；打开凝结水管线倒淋阀；排净冷凝水后关闭全部阀门	20	未缓慢关闭凝结水界区阀扣3分	3	3			
				未打开凝结水管线导淋阀扣2分	2	2			
				排净冷凝水后未关闭全部阀门扣2分	2	2			
		如有运行锅炉，停用锅炉		未停锅炉扣2分	2	2			
		停采暖水泵		未停采暖水泵扣2分	2	2			
5	记录	记录启停过程中发现的问题	5	未进行记录扣5分	5	5			
6	安全生产及其他	劳保用品穿戴齐全、正确	从总分中扣除	劳保穿戴不齐整不得进入现场	100	100			
		严格按操作规程操作		每违反一项操作规定扣5分，严重的停止操作	100	5			
		在规定时间内完成操作		每超时1min扣5分，超过5min停止操作	25	5			
合　计			100						

考评员：　　　　　　　　　　　　　　　　　　　　　　　　年　　月　　日

技能操作考试试题 6

试题名称：电解制氯装置电解槽酸洗操作

一、准备要求

1. 设备准备

序号	名称	规格	数量	备注
1	电解制氯装置		1 套	

2. 工具、量具、刃具准备

名称	规格	精度	数量	名称	规格	精度	数量
纸、笔			各 1	常用工具			1 套
便携式氯气检测仪			1 台	防爆对讲机			1 台

二、操作程序规定及说明

(1)按要求做好设备运行前各项检查；
(2)按设备操作规程进行电解制氯装置电解槽酸洗操作；
(3)按要求进行关键参数监控及现场巡检；
(4)各项检查问题及设备运行参数做好记录；
(5)发现问题及时上报。

三、考核要求

(1)准备时间：5min；
(2)正式操作时间：20min；
(3)计时从正式操作开始，至操作完毕；
(4)规定时间内全部完成，每超 1min，从总分中扣 5 分；总超时 5min，停止作业。

四、配分与评分标准

见技能考核评分记录表 6。

技能考核评分记录表 6

试题名称：电解制氯装置电解槽酸洗操作　　考核时间：20min

序号	考试内容	评分要素	配分	评分标准	最大扣分	步长	扣分	得分	备注
1	准备工作	工具、用具准备	5	未准备工具及材料或少准备一件扣 1 分	5	1			
2	启动前检查	电解制氯装置已停车	15	未检查停车扣 3 分	3	3			
		确认就地、在线仪表准确		未确认扣 3 分	3	3			
		确认相关阀门设置正确		未确认扣 3 分	3	3			
		确认洗眼器、酸雾吸收器正常		未确认扣 3 分	3	3			
		确认浓酸罐、浓碱罐存有一定液位的溶液		未确认扣 3 分	3	3			
3	配置酸液	打开新鲜水进酸洗箱阀门，浓酸罐进酸洗箱阀门，按照 3∶1 的比例配置一定液位(高于 50cm)的酸液，配好后关闭阀门	10	未打开阀门扣 3 分	3	3			
				未按 3∶1 比例配置扣 2 分	2	2			
				液位未达到 50cm 扣 2 分	2	2			
		通过取样口检测配置好酸液的浓度在 8% ~10%		未检测扣 3 分	3	3			
4	酸洗步骤	将电解槽排空：关闭电解槽入口阀及出口阀，打开电极板导淋阀进行排空，排空完成后关闭电极板导淋阀	40	未关闭电解槽入口阀及出口阀扣 5 分	5	5			
				未进行排空扣 5 分	5	5			
		打开相关阀门导通酸洗流程		未导通酸洗流程扣 5 分	5	5			
		启动酸洗泵：按动位于单元控制盘的酸泵“开/关”选择键以启动酸洗泵		未启动酸洗泵扣 5 分	5	5			
		酸洗大约 1h，观察电解槽极板上沉淀物情况，仍有沉淀物则继续酸洗，反之，按动位于单元控制盘的酸泵“开/关”选择键，停止酸洗泵，将酸液留在极板内进行浸泡，浸泡约 1h		未观察沉淀物扣 2 分	2	2			
				未浸泡扣 3 分	3	3			

续表

序号	考试内容	评分要素	配分	评分标准	最大扣分	步长	扣分	得分	备注
4	酸洗步骤	浸泡完成后，导通抽取电解槽酸液流程，按动位于单元控制盘的酸泵“开/关”选择键，开启酸洗泵，将极板及管道内的酸液抽回酸洗罐，一旦酸液从电解池彻底排空，立即关闭酸洗泵	40	未导通抽取电解槽酸液流程扣5分	5	5			
				未将管线及电解槽内的酸液抽回酸洗罐扣5分	5	5			
		酸洗结束阀位按要求进行设置		酸洗后未将阀位设置正常扣5分	5	5			
5	酸液处理	酸液可以储存在酸洗箱中供以后使用。在每次使用之前都要检查酸浓度，确保浓度为8%～10%	25	酸洗后未检测pH值扣5分	5	5			
		酸洗几次后，酸洗罐内酸液浓度降低，达不到酸洗要求，将酸洗罐中的酸液排进中和池内		检测不合格未排进中和池扣5分	5	5			
		观察中和池内pH值，低于6时打开浓碱罐出口阀，将碱液注入中和池内，待pH值在6～9之间时开启排污泵，并打开出口阀(该阀有联锁，pH值在6～9之间才能开启)，将中和池排空		未观察中和池pH值扣5分	5	5			
				未将碱液注入中和池扣5分	5	5			
				未启动排污泵扣3分	3	3			
				未打开出口阀扣2分	2	2			
6	记录	记录酸洗过程中发现的问题	5	未进行记录扣5分	5	5			
7	安全生产及其他	劳保用品穿戴齐全、正确	从总分中扣除	劳保穿戴不齐整不得进入现场	100	100			
		严格按操作规程操作		每违反一项操作规定扣5分，严重的停止操作	100	100			
		在规定时间内完成操作		每超时1min扣5分，超过5min停止操作	25	5			
		合　计	100						

考评员：　　　　　　　　　　　　　　　　　　　　年　　月　　日

技能操作考试试题 7

试题名称：低压总管保冷循环投用及停用

一、准备要求

1. 设备准备

序号	名称	规格	数量	备注
1	DCS 系统		1 套	

2. 材料准备

序号	名称	规格	数量	备注
1	记录纸		1 张	
2	记录笔		1 支	

3. 工具、量具、刃具准备

名称	规格	精度	数量	名称	规格	精度	数量
防爆对讲机			1 台	可燃气体检测仪	CH_4		1 台

二、操作程序规定及说明

(1)条件检查；
(2)低压总管保冷循环投用；
(3)低压总管保冷循环停用。

三、考核要求

(1)准备时间：3min；
(2)正式操作时间：15min；
(3)计时从正式操作开始，至操作完毕；
(4)规定时间内全部完成，每超 1min，从总分中扣 5 分；总超时 4min，停止作业。

四、配分与评分标准

见技能考核评分记录表 7。

技能考核评分记录表 7

试题名称：低压总管保冷循环投用及停用　　　　考核时间：15min

序号	考试内容	评分要素	配分	评分标准	最大扣分	步长	扣分	得分	备注
1	工具准备	工具、量具准备	4	少一项扣2分	4	2			
2	条件检查	检查低压总管末端至零输出循环管线的手阀是否正常打开	20	未检查低压总管末端至零输出循环管线的手阀状态扣10分	10	10			
		确认零输出循环回储罐的阀门是否打开		零输出回储罐阀门状态每少确认一个扣5分	10	5			
3	低压总管保冷循环投用	确认所有高压泵已停泵	50	未确认高压泵停泵扣10分	10	10			
		确认罐内泵运行正常		未确认罐内泵运行状态扣10分	10	10			
		打开低压总管末端至零输出循环管线切断阀		未打开低压总管末端至零输出循环管线切断阀扣10分	10	10			
		确认低压总管压力正常		未确认低压总管压力扣10分	10	10			
		检查保冷循环管线有无泄漏		未检查保冷循环管线有无泄漏扣10分	10	10			
4	低压总管保冷循环停用	确认高压泵已投用	20	未确认高压泵投用扣10分	10	10			
		关闭低压总管末端至零输出循环管线切断阀		未关闭低压总管末端至零输出循环管线切断阀扣10分	10	10			
5	汇报、记录	汇报并记录保冷循环投用及停用情况	6	未汇报保冷循环投用、停用情况扣2分	2	2			
				未记录保冷循环投用、停用情况扣2分	2	2			
		清点工具，清理现场		未清理工具、现场扣2分	2	2			
6	安全生产及其他	劳保用品穿戴齐全、正确	从总分中扣除	劳保穿戴不齐整不得进入现场	100	100			
		严格按操作规程操作		每违反一项操作规定扣5分，严重的停止操作	100	5			
		在规定时间内完成操作		每超时1min扣5分，超过4min停止操作	20	5			
合计			100						

考评员：　　　　年　　月　　日

技能操作考试试题8

试题名称：罐内泵检修吊出前后倒空、置换工艺操作

一、准备要求

1. 设备准备

序号	名称	规格	数量	备注
1	罐内泵		1台	
2	DCS		1套	

2. 材料准备

序号	名称	规格	数量	备注
1	记录纸		1张	
2	记录笔		1支	

3. 工具、量具、刃具准备

名称	规格	精度	数量	名称	规格	精度	数量
F扳手			1把	防爆对讲机			1台
氧含量检测仪			1台	可燃气体检测仪	CH_4		1台
露点仪			1台				

二、操作程序规定及说明

(1)准备工作；
(2)吊出前倒空置换；
(3)泵回装时氮气置换；
(4)汇报、记录。

三、考核要求

(1)准备时间：5min；
(2)正式操作时间：30min；
(3)计时从正式操作开始，至操作完毕；
(4)规定时间内全部完成，每超1min，从总分中扣5分；总超时8min，停止作业。

四、配分与评分标准

见技能考核评分记录表8。

技能考核评分记录表 8

试题名称：罐内泵检修吊出前后倒空、置换工艺操作　　　　考核时间：30min

<table>
<tr><th>序号</th><th>考试内容</th><th>评分要素</th><th>配分</th><th>评分标准</th><th>最大扣分</th><th>步长</th><th>扣分</th><th>得分</th><th>备注</th></tr>
<tr><td>1</td><td>工、量具准备</td><td>工具、量具准备</td><td>5</td><td>少一样扣 1 分</td><td>5</td><td>1</td><td></td><td></td><td></td></tr>
<tr><td rowspan="16">2</td><td rowspan="16">吊出前倒空置换</td><td>罐内泵断电</td><td>3</td><td>未确认断电扣 3 分</td><td>3</td><td>3</td><td></td><td></td><td></td></tr>
<tr><td>关闭泵出口管线最靠近泵筒手动切断阀及 HV 阀下游手动切断阀</td><td>4</td><td>泵出口管线最靠近泵筒手动切断阀及 HV 阀下游手动切断阀每漏关一个阀扣 2 分</td><td>4</td><td>2</td><td></td><td></td><td></td></tr>
<tr><td>关闭回流管线 FV 阀下游手动切断阀</td><td>3</td><td>未关闭 FV 阀下游手动切断阀扣 3 分</td><td>3</td><td>3</td><td></td><td></td><td></td></tr>
<tr><td>关闭放空管线手动切断阀</td><td>3</td><td>未关闭放空管线手动切断阀扣 3 分</td><td>3</td><td>3</td><td></td><td></td><td></td></tr>
<tr><td>打开泵出口管线 HV 阀</td><td>3</td><td>未打开出口管线 HV 阀扣 3 分</td><td>3</td><td>3</td><td></td><td></td><td></td></tr>
<tr><td rowspan="3">通过出口管线 OB－03 向隔离的出口管线注氮，注氮前先将软管吹扫干净，并检测法兰连接有无泄漏</td><td rowspan="3">8</td><td>未通过 OB － 03 注氮扣 3 分</td><td>3</td><td>3</td><td></td><td></td><td></td></tr>
<tr><td>注氮前软管未吹扫干净扣 3 分</td><td>3</td><td>3</td><td></td><td></td><td></td></tr>
<tr><td>注氮前软管连接法兰未验漏扣 2 分</td><td>2</td><td>2</td><td></td><td></td><td></td></tr>
<tr><td rowspan="3">打开出口管线排凝线阀门将管线内 LNG 排至储罐，通过开关排凝阀进行爆破吹扫；重复 3～5 次关闭排凝阀</td><td rowspan="3">11</td><td>未通过开关排凝阀进行爆破吹扫扣 5 分</td><td>5</td><td>5</td><td></td><td></td><td></td></tr>
<tr><td>未重复 3～5 次爆破吹扫扣 3 分</td><td>3</td><td>3</td><td></td><td></td><td></td></tr>
<tr><td>未关排凝阀扣 3 分</td><td>3</td><td>3</td><td></td><td></td><td></td></tr>
<tr><td rowspan="3">继续注氮，当泵出口管线压力达到 0.5MPa 时关闭注氮阀，打开出口管线安全阀旁路阀泄压至接近储罐压力，关闭旁路阀继续升压；</td><td rowspan="3">11</td><td>未继续注氮扣 3 分</td><td>3</td><td>3</td><td></td><td></td><td></td></tr>
<tr><td>出口管线压力达到 0.5MPa 时未关闭注氮阀、打开出口管线安全阀旁路泄压扣 5 分</td><td>5</td><td>5</td><td></td><td></td><td></td></tr>
<tr><td>泄压至储罐压力后未关闭旁路阀继续升压扣 3 分</td><td>3</td><td>3</td><td></td><td></td><td></td></tr>
<tr><td rowspan="2">按上述方法重复吹扫几次后，保持安全阀旁路阀打开状态，持续注氮吹扫</td><td rowspan="2">6</td><td>未按上述方法重复吹扫几次扣 3 分</td><td>3</td><td>3</td><td></td><td></td><td></td></tr>
<tr><td>未保持安全阀旁路打开持续注氮吹扫扣 3 分</td><td>3</td><td>3</td><td></td><td></td><td></td></tr>
</table>

续表

序号	考试内容	评分要素	配分	评分标准	最大扣分	步长	扣分	得分	备注
2	吊出前倒空置换	通过安全阀导淋检测甲烷含量，当甲烷含量低于 20% LEL，管线吹扫合格	5	不知道检测口扣 2 分	2	2			
				吹扫合格标准错误的扣 3 分	3	3			
		关闭出口管线 HV 阀及其旁路，关闭回流线 FV 阀上游手动切断阀，对所有关闭的隔离阀门挂牌、上锁	10	出口管线 HV 阀及其旁路漏关一台扣 4 分	4	2			
				未关闭回流线 FV 阀上游手动切断阀扣 3 分	3	3			
				隔离阀门未挂牌上锁扣 3 分	3	3			
3	泵回装时氮气置换	泵体放回至泵筒通过钢丝绳悬吊，打开泵筒氮气注入阀，控制吹扫氮气的压力低于底阀打开的压力	10	泵体直接放置底阀上扣 5 分	5	5			
				未打开泵筒氮气注入阀扣 3 分	3	3			
				压力控制不当扣 2 分	2	2			
		打开泵筒放空线排放阀放空至大气	3	未打开排放阀扣 3 分	3	3			
		通过排放口检测放空气的氧含量和露点，当氧含量低于 1%，露点低于 −40℃ 置换合格	6	不知道检测口扣 2 分	2	2			
				氧含量、露点检测指标每错一个扣 2 分	4	2			
		关闭注氮阀和放空线排放阀	4	未关闭注氮阀扣 2 分	2	2			
				未关闭排放阀扣 2 分	2	2			
4	汇报、记录	汇报并记录罐内泵吊装前后倒空置换情况	5	未汇报罐内泵吊装前后倒空置换、预冷情况扣 2 分	2	2			
				未记录罐内泵吊装前后倒空置换、预冷情况扣 1 分	1	1			
		清点工具，清理现场		未清理工具、现场扣 2 分	2	2			
5	安全生产及其他	劳保用品穿戴齐全、正确	从总分中扣除	劳保穿戴不齐整不得进入现场	100	100			
		严格按操作规程操作		每违反一项操作规定扣 5 分，严重的停止操作	100	5			
		在规定时间内完成操作		每超时 1min 扣 5 分，超过 8min 停止操作	40	5			
合　计			100						

考评员：　　　　　　　　　　　　　　　　　　　　年　　月　　日

技能操作考试试题 9

试题名称：高压泵及泵筒隔离置换

一、准备要求

1. 设备准备

序号	名称	规格	数量	备注
1	高压泵		1 台	

2. 材料准备

序号	名称	规格	数量	备注
1	记录笔	支	1	
2	记录表	张	1	

3. 工具、量具、刃具准备

名称	规格	精度	数量	名称	规格	精度	数量
可燃气体检测仪	CH_4		1 台	验漏液			1 瓶
防爆对讲机			1 台	F 扳手	小号、中号		各 1 把

二、操作程序规定及说明

(1)准备工作；
(2)组织实施；
(3)流程设置；
(4)操作；
(5)操作后检查；
(6)操作结束。

三、考核要求

(1)准备时间：5min；
(2)正式操作时间：20min；
(3)计时从正式操作开始，至操作完毕；
(4)规定时间内全部完成，每超 1min，从总分中扣 3 分；总超时 5min，停止作业。

四、配分与评分标准

见技能考核评分记录表 9。

技能考核评分记录表 9

试题名称：高压泵及泵筒隔离置换　　　　考核时间：20min

序号	考试内容	评分要素	配分	评分标准	最大扣分	步长	扣分	得分	备注
1	准备工作	准备工具并汇报中控室	10	未正确准备工具及材料每少一样扣1分	5	1			
				未汇报中控室扣5分	5	5			
2	组织实施	确认已编制作业方案并审批，组织各专业联合确认	15	未确认编制作业方案扣5分	5	5			
				未确认作业方案审批扣5分	5	5			
				未组织各专业联合确认扣5分	5	5			
3	流程设置	停高压泵，设置流程	30	未对高压泵停电扣5分	5	5			
				未关闭高压泵出口管线手阀切断阀扣5分	5	5			
				未关闭回流线手阀切断阀扣5分	5	5			
				未关闭放空线切断阀扣5分	5	5			
				未关闭维持保冷循环线切断阀扣5分	5	5			
				未关闭高压泵入口管线切断阀扣5分	5	5			
4	操作	组织对高压泵排凝泄压	20	未打开出口仪控阀门旁路泄压扣5分	5	5			
				未打开回流线排凝泄压扣5分	5	5			
				未打开出口管线排凝阀排凝泄压扣5分	5	5			
				未打开泵筒排凝阀排凝泄压扣5分	5	5			
		打开入口注氮吹扫，打开出口仪控阀门旁路排放至BOG系统	15	未正确打开入口注氮阀门继续吹扫扣5分	5	5			
				未正确打开出口仪控阀门旁路排放至BOG系统扣5分	5	5			
				未检测出口仪控阀门旁路处甲烷含量低于10% LEL置换合格扣5分	5	5			

续表

序号	考试内容	评分要素	配分	评分标准	最大扣分	步长	扣分	得分	备注
5	操作后检查	隔离置换后对工艺进行检查	5	未检查是否有异常扣5分	5	5			
6	操作结束	工具回收，清理现场	5	未清理现场扣5分	5	5			
7	安全生产及其他	劳保用品穿戴齐全、正确	从总分中扣除	劳保穿戴不齐整不得进入现场，扣100分	100	100			
		严格按方案或操作规程操作		每违反一项操作规定扣5分，严重的停止操作	100	5			
		在规定时间内完成操作		每超时1min扣3分，超过5min停止操作	15	3			
合　计			100						

考评员：　　　　　　　　　　　　　　　　　　　　　　年　　月　　日

技能操作考试试题 10

试题名称：SCV 隔离置换操作

一、准备要求

1. 设备准备

序号	名称	规格	数量	备注
1	SCV		1 台	

2. 材料准备

序号	名称	规格	数量	备注
1	记录笔	支	1	
2	记录表	张	1	

3. 工具、量具、刃具准备

名称	规格	精度	数量	名称	规格	精度	数量
可燃气体检测仪	CH_4		1 台	验漏液			1 瓶
防爆对讲机			1 台	F 扳手	小号、中号		各 1 把

二、操作程序规定及说明

(1)准备工作；
(2)组织实施；
(3)流程设置；
(4)操作；
(5)操作后检查；
(6)操作结束。

三、考核要求

(1)准备时间：5min；
(2)正式操作时间：20min；
(3)计时从正式操作开始，至操作完毕；
(4)规定时间内全部完成，每超 1min，从总分中扣 3 分；总超时 5min，停止作业。

四、配分与评分标准

见技能考核评分记录表 10。

技能考核评分记录表10

试题名称：SCV隔离置换操作　　　　考核时间：20min

序号	考试内容	评分要素	配分	评分标准	最大扣分	步长	扣分	得分	备注
1	准备工作	准备工具并汇报中控室	10	未正确准备工具及材料每少一样扣1分	5	1			
				未汇报中控室扣5分	5	5			
2	组织实施	确认已编制作业方案并审批，组织各专业联合确认	15	未编制作业方案扣5分	5	5			
				编制作业方案未审批扣5分	5	5			
				未组织各专业联合确认扣5分	5	5			
3	流程设置	停SCV，设置流程	20	未按下ESD按钮停止SCV扣5分	5	5			
				未关闭LNG入口管线手阀切断阀扣5分	5	5			
				未关闭出口手阀切断阀扣5分	5	5			
				未关闭燃料气切断阀扣5分	5	5			
4	操作	组织给SCV排凝泄压	15	未打开入口流量调节阀扣5分	5	5			
				未打开入口流量调节阀后排凝阀门排凝泄压扣5分	5	5			
				泄压完成后关闭排凝阀扣5分	5	5			
		打开入口旁路OE－02注氮吹扫，打开出口放空排放至BOG	30	未正确打开入口注氮阀门吹扫扣10分	10	10			
				未正确打开出口旁路排放至BOG扣10分	10	10			
				未正确检测甲烷含量、CH_4含量低于10% LEL置换合格扣10分	10	10			
5	操作后检查	隔离置换后对工艺进行检查	5	未检查是否有异常扣5分	5	5			
6	操作结束	工具回收、清理现场	5	未清理现场扣5分	5	5			
7	安全生产及其他	劳保用品穿戴齐全、正确	从总分中扣除	劳保穿戴不齐整不得进入现场	100	100			
		严格按方案或操作规程操作		每违反一项操作规定扣5分，严重的停止操作	100	5			
		在规定时间内完成操作		每超时1min扣3分，超过5min停止操作	15	3			
	合　计		100						

考评员：　　　　　　　　　　年　　月　　日

技能操作考试试题 11

试题名称：计量撬隔离置换操作

一、准备要求

1. 设备准备

序号	名称	规格	数量	备注
1	计量撬支路		1 台	

2. 材料准备

序号	名称	规格	数量	备注
1	记录笔	支	1	
2	记录表	张	1	

3. 工具、量具、刃具准备

名称	规格	精度	数量	名称	规格	精度	数量
可燃气体检测仪	CH_4		1 台	验漏液			1 瓶
防爆对讲机			1 台	F 扳手	小号、中号		各 1 把
临时注氮软管	10 米		1 条				

二、操作程序规定及说明

(1)准备工作；
(2)组织实施；
(3)流程设置；
(4)操作；
(5)操作后检查；
(6)操作结束。

三、考核要求

(1)准备时间：5min；
(2)正式操作时间：20min；
(3)计时从正式操作开始，至操作完毕；
(4)规定时间内全部完成，每超 1min，从总分中扣 3 分；总超时 5min，停止作业。

四、配分与评分标准

见技能考核评分记录表 11。

技能考核评分记录表 11

试题名称：计量撬隔离置换操作　　　　考核时间：20min

序号	考试内容	评分要素	配分	评分标准	最大扣分	步长	扣分	得分	备注
1	准备工作	准备工具并汇报中控室	10	未正确准备工具及材料每少一样扣1分	5	1			
				未汇报中控室扣5分	5	5			
2	组织实施	确认已编制作业方案并审批，组织各专业联合确认	15	未编制作业方案扣5分	5	5			
				编制作业方案未审批扣5分	5	5			
				未组织各专业联合确认扣5分	5	5			
3	流程设置	停计量撬，设置流程	15	未关闭计量撬支路仪控切断阀扣5分	5	5			
				未关闭入口端第一道手阀切断阀扣5分	5	5			
				未关闭出口手阀切断阀扣5分	5	5			
4	操作	组织给计量撬支路泄压	18	未打开入口端泄压流程排放火炬扣6分	6	6			
				未打开出口端泄压流程排放火炬扣6分	6	6			
				未保持泄压阀开扣6分	6	6			
		正确拆下计量撬就地压力表，在该处连接临时注氮软管，打开出口放空排放至BOG	32	未正确连接注氮软管扣6分	6	6			
				未正确打开注氮气流程吹扫至火炬扣7分	7	7			
				未检测引压管处检测甲烷含量。CH_4含量低于10%LEL置换合格扣7分	7	7			
				泄压完成后未关闭入口端第一道手阀切断阀扣6分	6	6			
				未停止注氮扣6分	6	6			
5	操作后检查	隔离置换后对工艺进行检查	5	未检查是否有异常扣5分	5	5			
6	操作结束	工具回收、清理现场	5	未清理现场扣5分	5	5			
7	安全生产及其他	劳保用品穿戴齐全、正确	从总分中扣除	劳保穿戴不齐整不得进入现场	100	100			
		严格按方案或操作规程操作		每违反一项操作规定扣5分，严重的停止操作	100	5			
		在规定时间内完成操作		每超时1min扣3分，超过5min停止操作	15	3			
合计			100						

考评员：　　　　　　　　　　年　月　日

技能操作考试试题 12

试题名称：备用火炬的切换及火炬隔离置换(高空火炬)

一、准备要求

1. 设备准备

序号	名称	规格	数量	备注
1	火炬			

2. 材料准备

序号	名称	规格	数量	备注
1	记录笔	支	1	
2	记录表	张	1	

3. 工具、量具、刃具准备

名称	规格	精度	数量	名称	规格	精度	数量
可燃气体检测仪	CH_4		1 台	验漏液			1 瓶
防爆对讲机			1 台	F 扳手	小号、中号		各 1 把

二、操作程序规定及说明

(1)准备工作；
(2)工艺检查；
(3)备用火炬投用；
(4)在用火炬停用；
(5)火炬隔离置换；
(6)操作结束。

三、考核要求

(1)准备时间：5min；
(2)正式操作时间：20min；
(3)计时从正式操作开始，至操作完毕；
(4)规定时间内全部完成，每超 1min，从总分中扣 3 分；总超时 5min，停止作业。

四、配分与评分标准

见技能考核评分记录表 12。

技能考核评分记录表 12

试题名称：备用火炬的切换及火炬隔离置换(高空火炬)　　　　考核时间：20min

序号	考试内容	评分要素	配分	评分标准	最大扣分	步长	扣分	得分	备注
1	准备工作	准备工具并汇报	10	未正确准备工具及材料每少一样扣1分	5	1			
				未操作前汇报中控扣5分	5	5			
2	组织检查	确认已制定相关作业方案并审批，检查备用火炬具备投用条件	25	未制定相关作业方案扣5分	5	5			
				相关作业方案未审批扣5分	5	5			
				未组织工艺进行检查扣5分	5	5			
				未组织机电仪专业进行检查扣5分	5	5			
				未确认备用火炬长明灯点燃扣5分	5	5			
3	备用火炬投用	投用备用火炬，并确认投用后正常运行	25	未联系检修人员将两套火炬跨线盲板更换为垫环扣10分	10	10			
				未正确打开跨线阀门投用备用火炬扣10分	10	10			
				未确认备用运行正常扣5分	5	5			
4	停用在用火炬	停用火炬	15	未关闭火炬切断阀扣10分	10	10			
				未熄灭火炬长明灯扣5分	5	5			
5	火炬隔离置换	对火炬进行隔离置换，并添加盲板隔离，隔离置换合格后交付检修	20	未正确打开火炬的注氮阀门进行置换扣5分	5	5			
				未置换合格(CH_4 < 10% LEL)扣5分	5	5			
				置换合格后未在切断阀下游添加盲板隔离扣5分	5	5			
				置换合格后未按要求交付检修扣5分	5	5			
6	操作结束	工具回收、清理现场	5	未清理现场扣5分	5	5			
7	安全生产及其他	劳保用品穿戴齐全、正确	从总分中扣除	劳保穿戴不齐整不得进入现场，扣100分	100	100			
		严格按操作规程或作业方案操作		每违反一项操作规定扣5分，严重的停止操作	100	5			
		在规定时间内完成操作		每超时1min扣3分，超过5min停止操作	15	3			
合计			100						

考评员：　　　　　　　　　　　　　　　　年　　月　　日

技能操作考试试题 13

试题名称：BOG 压缩机隔离置换操作(立式)

一、准备要求

1. 设备准备

序号	名称	规格	数量	备注
1	BOG 压缩机		1 台	

2. 材料准备

序号	名称	规格	数量	备注
1	记录笔	支	1	
2	记录表	张	1	

3. 工具、量具、刃具准备

名称	规格	精度	数量	名称	规格	精度	数量
可燃气体检测仪	CH_4		1 台	验漏液			1 瓶
防爆对讲机			1 台	F 扳手	小号、中号		各 1 把

二、操作程序规定及说明

(1)准备工作；
(2)组织实施；
(3)流程设置；
(4)操作；
(5)操作后检查；
(6)操作结束。

三、考核要求

(1)准备时间：5min；
(2)正式操作时间：20min；
(3)计时从正式操作开始，至操作完毕；
(4)规定时间内全部完成，每超 1min，从总分中扣 3 分；总超时 5min，停止作业。

四、配分与评分标准

见技能考核评分记录表 13。

技能考核评分记录表 13

试题名称：BOG 压缩机隔离置换操作(立式)　　　　考核时间：20min

序号	考试内容	评分要素	配分	评分标准	最大扣分	步长	扣分	得分	备注
1	准备工作	准备工具并汇报中控室	10	未正确准备工具及材料每少一样扣 1 分	5	1			
				未汇报中控室扣 5 分	5	5			
2	组织实施	确认已编制作业方案并审批，各专业联合确认	15	未确认编制作业方案扣 5 分	5	5			
				未确认作业方案审批扣 5 分	5	5			
				未确认各专业联合确认扣 5 分	5	5			
3	流程设置	停 BOG 压缩机，按方案进行设置流程	30	未停止 BOG 压缩机扣 5 分	5	5			
				未给 BOG 压缩机停电扣 5 分	5	5			
				未关闭入口压力表根部阀扣 5 分	5	5			
				未关闭入口管线手阀切断阀扣 5 分	5	5			
				未关闭出口手阀切断阀扣 5 分	5	5			
				未关闭回流线手动切断阀扣 5 分	5	5			
4	操作	组织打开入口旁路 OB－02 注氮吹扫，打开出口放空排放至 BOG 并对油箱和隔离段吹扫置换	35	未正确打开出口放空排放至 BOG 扣 5 分	5	5			
				未正确打开入口注氮阀门吹扫扣 5 分	5	5			
				未正确对油箱吹扫扣 5 分	5	5			
				未正确对隔离段吹扫扣 5 分	5	5			
				未保持置换期间压缩机内压力低于 0.2MPa 扣 5 分	5	5			
				未检测入口和出口检测甲烷含量扣 5 分	5	5			
				CH_4 含量低于 10% LEL 置换合格，未正确检测甲烷含量扣 5 分	5	5			
5	操作后检查	隔离置换后对工艺进行检查	5	未检查是否有异常扣 5 分	5	5			
6	操作结束	工具回收、清理现场	5	未清理现场扣 5 分	5	5			
7	安全生产及其他	劳保用品穿戴齐全、正确	从总分中扣除	劳保穿戴不齐整不得进入现场，扣 100 分	100	100			
		严格按方案或操作规程操作		每违反一项操作规定扣 5 分，严重的停止操作	100	5			
		在规定时间内完成操作		每超时 1min 扣 3 分，超过 5min 停止操作	15	3			
		合　计	100						

考评员：　　　　年　　月　　日

技能操作考试试题 14

试题名称：轻烃回收装置调整负荷操作

一、准备要求

1. 设备准备

序号	名称	规格	数量	备注
1	DCS 操作台		1	

2. 工具、量具、刃具准备

名称	规格	精度	数量
对讲机			1 台

二、操作程序规定及说明

(1)准备工作；
(2)负荷调整；
(3)关联调整；
(4)作业检查、记录；
(5)收工具。

三、考核要求

(1)准备时间：5min；
(2)正式操作时间：15min；
(3)计时从正式操作开始，至操作完毕；
(4)规定时间内全部完成，每超 1min，从总分中扣 5 分；总超时 3min，停止作业。

四、配分与评分标准

见技能考核评分记录表 14。

技能考核评分记录表 14

试题名称：轻烃回收装置调整负荷操作　　　　考核时间：15min

序号	考试内容	评分要素	配分	评分标准	最大扣分	步长	扣分	得分	备注
1	准备工作	根据目标负荷，确定轻烃回收装置对应的进料流量	5	未能根据目标负荷，确定轻烃回收装置对应的进料流量扣5分	5	5			
2	负荷调整	手动调整装置进料流量调节阀开度或调整装置进料流量调节阀设定值	20	未调整装置进料调节阀开度或设定值扣15分	15	15			
				调整装置进料调节阀开度过快扣5分	5	5			
		调整脱甲烷塔进料流量调节阀开度或调整脱甲烷塔进料流量调节阀设定值	20	未调整脱甲烷塔进料流量调节阀开度扣15分	15	15			
				调整脱甲烷塔进料流量调节阀过快扣5分	5	5			
3	关联调整	检查闪蒸罐液位情况	10	未检查闪蒸罐液位或闪蒸罐液位波动大每项扣5分	10	5			
		检查、相应调整脱甲烷塔重沸器、脱乙烷塔重沸器入口蒸汽流量	20	未检查、相应调整脱甲烷塔重沸器入口蒸汽流量扣5分	5	5			
				未检查、相应调整脱乙烷塔重沸器入口蒸汽流量扣5分	5	5			
				脱甲烷塔或脱乙烷塔重沸器挥发线温度波动大每项扣5分	10	5			
		检查、相应调整脱甲烷塔、脱乙烷塔顶回流流量	20	未检查、相应调整脱甲烷塔塔顶回流流量扣5分	5	5			
				未检查、相应调整脱乙烷塔塔顶回流流量扣5分	5	5			
				脱甲烷塔或脱乙烷塔塔顶温度波动大每项扣5分	10	5			
4	作业确认汇报	作业检查、确认	5	作业完成后未检查、确认扣2分	2	2			
		作业汇报		作业完成情况未向关联岗位汇报扣3分	3	3			
5	安全生产及其他	劳保用品穿戴齐全、正确	从总分中扣除	劳保穿戴不齐整不得进入现场	100	100			
		严格按操作规程操作		每违反一项操作规定扣5分，严重的停止操作	100	5			
		在规定时间内完成操作		每超时1min扣5分，超时3min停止操作	15	5			
	合　计		100						

考评员：　　　　年　　月　　日

技能操作考试试题 15

试题名称：装置停车后建立产品高压泵出口外送总管保冷循环操作

一、准备要求

1. 设备准备

序号	名称	规格	数量	备注
1	LNG 高压外送线		1	

2. 材料准备

序号	名称	规格	数量	备注
1	手套		1 副	

3. 工具、量具、刃具准备

名称	规格	精度	数量	名称	规格	精度	数量
F 扳手			1 把	对讲机			1 台

二、操作程序规定及说明

(1)准备工作；
(2)流程准备；
(3)建立保冷循环；
(4)作业检查、记录；
(5)收工具。

三、考核要求

(1)准备时间：5min；
(2)正式操作时间：15min；
(3)计时从正式操作开始，至操作完毕；
(4)规定时间内全部完成，每超 1min，从总分中扣 5 分；总超时 3min，停止作业。

四、配分与评分标准

见技能考核评分记录表 15。

技能考核评分记录表 15

试题名称：装置停车后建立产品高压泵出口外送总管保冷循环操作　　　　考核时间：15min

序号	考试内容	评分要素	配分	评分标准	最大扣分	步长	扣分	得分	备注
1	准备工作	工具、用具准备	5	工具选择不正确扣 5 分	5	5			
2	流程准备	缓慢关闭产品高压泵出口外送总管至气化器入口隔离阀	55	未关闭产品高压泵出口外送总管至气化器入口隔离阀扣 15 分	15	15			
				关阀速度过快扣 5 分	5	5			
		关闭产品高压泵出口阀		未关闭产品高压泵出口阀扣 10 分	10	10			
				关阀速度过快扣 5 分	5	5			
		缓慢、稍开产品高压泵出口外送总管上去 LNG 储罐阀		未打开产品高压泵出口外送总管上去 LNG 储罐阀扣 15 分	15	15			
				开阀速度过快扣 5 分	5	5			
3	建立循环保冷	检查产品高压泵出口外送总管上就地压力指示	35	未检查产品高压泵出口外送总管上就地压力指示扣 10 分	10	10			
		当产品高压泵出口外送总管上压力降低至规定值时，稍开产品高压泵出口外送总管上保冷循环冷源引入阀，建立循环保冷		未打开产品高压泵出口外送总管上保冷循环冷源引入阀扣 10 分	10	10			
				产品高压泵出口外送总管上压力不符合要求时打开保冷循环冷源引入阀扣 10 分	10	10			
				开阀速度过快扣 5 分	5	5			
4	作业确认汇报	作业检查、确认	5	作业完成后未检查、确认扣 2 分	2	2			
		作业汇报		作业完成情况未向关联岗位汇报扣 3 分	3	3			
5	安全生产及其他	劳保用品穿戴齐全、正确	从总分中扣除	劳保穿戴不齐整不得进入现场	100	100			
		严格按操作规程操作		每违反一项操作规定扣 5 分，严重的停止操作	100	5			
		在规定时间内完成操作		每超时 1min 扣 5 分，超时 3min 停止操作	15	5			
合　计			100						

考评员：　　　　　　　　　　　　　　　　年　　月　　日

技能操作考试试题 16

试题名称：设备交出前检查工作

一、准备要求

1. 设备准备

序号	名称	规格	数量	备注
1	生活给水泵		1 台	

2. 工具、量具、刃具准备

名称	规格	精度	数量	名称	规格	精度	数量
纸、笔			各 1	防爆对讲机			1 台
常用工具			1 套				

二、操作程序规定及说明

(1)按要求对设备交出前进行检查；
(2)各项检查出的问题做好记录；
(3)发现问题及时上报。

三、考核要求

(1)准备时间：5min；
(2)正式操作时间：15min；
(3)计时从正式操作开始，至操作完毕；
(4)规定时间内全部完成，每超 1min，从总分中扣 5 分；总超时 3min，停止作业。

四、配分与评分标准

见技能考核评分记录表 16。

技能考核评分记录表 16

试题名称：设备交出前检查工作　　　　考核时间：15min

序号	考试内容	评分要素	配分	评分标准	最大扣分	步长	扣分	得分	备注
1	准备工作	工具、用具准备	5	未准备工具及材料或少准备一件扣1分	5	1			
2	操作程序	确认设备、管线与外界物料管线已断开隔离，并对阀门上锁挂牌	90	未确认断开隔离扣10分	10	10			
				未对阀门上锁挂牌扣10分	10	10			
		确认设备、管线按要求置换合格并加装盲板		未确认扣10分	10	10			
		在检修设备上挂标识牌		未在检修设备上挂标识牌扣10分	10	10			
		确认设备已停电，并且在拉开的电源开关、刀闸把手或保险器等位置悬挂“有人工作，不许合闸”的标志牌		未确认设备已停电扣10分	10	10			
				未悬挂“有人工作，不许合闸”的标志牌扣10分	10	10			
		确认设备、管线上的仪表已具备检出检修条件		未确认扣15分	15	15			
		确认消防设施完好，消防通道畅通		未确认扣15分	15	15			
3	记录	记录检查发现的问题	5	未记录检查发现的问题扣5分	5	5			
4	安全生产及其他	劳保用品穿戴齐全、正确	从总分中扣除	劳保穿戴不齐整不得进入现场	100	100			
		严格按操作规程操作		每违反一项操作规定扣5分，严重的停止操作	100	5			
		在规定时间内完成操作		每超时1min扣5分，超过3min停止操作	15	5			
合计			100						

考评员：　　　　　　　　年　　月　　日

技能操作考试试题 17

试题名称：离心泵检修后的验收

一、准备要求

1. 设备准备

序号	名称	规格	数量	备注
1	生活给水泵		1 台	

2. 工具、量具、刃具准备

名称	规格	精度	数量	名称	规格	精度	数量
纸、笔			各 1	防爆对讲机			1 台

二、操作程序规定及说明

(1)按要求对离心泵检修后进行验收；
(2)各项操作问题做好记录；
(3)发现问题及时上报。

三、考核要求

(1)准备时间：5min；
(2)正式操作时间：15min；
(3)计时从正式操作开始，至操作完毕；
(4)规定时间内全部完成，每超 1min，从总分中扣 5 分；总超时 3min，停止作业。

四、配分与评分标准

见技能考核评分记录表 17。

技能考核评分记录表 17

试题名称：离心泵检修后的验收　　　　考核时间：15min

序号	考试内容	评分要素	配分	评分标准	最大扣分	步长	扣分	得分	备注
1	准备工作	工具、用具准备	5	未准备工具及材料或少准备一件扣 1 分	5	1			
2	操作程序	主体清洁	90	不验收该项扣 10 分	10	10			
		零部件齐全完好		不验收该项扣 10 分	10	10			
		各连接螺纹紧固		不验收该项扣 10 分	10	10			
		油杯、油窗清洁		不验收该项扣 10 分	10	10			
		冷却系统畅通		不验收该项扣 10 分	10	10			
		压力表齐全、符合要求		不验收该项扣 15 分	15	15			
		盘车轻松		不验收该项扣 10 分	10	10			
		确认电机检测符合标准		不验收该项扣 15 分	15	15			
3	记录	记录检查发现的问题	5	未记录检查发现的问题扣 5 分	5	5			
4	安全生产及其他	劳保用品穿戴齐全、正确	从总分中扣除	劳保穿戴不齐整不得进入现场	100	100			
		严格按操作规程操作		每违反一项操作规定扣 5 分，严重的停止操作	100	5			
		在规定时间内完成操作		每超时 1min 扣 5 分，超过 3min 停止操作	15	5			
合　计			100						

考评员：　　　　年　　月　　日

技能操作考试试题 18

试题名称：查找火炬非计划放空燃烧原因

一、准备要求

1. 设备准备

序号	名称	规格	数量	备注
1	火炬			

2. 材料准备

序号	名称	规格	数量	备注
1	记录笔	支	1	
2	记录表	张	1	

3. 工具、量具、刃具准备

名称	规格	精度	数量	名称	规格	精度	数量
可燃气体检测仪	CH_4		1 台	验漏液			1 瓶
防爆对讲机			1 台	F 扳手	小号、中号		各 1 把

二、操作程序规定及说明

(1)准备工作；
(2)工艺检查；
(3)原因分析；
(4)分析结果；
(5)操作结束。

三、考核要求

(1)准备时间：5min；
(2)正式操作时间：20min；
(3)计时从正式操作开始，至操作完毕；
(4)规定时间内全部完成，每超 1min，从总分中扣 3 分；总超时 5min，停止作业。

四、配分与评分标准

见技能考核评分记录表 18。

技能考核评分记录表 18

试题名称：查找火炬非计划放空燃烧原因　　　　考核时间：20min

序号	考试内容	评分要素	配分	评分标准	最大扣分	步长	扣分	得分	备注
1	准备工作	准备工具并汇报	10	未正确准备工具及材料每少一样扣1分	5	1			
				发现异常后汇报中控扣5分	5	5			
2	组织检查	发现火炬燃烧后，立即确认火炬具备放空条件，并组织检查原因	25	未确认火炬放空后是否正常扣5分	5	5			
				未组织工艺专业进行检查扣5分	5	5			
				未组织机电仪专业进行检查扣5分	5	5			
				未确认火炬现场无作业扣5分	5	5			
				未确认火炬现场无关人员扣5分	5	5			
3	原因分析	自控联锁分析	50	未检查储罐压力是否达到放空条件扣5分	5	5			
				未检查轻烃装置是否有超压放空现象扣5分	5	5			
				未检查仪控阀门是否有故障打开情况扣5分	5	5			
				未检查联锁仪表是否存在故障扣5分	5	5			
		放空阀门未完全关闭或有内漏情况		未确认发球筒安全阀是否起跳扣5分	5	5			
				未确认气化器出口安全阀是否起跳或者旁路内漏扣5分	5	5			
				未确认轻烃罐区安全阀是否起跳扣5分	5	5			
				未确认计量外输区放空线阀门是否内漏扣5分	5	5			
		操作原因		未确认操作人员是否有误操作扣5分	5	5			
				未确认现场作业和人员是否有误触碰设备扣5分	5	5			
4	分析结果	分析结论	10	未正确分析出结论扣10分	10	10			
5	操作结束	工具回收、清理现场	5	未清理现场扣5分	5	5			
6	安全生产及其他	劳保用品穿戴齐全、正确	从总分中扣除	劳保穿戴不齐整不得进入现场，扣100分	100	100			
		严格按操作规程操作		每违反一项操作规定扣5分，严重的停止操作	100	5			
		在规定时间内完成操作		每超时1min扣3分，超过5min停止操作	15	3			
合计			100						

考评员：　　　　年　月　日

技能操作考试试题 19

试题名称：判断高压泵停车原因

一、准备要求

1. 设备准备

序号	名称	规格	数量	备注
1	高压泵		1	
	DCS		1	

2. 材料准备

序号	名称	规格	数量	备注
1	记录笔	支	1	
2	记录表	张	1	

3. 工具、量具、刃具准备

名称	规格	精度	数量
可燃气体检测仪	CH_4		1 台
防爆对讲机			1 台

二、操作程序规定及说明

(1)准备工作；
(2)组织检查；
(3)原因分析；
(4)分析结果；
(5)操作结束。

三、考核要求

(1)准备时间：5min；
(2)正式操作时间：20min；
(3)计时从正式操作开始，至操作完毕；
(4)规定时间内全部完成，每超 1min，从总分中扣 3 分；总超时 5min，停止作业。

四、配分与评分标准

见技能考核评分记录表 19。

技能考核评分记录表19

试题名称：判断高压泵停车原因　　　　考核时间：20min

序号	考试内容	评分要素	配分	评分标准	最大扣分	步长	扣分	得分	备注
1	准备工作	准备工具并汇报	10	未正确准备工具及材料每少一样扣1分	5	1			
				发现异常后汇报中控扣5分	5	5			
2	组织检查	组织工艺、机电仪各专业进行检查	10	未组织工艺专业进行检查扣5分	5	5			
				未组织机电仪各专业进行检查扣5分	5	5			
3	原因分析	自控联锁分析，检查报警列表是否有工艺SIS联锁信号或仪表故障	48	未检查工艺区是否有区域停车信号扣4分	4	4			
				未检查控制机柜是否停电扣4分	4	4			
				未检查控制机柜是否故障扣4分	4	4			
				未检查外输高压泵氮气密封压力低低报警联锁扣4分	4	4			
				未检查外输高压泵氮气密封压力高高报警联锁扣4分	4	4			
				未检查高压泵出口压力高高报警扣4分	4	4			
				未检查高压泵入口HV阀未全开信号扣4分	4	4			
				未检查高压泵入口压力低低报警扣4分	4	4			
				未检查高压泵泵筒液位低低报警扣4分	4	4			
				未检查高压泵振动高高报警扣4分	4	4			
				未检查高压泵入口总管饱和蒸汽压差低低报警扣4分	4	4			
				未检查入口总管压力低低报警扣4分	4	4			

续表

序号	考试内容	评分要素	配分	评分标准	最大扣分	步长	扣分	得分	备注
3	原因分析	检查操作原因	8	未检查是否误操作 ESD 按钮扣 4 分	4	4			
				未检查误操作停车扣 4 分	4	4			
		检查电气是否晃电或停电	9	未确认是否晃电扣 5 分	5	5			
				未确认是否停电扣 4 分	4	4			
4	分析结果	分析结论	10	未正确分析出结论扣 10 分	10	10			
5	操作结束	工具回收、清理现场	5	未清理现场扣 5 分	5	5			
6	安全生产及其他	劳保用品穿戴齐全、正确	从总分中扣除	劳保穿戴不齐整不得进入现场，扣 100 分	100	100			
		严格按操作规程操作		每违反一项操作规定扣 5 分，严重的停止操作	100	5			
		在规定时间内完成操作		每超时 1min 扣 3 分，超过 5min 停止操作	15	3			
合　计			100						

考评员：　　　　　　　　　　　　　　　　　　　　　　年　　月　　日

技能操作考试试题 20

试题名称：处理两台高压泵中一台联锁停车事故

一、准备要求

1. 设备准备

序号	名称	规格	数量	备注
1	DCS		1 套	
2	高压泵		2 台	

2. 材料准备

序号	名称	规格	数量	备注
1	记录纸		1 张	
2	记录笔		1 支	

3. 工具、量具、刃具准备

名称	规格	精度	数量	名称	规格	精度	数量
可燃气体检测仪	CH_4		1 台	防爆对讲机			1 台

二、操作程序规定及说明：

(1)确认停车及汇报；
(2)调节再冷凝系统及低压系统稳定；
(3)启动备用高压泵；
(4)原因排查。

三、考核要求

(1)准备时间：5min；
(2)正式操作时间：30min；
(3)计时从正式操作开始，至操作完毕；
(4)规定时间内全部完成，每超 1min，从总分中扣 5 分；总超时 8min，停止作业。

四、配分与评分标准

见技能考核评分记录表 20。

技能考核评分记录表 20

试题名称：处理两台高压泵中一台联锁停车事故　　考核时间：30min

序号	考试内容	评分要素	配分	评分标准	最大扣分	步长	扣分	得分	备注
1	工具准备	工具、量具准备	4	每少准备一种扣 2 分	4	2			
2	确认停车及汇报	出现停车报警后立即查看高压泵及再冷凝器界面，确认停车后，安排人员按应急汇报程序汇报停车情况	10	未确认高压泵停车扣 5 分	5	5			
				未按应急汇报程序汇报停车情况扣 5 分	5	5			
3	调节再冷凝系统及低压系统稳定	确认高压泵停车后，立即监控低压总管压力、低压泵运行情况、再冷凝器液位及压力	15	未监控低压总管压力扣 5 分	5	5			
				未监控低压泵运行情况扣 5 分	5	5			
				未监控再冷凝器液位及压力扣 5 分	5	5			
		调节再冷凝器压力、液位，调整罐内泵回流或码头保冷循环等稳定低压总管压力，避免引起其他设备停车	15	未及时调节再冷凝器压力、液位扣 5 分	5	5			
				未调整罐内泵回流或码头保冷循环扣 5 分	5	5			
				未稳定低压总管压力，造成其他设备停车扣 5 分	5	5			
		关小气化器入口阀门	5	未关小气化器入口阀门扣 5 分	5	5			
		查看 BOG 压缩机、另一台高压泵运行状态	10	未查看 BOG 压缩机状态的扣 5 分	5	5			
				未查看其他高压泵运行状态的扣 5 分	5	5			
4	启动备用高压泵	现场检查、确认备用泵流程	5	未检查备用泵流程的扣 5 分	5	5			
		进行流程设置，启动高压泵	5	启泵前未进行流程设置的扣 5 分	5	5			
		观察高压泵运行正常后，调整低压总管、高压泵管压力，打开高压泵出口阀，恢复外输	15	打开出口阀前未确认高压泵运行情况的扣 5 分	5	5			
				未调整低压总管、高压总管压力的扣 5 分	5	5			
				未打开高压泵出口阀的扣 5 分	5	5			
		现场检查停车高压泵有无泄漏等	5	未检查停车高压泵有无泄漏的扣 5 分	5	5			
5	原因排查	查找报警记录，排查高压泵停车原因	5	未排查原因的扣 5 分	5	5			

续表

序号	考试内容	评分要素	配分	评分标准	最大扣分	步长	扣分	得分	备注
6	汇报、记录	汇报停车处置情况并记录	6	未汇报停车处置情况的扣2分	2	2			
				未记录停车处置情况的扣2分	2	2			
		清点工具，清理现场		未清点工具清理现场，扣2分	2	2			
7	安全生产及其他	劳保用品穿戴齐全、正确	从总分中扣除	劳保穿戴不齐整不得进入现场	100	100			
		严格按操作规程操作		每违反一项操作规定扣5分，严重的停止操作	100	5			
		在规定时间内完成操作		每超时1min扣5分，超过8min停止操作	40	5			
合计			100						

考评员：　　　　　　　　　　　　　　　　　　　　　　　　　　　　　年　　月　　日

技能操作考试试题 21

试题名称：处理两台 BOG 压缩机中一台联锁停车事故

一、准备要求

1. 设备准备

序号	名称	规格	数量	备注
1	DCS 系统		1 套	
2	BOG 压缩机		2 台	

2. 材料准备

序号	名称	规格	数量	备注
1	记录纸		1 张	
2	记录笔		1 支	

3. 工具、量具、刃具准备

名称	规格	精度	数量	名称	规格	精度	数量
可燃气体检测仪	CH_4		1 台	防爆对讲机			1 台

二、操作程序规定及说明

(1)确认停车及汇报；
(2)调节再冷凝系统稳定；
(3)启动压缩机；
(4)汇报、记录。

三、考核要求

(1)准备时间：5min；
(2)正式操作时间：30min；
(3)计时从正式操作开始，至操作完毕；
(4)规定时间内全部完成，每超 1min，从总分中扣 5 分；总超时 8min，停止作业。

四、配分与评分标准

见技能考核评分记录表 21。

技能考核评分记录表 21

试题名称：处理两台 BOG 压缩机中一台联锁停车事故　　　　考核时间：30min

序号	考试内容	评分要素	配分	评分标准	最大扣分	步长	扣分	得分	备注
1	准备工作	工具准备	4	每少准备一种扣 2 分	4	2			
2	确认停车及汇报	出现停车报警后立即查看 BOG 压缩机及再冷凝器界面，确认停车后，安排人员按应急汇报程序汇报停车情况	10	未确认 BOG 压缩机停车扣 5 分	5	5			
				未安排人员按应急汇报程序汇报停车情况扣 5 分	5	5			
3	调节再冷凝系统稳定	确认 BOG 压缩机停车后，立即监控再冷凝器液位及压力、未停运压缩机运行状态	10	未监控再冷凝器液位及压力扣 5 分	5	5			
				未监控未停运 BOG 压缩机运行情况扣 5 分	5	5			
		迅速关小再冷凝器入口 LNG 流量，监控低压总管压力，稳定再冷凝器压力及液位，避免引起其他设备停车	10	未及时调节再冷凝器入口 LNG 流量扣 5 分	5	5			
				未监控低压总管压力扣 5 分	5	5			
		如有 BOG 外输，通知 BOG 外输下游管道紧急切换气源，关闭 BOG 外输切断阀	10	未通知 BOG 外输下游管道停车情况的扣 5 分	5	5			
				未关闭切断阀的扣 5 分	5	5			
		查看运行的 BOG 压缩机运行状态，监控 BOG 管网压力	10	未查看 BOG 压缩机运行状态扣 5 分	5	5			
				未查看 BOG 管网压力情况扣 5 分	5	5			
4	启动压缩机	与仪表专业共同排查停车原因；如原因很快排查出并处理，复位后重新启动该压缩机；如短时间无法处理，启动备用压缩机	15	未排查原因扣 5 分	5	5			
				如很快查明原因，未复位重启该压缩机扣 5 分	5	5			
				如短时间无法处理，未启动备用压缩机的扣 5 分	5	5			
		现场检查、确认压缩机流程	5	未确认流程扣 5 分	5	5			
		投用减温器，启动压缩机，关注 BOG 缓冲罐出口温度	10	未投用减温器扣 5 分	5	5			
				压缩机启动后未关注 BOG 入口缓冲罐温度扣 5 分	5	5			
		压缩机回流阀关闭时调节再冷凝器压力、液位稳定；压缩机投用正常后可恢复 BOG 外输	10	回流阀关闭时未调整再冷凝器扣 5 分	5	5			
				压缩机投正常后未恢复 BOG 外输扣 5 分	5	5			

续表

序号	考试内容	评分要素	配分	评分标准	最大扣分	步长	扣分	得分	备注
5	汇报、记录	汇报停车处置情况并记录	6	未汇报停车处置情况的扣2分	2	2			
				未记录停车处置情况的扣2分	2	2			
		清点工具，清理现场		未清点工具清理现场，扣2分	2	2			
6	安全生产及其他	劳保用品穿戴齐全、正确	从总分中扣除	劳保穿戴不齐整不得进入现场	100	100			
		严格按操作规程操作		每违反一项操作规定扣5分，严重的停止操作	100	5			
		在规定时间内完成操作		每超时1min扣5分，超过8min停止操作	40	5			
合计			100						

考评员：　　　　　　　　　　　　　　　　　　　　　　年　　月　　日

技能操作考试试题 22

试题名称：处理安全阀起跳事故

一、准备要求

1. 设备准备

序号	名称	规格	数量	备注
1	安全阀阀组		1套	

2. 材料准备

序号	名称	规格	数量	备注
1	记录纸		1张	
2	记录笔		1支	

3. 工具、量具、刃具准备

名称	规格	精度	数量	名称	规格	精度	数量
防爆扳手			1把	防爆对讲机			1台
盲法兰	*DN*25		1片	盲法兰	*DN*50		1片
可燃气体检测仪	CH_4		1台				

二、操作程序规定及说明

(1)准备工作；
(2)起跳确认及汇报；
(3)原因排查；
(4)现场处置；
(5)汇报、记录。

三、考核要求

(1)准备时间：3min；
(2)正式操作时间：15min；
(3)计时从正式操作开始，至操作完毕；
(4)规定时间内全部完成，每超1min，从总分中扣5分；总超时4min，停止作业。

四、配分与评分标准

见技能考核评分记录表22。

技能考核评分记录表 22

试题名称：处理安全阀起跳事故　　　　考核时间：15min

序号	考试内容	评分要素	配分	评分标准	最大扣分	步长	扣分	得分	备注
1	工具准备	工具准备	10	每少准备一种扣 2 分	10	2			
2	起跳确认及汇报	发现卸料汇管 TSV 安全阀阀体结霜后立即报告控制室	5	未汇报或汇报不准确扣 5 分	5	5			
3	原因排查	检查安全阀阀组法兰有无泄漏	5	未检查法兰有无泄漏扣 5 分	5	5			
		检查安全阀有无过流声音	5	未检查安全阀有无过流声音扣 5 分	5	5			
		查看该安全阀所在管道压力趋势，判断安全阀为正常起跳或故障	15	未查看安全阀所在管道压力趋势扣 5 分	5	5			
				安全阀正常起跳或故障判断错误扣 10 分	10	10			
4	现场处置	查看 BOG 系统温度有无异常，并密切关注	5	未查看 BOG 系统温度扣 5 分	5	5			
		如安全阀仍有 LNG 流过，在确认管道压力正常的情况下关闭安全阀根阀将安全阀切出	10	未确认管道压力正常扣 5 分	5	5			
				未关闭安全阀根部阀扣 5 分	5	5			
		通知检维修人员现场查看，检查安全阀状态	5	未通知检修人员查看安全阀状态扣 5 分	5	5			
		关闭安全阀下游手阀，通过安全阀上、下游导淋阀进行泄压	15	未关闭安全阀下游手阀扣 5 分	5	5			
				未打开安全阀上游导淋阀泄压扣 5 分	5	5			
				未打开安全阀下游导淋阀泄压扣 5 分	5	5			
		拆除安全阀检修；利用盲法兰对法兰口进行封堵	15	未拆除安全阀检修扣 5 分	5	5			
				未利用盲法兰对法兰口进行封堵的扣 10 分	10	10			

续表

序号	考试内容	评分要素	配分	评分标准	最大扣分	步长	扣分	得分	备注
5	汇报、记录	汇报安全阀起跳处置情况并记录	10	未汇报安全阀起跳处置情况扣4分	4	4			
				未记录安全阀起跳处置情况扣3分	3	3			
		清点工具，清理现场		未清点工具清理现场，扣3分	3	3			
6	安全生产及其他	劳保用品穿戴齐全、正确	从总分中扣除	劳保穿戴不齐整不得进入现场	100	100			
		严格按操作规程操作		每违反一项操作规定扣5分，严重的停止操作	100	5			
		在规定时间内完成操作		每超时1min扣5分，超过4min停止操作	20	5			
		合　计	100						

考评员：　　　　　　　　　　　　　　　　　　　　年　　月　　日

技能操作考试试题 23

试题名称：处理码头 ESD1 联锁停车事故

一、准备要求

1. 设备准备

序号	名称	规格	数量	备注
1	DCS 系统		1 套	
2	SIS 系统		1 套	
3	卸料臂		4 台	

2. 材料准备

序号	名称	规格	数量	备注
1	记录纸		1 张	
2	记录笔		1 支	

3. 工具、量具、刃具准备

名称	规格	精度	数量	名称	规格	精度	数量
F 扳手			1 把	防爆对讲机			1 台
可燃气体检测仪	CH_4		1 台				

二、操作程序规定及说明

(1)确认停车及汇报；
(2)原因排查；
(3)联锁复位并恢复卸料；
(4)汇报、记录。

三、考核要求

(1)准备时间：5min；
(2)正式操作时间：30min；
(3)计时从正式操作开始，至操作完毕；
(4)规定时间内全部完成，每超 1min，从总分中扣 5 分；总超时 8min，停止作业。

四、配分与评分标准

见技能考核评分记录表 23。

技能考核评分记录表 23

试题名称：处理码头 ESD1 联锁停车事故　　　　考核时间：30min

序号	考试内容	评分要素	配分	评分标准	最大扣分	步长	扣分	得分	备注
1	准备工作	工具准备	6	每少准备一种扣 2 分	6	2			
2	确认停车及汇报	出现停车报警后立即查看码头 ESD1 报警灯、卸料系统界面阀门关闭情况，确认停车后，立即汇报卸料主管，并按应急汇报程序汇报停车情况	15	未查看卸料系统阀门关闭情况扣 5 分	5	5			
				未确认码头 ESD1 联锁停车扣 5 分	5	5			
				未按程序汇报停车情况扣 5 分	5	5			
3	原因排查	迅速查看报警信息，确定停车原因	15	未查看报警信息扣 5 分	5	5			
				未确认停车原因扣 5 分	5	5			
		屏蔽船岸连接 ESD 信号		未屏蔽船岸连接 ESD 信号扣 5 分	5	5			
4	联锁复位并恢复卸料	如因卸料臂漂移造成停车，需密切监控缆绳张力及船舶漂移情况；查看卸料臂、登船梯情况；告知卸料主管，要求船方调整	20	因卸料臂漂移造成停车时，未监控缆绳张力及船舶的扣 5 分	5	5			
				未查看卸料臂情况扣 5 分	5	5			
				未查看登船梯情况扣 5 分	5	5			
				未告知卸料主管，并要求船方调整扣 5 分	5	5			
		排查出原因后消除报警信号	5	排查出原因后未消除报警信号扣 5 分	5	5			
		对 ESD 信号进行复位，复位打开联锁关闭的阀门	10	未对 ESD 信号进行复位扣 5 分	5	5			
				阀门复位不全扣 5 分	5	5			
		复位前密切关注卸料管线压力情况，可通过导通 ESDV 阀及 XV 阀旁路防止管线憋压	10	复位前未监控卸料总管压力，扣 5 分	5	5			
				不知道通过 ESDV 阀及 XV 阀旁路防止憋压的扣 5 分	5	5			
		解除船岸连接 ESD 信号	5	未解除船岸连接 ESD 信号的扣 5 分	5	5			
		按卸料主管的要求重新开始卸料，卸料前确认卸料臂温度	5	重新开始卸料前未监控卸料臂温度的扣 5 分	5	5			
5	汇报、记录	汇报停车处置情况并记录	9	未汇报停车处置情况的扣 3 分	3	3			
				未记录停车处置情况的扣 3 分	3	3			
		清点工具，清理现场		未清点工具清理现场，扣 3 分	3	3			
6	安全生产及其他	劳保用品穿戴齐全、正确	从总分中扣除	劳保穿戴不齐整不得进入现场	100	100			
		严格按操作规程操作		每违反一项操作规定扣 5 分，严重的停止操作	100	5			
		在规定时间内完成操作		每超时 1min 扣 5 分，超过 8min 停止操作	40	5			
		合　计	100						

考评员：　　　　年　　月　　日

技能操作考试试题 24

试题名称：绘制气相返回臂、码头排凝罐 PID

一、准备要求

1. 材料准备

序号	名称	规格	数量	备注
1	绘图纸	三号	1 张	
2	草稿纸		适量	
3	绘图板		1 个	

2. 工具、量具、刃具准备

名称	规格	精度	数量	名称	规格	精度	数量
直尺			1 把	橡皮擦			1 个
绘图铅笔			2 支	三角板			1 个
圆规			1 个				

二、操作程序规定及说明

(1)准备工作；
(2)绘制气相返回臂 PID；
(3)绘制码头排凝罐 PID
(4)整理材料及工具。

说明：绘制 PID 时，仪表无须标注位号，但需标注仪表类型，如：远传压力表用 PT，就地压力表用 PG；阀门无须标注位号，但类型需正确，启动或电动阀需标注 XV/ESDV/MOV 等。

三、考核要求

(1)准备时间：5min；
(2)正式操作时间：50min；
(3)计时从正式操作开始，至操作完毕；
(4)规定时间内全部完成，每超 1min，从总分中扣 5 分；总超时 10min，停止作业。

四、配分与评分标准

见技能考核评分记录表 24。

技能考核评分记录表 24

试题名称：绘制气相返回臂、码头排凝罐 PID　　考核时间：50min

序号	考试内容	评分要素	配分	评分标准	最大扣分	步长	扣分	得分	备注
1	准备工作	准备工器具、量具	5	每少一样扣 1 分	5	1			
2	绘制气相返回臂 PID	绘制气相返回臂氮封、氮气吹扫流程；绘制气相返回臂与备用臂流程；绘制气相返回管线流程；绘制氮气管线安全阀流程	22	未绘制出气相臂氮封供气管线流程扣 4 分，管线、阀门漏绘或错绘一处扣 1 分	4	1			
				未绘制出气相臂氮气流程扣 3 分，管线、阀门漏绘或错绘一处扣 1 分	3	1			
				未绘制出气相臂至备用臂流程扣 2 分，管线、阀门漏绘或错绘一处扣 1 分	2	1			
				未绘制出气相返回线流程扣 8 分；管线、阀门漏绘或错绘一处扣 2 分	8	2			
				未绘制出氮气安全阀流程扣 3 分；管线、阀门漏绘或错绘一处扣 1 分	3	1			
				未绘制气相臂扣 2 分	2	2			
		绘制氮气流程仪表及报警；绘制气相返回线仪表、报警、联锁、控制等	24	氮气管线压力变送器未绘制或类型绘制错误，扣 2 分	2	2			
				氮气管线压力高报未标注扣 2 分	2	2			
				气相返回线仪表漏绘或类型绘制错误每处扣 2 分	10	2			
				气相返回线报警、联锁、控制未绘制或绘制错误每处扣 2 分	10	2			
3	绘制码头排凝罐 PID	绘制码头排凝罐进液管线流程；绘制码头排凝罐气相入口管线流程；绘制码头排凝罐至气相返回线流程；绘制码头排凝罐注氮管线流程；绘制码头排凝罐安全阀流程；绘制码头排凝罐凝液排出管线流程	26	未绘制出码头排凝罐进液管线流程扣 3 分，管线、阀门漏绘或错绘一处扣 1 分	3	1			
				未绘制出码头排凝罐气相入口管线流程扣 3 分，管线、阀门漏绘或错绘一处扣 1 分	3	1			
				未绘制出码头排凝罐至气相返回线流程扣 6 分，管线、阀门漏绘或错绘一处扣 2 分	6	2			

续表

序号	考试内容	评分要素	配分	评分标准	最大扣分	步长	扣分	得分	备注
3	绘制码头排凝罐 PID	绘制码头排凝罐进液管线流程；绘制码头排凝罐气相入口管线流程；绘制码头排凝罐至气相返回线流程；绘制码头排凝罐注氮管线流程；绘制码头排凝罐安全阀流程；绘制码头排凝罐凝液排出管线流程	26	未绘制出码头排凝罐注氮管线流程扣 3 分，管线、阀门漏绘或错绘一处扣 1 分	3	1			
				未绘制出码头排凝罐安全阀流程扣 5 分，管线、阀门漏绘或错绘一处扣 1 分	5	1			
				未绘制出码头排凝罐凝液排出管线流程扣 4 分，管线、阀门漏绘或错绘一处扣 1 分	4	1			
				未绘制码头排凝罐扣 2 分	2	2			
		绘制码头排凝罐及附属管线仪表、报警、联锁	18	仪表漏绘或类型绘制错误每处扣 2 分	8	2			
				报警、联锁、控制未绘制或绘制错误每处扣 2 分	10	2			
4	图纸布局和卷面	图样清晰整洁，比例适当，布置合理、美观	3	图纸不干净扣 1 分	1	1			
				图布置不合理扣 2 分	2	2			
5	整理材料及工具	整理材料、工具，清理现场	2	未整理材料、工具并清理现场扣 2 分	2	2			
6	安全生产及其他	劳保用品穿戴齐全、正确	从总分中扣除	劳保穿戴不齐整不得进入现场	100	100			
		严格按操作规程操作		每违反一项操作规定扣 5 分，严重的停止操作	100	5			
		在规定时间内完成操作		每超时 1min 扣 5 分，超过 10min 停止操作	50	5			
合 计			100						

考评员：　　　　　　　　　　　　　　　　　　　　年　　月　　日

技能操作考试试题 25

试题名称：绘制开架式海水气化器(ORV)PID

一、准备要求

1. 材料准备

序号	名称	规格	数量	备注
1	绘图纸	三号	1 张	
2	草稿纸		适量	
3	绘图板		1 个	

2. 工具、量具、刃具准备

名称	规格	精度	数量	名称	规格	精度	数量
直尺			1 把	橡皮擦			1 个
绘图铅笔			2 支	三角板			1 个
圆规			1 个				

二、操作程序规定及说明

(1)准备工作；
(2)绘制 PID；
(3)整理材料及工具。

说明：绘制 PID 时，仪表无须标注位号，但需标注仪表类型，如：远传压力表用 PT，就地压力表用 PG；阀门无须标注位号，但类型需正确，启动或电动阀需标注 XV/ESDV/MOV 等。

三、考核要求

(1)准备时间：5min；
(2)正式操作时间：45min；
(3)计时从正式操作开始，至操作完毕；
(4)规定时间内全部完成，每超 1min，从总分中扣 5 分；总超时 10min，停止作业。

四、配分与评分标准

见技能考核评分记录表 25。

技能考核评分记录表 25

试题名称：绘制开架式海水气化器(ORV)PID　　　　考核时间：45min

序号	考试内容	评分要素	配分	评分标准	最大扣分	步长	扣分	得分	备注
1	准备工作	准备工器具、量具	5	每少一样扣1分	5	1			
2	绘制 ORV PID	绘制 ORV 入口 LNG 管线流程；绘制 ORV 入口 LNG 管线安全阀(TSV)流程；绘制 ORV 入口 LNG 管线排凝管线流程；绘制 ORV 海水管线流程；绘制 ORV 出口 NG 管线流程；绘制 ORV 出口 NG 管线放空线流程；绘制 ORV 出口 NG 管线放空线流程；绘制 ORV 出口 NG 管线安全阀流程	55	未绘制出 ORV 入口 LNG 管线流程扣12分，管线、阀门漏绘或错绘一处扣2分	12	2			
				未绘制出 ORV 入口 LNG 管线安全阀(TSV)流程扣4分，漏绘或错绘一处安全阀扣2分	4	2			
				未绘制出 ORV 入口 LNG 管线排凝管线流程扣8分，管线、阀门漏绘或错绘一处扣2分	8	2			
				未绘制出 ORV 海水管线流程扣3分；管线、阀门漏绘或错绘一处扣1分	3	1			
				未绘制出 ORV 出口 NG 管线流程扣10分；管线、阀门漏绘或错绘一处扣2分	10	2			
				未绘制出 ORV 出口 NG 管线放空线流程扣5分；管线、阀门漏绘或错绘一处扣1分	5	1			
				未绘制出 ORV 出口 NG 管线安全阀流程扣10分；管线、阀门漏绘或错绘一处扣2分	10	2			
				未绘出或错绘 ORV 设备扣3分	3	3			
		绘制 ORV 入口 LNG 管线仪表、报警、联锁、控制；绘制 ORV 出口 NG 管线仪表、报警、联锁、控制；绘制 ORV 海水管线仪表、报警、联锁	34	ORV 入口 LNG 管线仪表、报警、联锁、控制未绘制或绘制错误每处扣2分	12	2			
				ORV 入口 LNG 管线仪表、报警、联锁、控制未绘制或绘制错误每处扣2分	16	2			
				ORV 海水管线仪表、报警、联锁未绘制或绘制错误每处扣2分	6	2			

续表

序号	考试内容	评分要素	配分	评分标准	最大扣分	步长	扣分	得分	备注
3	图纸布局和卷面	图样清晰整洁，比例适当，布置合理、美观	4	图纸不干净扣 2 分	2	2			
				图布置不合理扣 2 分	2	2			
4	整理材料及工具	整理材料、工具，清理现场	2	未整理材料、工具并清理现场扣 2 分	2	2			
5	安全生产及其他	劳保用品穿戴齐全、正确	从总分中扣除	劳保穿戴不齐整不得进入现场	100	100			
		严格按操作规程操作		每违反一项操作规定扣 5 分，严重的停止操作	100	5			
		在规定时间内完成操作		每超时 1min 扣 5 分，超过 10min 停止操作	50	5			
合　计			100						

考评员：　　　　　　　　　　　　　　　　　　　　年　　月　　日